JN056946

双書㉑・大数学者の数学

フォン・ノイマン ③
疾風怒濤の時代

廣島文生

現代数学社

まえがき

　拙著『フォン・ノイマン』は 2 巻本の予定であった. しかし, 量子力学の数学的定式化のその後を紹介することになり, サブタイトル "疾風怒濤の時代" のもと第 3 巻の出版となった.

　量子力学の数学的定式化は 1927 年にほぼ完成し, それに未発表の量子測定の話題を加え, 1932 年に刊行されたのが『Mathematische Grundlagen der Quantenmechanik』である. フォン・ノイマンが 1926 年にゲッチンゲン大学にポスドクとしてやってきてから疾風怒濤の時代が始まる. 1927 年の量子力学の数学的定式化は, ビッグバンにも似た一瞬の出発点に過ぎない.

　1900 年にパリの ICM で公開されたヒルベルトの 23 問の第 5 問は位相群に関する問題で, ヒルベルトの 23 問中最も注目された問題である. ゲッチンゲンのため息の出るような現代幾何学の伝統の中で, 同郷の先輩ハールやリースの影響を受けながら, フォン・ノイマンは肯定的に解決する. 同時に, 群上の概周期関数の理論でも大いに成果を上げる. 量子力学の数学的定式化も, アメリカのマーシャル・ストーンと競いながら発展させ, 最後はワイルの関係式の一意性を意味するフォン・ノイマンの一意性定理に到達する. "状態" の概念の導入, 限定的ではあるが "隠れた変数" の非存在証明, 反復可能性仮説の導入, 同時観測可能性と可換な自己共役作用素の関係の明白化など, 純粋数学者にも物理学者にも手の届き辛いところへ果敢に挑戦するパワーには圧倒される. 統計力学では, マクスウエルとボルツマン以来の懸念事項であったエルゴード仮説をエルゴード定理として完全に解いてしまう. さらに, 量子力学に現れる論理体系が分配律もモジュラー律も満たさないことに気がつき, 量

子論理を構築する. 1930 年代後半にはいわゆるフォン・ノイマン代数に到達した.

これらをゲッチンゲンに移った 1926 年から, ベルリン, ハンブルク, プリンストンと渡り歩いて, 1930 年代後半までに成し遂げた事になる. 歩きながら考え, 立ちながら論文を書いたのではないかという凄まじさである. まさに疾風怒濤の時代ではないだろうか.

フォン・ノイマンの論文や資料は膨大である. 1963 年出版の全集は 4000 ページ弱もある. これらを読み解き, 理解して, 文字に起こすことは筆者の能力を大幅に超越していることを実感しながら, 毎秒原稿締め切りを気にして執筆活動を続けたのが実情である. 読者の方々と, フォン・ノイマンの素晴らしいアイデアを共有できれば望外の幸せである.

照屋保先生, 小田文仁先生には, 非加算無限回の数学的な助言をしていただいた. 筆者の浅学にお付き合いしていただいたことに心から感謝申し上げる. また, 執筆にあたっては, 家族の協力と理解失くしては何ごとも前に進まなかったと思う. いつも暖かく見守ってくれた有紀, 光太郎, 有衣には心から感謝申し上げる. 有衣には手書きイラストも書いてもらった. ありがとう.

最後に, 現代数学社の富田淳氏には, 2013 年に『大数学者の数学』シリーズの執筆依頼をしていただいたこと, この第 3 巻の執筆の機会を与えていただいたこと, そして, 何より忍耐強く辛抱強く恒常的に叱咤激励していただいたことに心より感謝申し上げる.

大数学者の数学『フォン・ノイマン』第 1-3 巻の誤字脱字などの訂正は下記アドレスで掲載する.

https://www2.math.kyushu-u.ac.jp/~hiroshima/vNmistypo.pdf

2021 年 8 月 26 日

亡き母の誕生日に

廣島文生

目次

第1章　疾風怒濤の時代　　　　　　　　　　　　　　　　1

　1　疾風怒濤の時代 . . . .　1

　2　1954 年のアムステルダム . . . .　5

　3　フォン・ノイマン全集 . . . .　6

第2章　フォン・ノイマンの一意性定理　　　　　　　　　8

　1　フォン・ノイマンとワイル . . . .　8

　2　単位の分解 . . . .　19

　3　正準交換関係とワイルの関係式 . . . .　24

　4　フォン・ノイマンの一意性定理 . . . .　29

第3章　ストーンの定理とフォン・ノイマンによる一般化　36

　1　フォン・ノイマンとストーン . . . .　36

　2　ストーンの定理 . . . .　41

　3　フォン・ノイマンによるストーンの定理の一般化 . .　48

第4章　ワイル＝フォン・ノイマンの定理　　　　　　　　51

　1　フォン・ノイマンとシュミット . . . .　51

　2　ヒルベルト・シュミットクラス . . . .　55

　3　ワイル＝フォン・ノイマンの定理 . . . .　56

　　4　　ワイル=フォン・ノイマン=黒田の定理 . . . . . .　61

第5章　ディラックの輻射理論　64
　　1　　フォン・ノイマンとディラック . . . .　64
　　2　　電磁場の量子化 . . . .　75
　　3　　電子と電磁場の相互作用 . . . . . .　80
　　4　　ボーズ・アインシュタイン統計 . . . . . .　85
　　5　　単位時間遷移確率 . . . .　94

第6章　可換な自己共役作用素と同時対角化　104
　　1　　可換な自己共役作用素 . . . .　104
　　2　　純粋離散スペクトルをもつ作用素の同時対角化 . . .　109
　　3　　連続スペクトルをもつ作用素の同時対角化 . . . . .　113

第7章　可換な物理量と同時測定可能性　125
　　1　　自己共役作用素と物理量 . . . . . .　125
　　2　　反復可能性仮説 . . . .　128
　　3　　フォン・ノイマンによる可換性の証明 . . . . . .　133
　　4　　射影作用素と物理量 . . . .　137

第8章　不確定性原理　139
　　1　　ハイゼンベルクの不確定性原理 . . . . . .　139
　　2　　ケナードとロバートソン . . . . . .　142
　　3　　ロバートソンの不等式 . . . .　144
　　4　　時間とエネルギーに関する不確定性原理 . . . . . .　146

第9章　量子力学における状態の理論　149
　　1　　古典力学における状態 . . . .　149

2 トレースクラスとヒルベルト・シュミットクラス . . 150

3 量子力学における状態 157

4 測定から導かれる状態 166

5 隠れた変数 169

第 10 章 フォン・ノイマンのエルゴード定理　　176

1 エルゴード性とワイルの玉突き 176

2 可測力学系 179

3 条件付き期待値 181

4 可測性と不変性 183

5 フォン・ノイマンの平均エルゴード定理 185

6 エルゴード定理の優先権争い 192

第 11 章 量子測定の理論　　200

1 問題の定式化 200

2 因果的測定と非因果的測定 202

3 合成系 204

4 測定過程の分析 213

5 フォン・ノイマンの測定モデル 215

第 12 章 量子論理　　218

1 フォン・ノイマンとガレット・バーコフ 218

2 束論の一般論 220

3 モジュラー束と加群 223

4 観測命題 225

5 古典論理 227

6 量子論理 231

第 13 章 位相群 236

1	ヒルベルトの 23 問の第 5 問	236
2	位相群	238
3	フォン・ノイマンとハール	241
4	ハール測度	243
5	ゲッチンゲンの幾何学	249
6	フォン・ノイマン登場	252

第 14 章 フォン・ノイマン代数 257

1	フォン・ノイマンとマレー	257
2	有界作用素の空間と位相	259
3	フォン・ノイマン代数	264
4	フォン・ノイマン代数の分類	266

索引 275

参考文献 279

第1章

疾風怒濤の時代

1 疾風怒濤の時代

　数学者兼数学史家のジャン・デュドネは 1925 年から 1940 年に
かけてのフォン・ノイマンを "疾風怒濤の時代" と呼んだ [13]. 本
書では, この時期をフォン・ノイマンの第 I 期と称している. 疾風
怒濤とは, 激しい風と怒りのような波という意味で, 転じて, 激しく
勢いのある状態や変化する様子をあらわす. フォン・ノイマンの 20
代前半から 30 代後半にかけての時期はまさに疾風怒濤であった.

　公理的集合論の研究から出発した若きフォン・ノイマンは, ブダ
ペスト＝ベルリン＝チューリッヒを渡り歩き, 漸くヒルベルトの君
臨するゲッチンゲンに辿り着き, 量子力学の数学的基礎付けを完成
させたのは 1927 年である. 1926 年の 7 月にミュンヘンで, ハイゼ
ンベルクとシュレディンガーが, お互いの量子力学の正当性を主張
して激突する場面に遭遇し, 僅か 1 年で量子力学の数学的な基礎付
けを行なった [52, 54, 53, 58]. この中で, フォン・ノイマンは "状
態" の概念を導入した. さらに, 純粋状態と混合状態の導入, 限定的
ではあるが "隠れた変数" の非存在証明, 反復可能性仮説の導入, 同
時観測可能性と可換な自己共役作用素の関係の明白化などを考察し

た. これらは, 純粋数学者にも物理学者にも手強い部分である.

忘れてはならないのがワイルの存在である. フォン・ノイマンは, ETH の応用化学の学生だった頃からワイルに入り浸っている. 公理的集合論, 量子力学の数学的定式化, 位相群の研究, エルゴード定理など, フォン・ノイマンの業績に, ワイルは深い影響を与えている. そして, ワイル自身もフォン・ノイマンを尊敬し, プリンストン高等研究所所長のエイブラハム・フレクスナー宛の手紙で, 若者を指導できる数学者として「エミール・アルチンかフォン・ノイマンのようなタイプの人間に大きな価値がある」と書いている.

1928 年には, シュミットのいるベルリン大学へ史上最年少の私講師として着任する. 同時に, ガウス, リーマン, クライン, ヒルベルト, ワイルと連なるゲッチンゲンの伝統ある幾何学に触れ, ヒルベルトの 23 問の第 5 問 "位相的リー群 G は解析的リー群か" に着手したのもこの頃である [57]. 同郷の先輩ハールやリースの存在も大きかったであろう. また, 最初のゲーム理論の論文 [55] や最初のエルゴード理論の論文 [56] もこの頃書いている.

1930 年からは, プリンストン大学の非常勤講師としてアメリカを行き来し活動する. この頃, エルゴード定理, ユニタリー群の理論, 量子論理, 束論の研究でバーコフ父子やストーンなど, 海の向こうのハーバード大学の研究者と交流を深める. ストーンはフォン・ノイマンと同い年だが, フォン・ノイマンとユニタリー群の生成子の存在, いわゆる, ストーンの定理を巡って火花を散らした [66]. 量子力学の数学的定式化の金字塔を打ち立てたのもこの頃である. ワイルの関係式

$$e^{itX_i}e^{isY_j} = e^{i\delta_{ij}\frac{h}{2\pi}st}e^{isY_j}e^{itX_i} \qquad s,t \in \mathbb{R}$$

を満たすものが, 運動量作用素と位置作用素とユニタリー同型であ

ることを示した [60].

$$X_i \cong \frac{h}{2\pi i} \frac{\partial}{\partial x_i} \qquad Y_j \cong M_{x_j}$$

統計力学では, マクスウエルとボルツマン以来の懸念事項であった
エルゴード仮説をエルゴード定理として完全に解いてしまう [64].

$$\lim_{T \to \infty} \frac{1}{T} \int_0^T f(T_s x) ds = \frac{1}{\mu(X)} \int_X f(x) d\mu(x)$$

しかし, バーコフ父とはエルゴード定理の優先権争いでバトルし
た. 仲裁に入ったのがロバートソンである. ロバートソンの学生が,
フォン・ノイマン全集を編集したタウプであるから因縁深い. フォ
ン・ノイマンの平均エルゴード定理のアイデアは, バーコフの学生
だったコープマンによる. また, この頃, ヒルベルトの 23 問の第 5
問にも, コンパクト位相群の場合に肯定的な結果を示した [67].

　1933 年にはヒトラー政権が誕生する. その結果, ヨーロッパの多
くの優秀な頭脳が流出することになる. アインシュタイン, ワイル,
そしてフォン・ノイマンたちである. しかし, フォン・ノイマンは決
してヒトラー政権から逃れてプリンストンに渡ったわけではない.
アメリカ数学会の重鎮ヴェブレンにプリンストン高等研究所の教授
にスカウトされ, 創設当時の最年少教授になった. こうして, ガウス
以来 1 世紀以上面々と受け継がれてきた世界の数学の中心ゲッチン
ゲンは, 役割を大西洋の向こう側プリンストンに譲ってしまった.

　1934 年頃には群上の概周期関数 [68] の研究を始め, 1936 年には,
エルゴード理論で揉めたバーコフの息子と束論, 量子論理で論文 [2]
を書いている. 量子力学の論理体系が配分律もモジュラー律も満た
さないことを指摘した. それは量子論理と呼ばれるようになる.

ブール束 ⊂ 分配束 ⊂ モジュラー束 ≠ **量子論理** ⊂ 束

世代	フォン・ノイマンと関わった事項
1880 年頃 (大御所)	シュミット (76) ヒルベルト・シュミットクラス アインシュタイン (79) 高等研究所で同僚 ヴェブレン (80) 高等研究所にフォン・ノイマンを招聘 リース (80) 同郷, リースの表現定理 etc バーコフ父 (84) 個別エルゴード定理, フォン・ノイマンとバトル ワイル (85) ワイル関係式, 一様分布定理, コンパクト群 etc ハール (85) 同郷, ハール測度
1900 年代 (同僚)	コープマン (00) バーコフの学生, エルゴード定理 ウィグナー (02) 幼馴染, シュレディンガー方程式 ディラック (02) 妻がウィグナーの妹, 輻射場の理論 ホップ (02) バーコフの学生, ザルツブルク出身, エルゴード定理 **フォン・ノイマン (03)** 本人 ストーン (03) バーコフの学生, ストーンの定理 ロバートソン (03) バーコフ vs フォン・ノイマンのバトルの仲裁 ゲーデル (06) 高等研究所で同僚, 不完全性定理
1910 年代 (弟分)	バーコフ息子 (11) 量子論理と束論 マレー (11) コープマンの学生, フォン・ノイマン代数 タウブ (11) ロバートソンの学生, フォン・ノイマン全集編集

疾風怒濤時代 (1925 年-1940 年) の主な登場者

そして, コープマンの学生のマレーとフォン・ノイマン代数 $\mathfrak{M}$ の共同研究を開始する [35, 36, 71, 37]. $\mathfrak{M}$ が因子の場合に射影作用素全体 $P(\mathfrak{M})$ に全順序 $\precsim$ が定義でき, $(P(\mathfrak{M}), \precsim)$ が次の何かと同型になることを 30 分以内で示したと, マレーは回顧している.

$$\{0, \ldots, n\}, \{0, \ldots \infty\}, [0, 1], \mathbb{R} \cup \{\infty\}, \{0, \infty\}$$

1937 年にはアメリカの市民権を獲得する. ここに掲げた業績はどれも後世に大きな影響を与えたものである. 僅か 15 年足らずの間に, ドイツ, アメリカで光速の如き速さで大量に仕事を完成させている. 筆者の日々の雑用がニュートリノ並みに軽く感じられる.

2　1954 年のアムステルダム

　疾風怒濤の時代が終焉して第 II 期が始まる. 疾風怒濤とは, 感情が理性を超えて発露することであろう. フォン・ノイマンの第 II 期も, 休む間もなく "疾疾風風怒怒濤濤" なくらいの勢いであるが, 理性を超えた感情の発露だけではなく, 国家に翻弄されたところが多分にあったと思われる. その国家は母国ハンガリーではなくアメリカである. 日本人の感覚ではなかなか理解が難しい.

　第 II 期, フォン・ノイマンは大戦に翻弄され, 核抑止力派であった. 原爆投下にも積極的に関わり, 戦後は水爆の推進派でもあった. それでも, 世界の純粋数学者はフォン・ノイマンを必要とした.

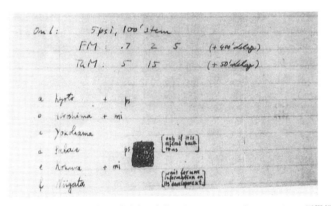

1945 年 5 月 11 日開催の標的委員会に参加したフォン・ノイマンのメモ. 原爆投下候補地が書かれている. 米国国会図書館所蔵. [105, 236 ページ] から抜粋

　1900 年のパリの ICM でヒルベルトが重要な数学の未解決問題を提言した. それから半世紀を経て 1954 年のアムステルダムの ICM で, ヒルベルトにならい, 重要な数学の未解決問題を提言してほしいと, ICM からフォン・ノイマンは依頼を受けたのだ. 当時の国際数学連合総裁はマーシャル・ストーンであるから, ストーンのプッ

シュがあったのではなかろうか．その手紙が残っている [41, 227
ページ]．日付は 1952 年 11 月 27 日．世界でこれができる数学者は
フォン・ノイマン以外に存在しないと手紙で断言している．フォン・
ノイマンは迷った末に，1954 年の ICM で『Unsolved problems in
mathematics』[51] と称して講演を行なっている．21 世紀の数学社
会では考えられないスーパースターぶりである．若きフォン・ノイ
マンは疾風怒濤の時代に感情が理性を超えて発露したようにみえる
のだが，実は人生のどの時点でもフォン・ノイマンは変わらなかっ
たのではなかろうか．まるで超性能のいいコンピューターのように．

3　フォン・ノイマン全集

　フォン・ノイマンが人類に膨大な遺産を残し，プリンストンの
ウォーターリード陸軍病院で死去したのは 1957 年の 2 月であった．
一般相対論の研究者でアメリカ人幾何学者のエイブラハム・H・タ
ウプ（A・H・Taub）によりフォン・ノイマン全集全 6 巻 [77] の刊
行が 1961 年から始まった．タウプはフォン・ノイマンと大きな関
わりをもった，ロバートソンの不等式で知られるハワード・ロバー
トソンの学生である．全 6 巻のページ数と内容は以下である．

I	集合論, 量子力学	643 ページ
II	作用素, エルゴード理論, 群上の概周期関数	558 ページ
III	作用素環	563 ページ
IV	連続幾何, その他	506 ページ
V	オートマトンと数値解析のコンピューター理論	773 ページ
VI	ゲーム理論, 宇宙物理, 流体力学, 気象学	527 ページ

フォン・ノイマン夫人のクララ＝フォン・ノイマン＝エッカートに
よって各巻頭に謝辞が寄せられている．掲載論文数が 154 編で，そ
の内フォン・ノイマンが著者でない論文も何編かある．さらに，論

文に加えて，フォン・ノイマンの著書

- 『Mathematische Grundlagen der Quantenmechanik』[62]
- 『Theory of Games and Economic Behavior』[78]
- 『Functional Operators Vol.1, Vol.2』[73]
- 『The Computer and the Brain』[75]
- 『Continuous Geometry』[76]

が紹介されている．各巻末の論文リストには 1-154 の通し番号が付されていて，各論文が全集の何巻の何番目に掲載されているのか一目でわかるようになっている．一番初めの論文は 1922 年発行のフェケテと共著の [17] で，最後の 154 番目の論文は 1959 年発行の5 人共著の流体力学の数値計算に関する論文 [5] である．編者のタウプの苦労は計り知れない．クララ＝フォン・ノイマン＝エッカートも謝辞で編者タウプを丁重に労っている．全集は，概ね，I からVI に向かって執筆年代が新しくなっていく．なので，フォン・ノイマンの興味のおおよその移り変わりがわかるだろう．疾風怒濤の時代は I-IV あたりである．

　池辺晃生が [110] にフォン・ノイマン全集の書評を書いている．その中でフォン・ノイマンの印象を

「"Dernièrs Pensées" を発表することも，H・Weyl のように学問の中に詩情を漂わせることも，"I am a Mathematician" と見栄を切ることもなかった（彼の思想的著述は少ない．Vol.1 巻頭の The mathematician は数少ない例外の一つである）」

と語っている．筆者のフォン・ノイマンに対する印象に酷似する．ワイルと比べるあたりも筆者と波長が合う．『Dernièrs Pensées』はポアンカレの著作で邦訳タイトルが『晩年の思想』である．『I am a Mathematician』はウィーナーの著作のことだろう．

第2章

フォン・ノイマンの一意性定理

1 フォン・ノイマンとワイル

1.1 ヘルマン・ワイル

　1926年, 公理的集合論の研究者であったフォン・ノイマンは, ハイゼンベルクの行列力学とシュレディンガーの波動力学の主導権争いで, 当事者同士がバトルする場面にミュンヘンで遭遇した. 翌1927年, フォン・ノイマンは行列力学と波動力学が同等であることをヒルベルト空間論と非有界作用素の理論を展開して見事に証明した. 当時, フォン・ノイマンは, ブダペストで数学の学位を取得し, かつ, チューリッヒ工科大学 (ETH) の応用化学科を卒業し, ロックフェラー財団の奨学金を受けて, ヒルベルトが君臨するゲッチンゲン大学に在籍していた. そこでは, ヒルベルトの形式主義の立場から, 上述したように公理的集合論も研究していた.

　一方, 1908年に, ヒルベルトから学位を取得した秀才ヘルマン・ワイルは ETH に移り, ブラウワーの直観主義の立場から公理的集合論を研究していた. ワイルは, 第1巻と第2巻でも散々登場しているが, この章の準主役でもあるので, 改めて紹介しよう.

ヘルマン・クラウス・フーゴー・ワイルはド
イツのエルムスホルンで 1885 年 11 月 9 日に
生まれたドイツ人数学者である．生涯にわた
り，公理的集合論，関数論と幾何学，一般相対性
理論，電磁場と重力場の統一場理論，連続群論
などで，先駆的となる輝かしい業績を築き上げ
た．1904 年から 1908 年までゲッチンゲン大学
とミュンヘン大学の双方で数学と物理学を学
び，ゲッチンゲン大学で，敬愛するヒルベルト   H・ワイル
の指導のもとで博士号を取得している．その後，ゲッチンゲン大学
の私講師になる．1913 年に ETH に移り，アインシュタインの同僚
となる．そして，1918 年にはゲージ理論を発見し，同年一般相対性
理論の講義をまとめた『Raum, Zeit, Materie』[82] を著している．
邦訳は『空間・時間・物質』[99]．ワイルは，イマヌエル・カントの
『純粋理性批判』に心を囚われるような少年だったためか，著作のタ
イトルにも哲学の匂いを感じる．筆者も，学生の頃，このタイトルに
魅かれて自主ゼミを決行したが，残念ながらゼミは全く哲学的では
なかった．また，ワイルはゲッチンゲンの学生時代にも現象学の祖
エトムント・フッサールの講義に熱心に出ていたという．ちなみに，
ワイルの妻ヘッラ・ワイルはフッサールの教え子である [105, 第 2
章第 2 節]．

ワイルは，1927 年に『Philosophy of Mathematics and Natural
Science』[86] を著している．第一部は数学，第二部は自然科学から
なる．第一部では，公理的集合論や幾何学が論じられ，第二部では
相対性理論や量子力学の哲学的な側面が語られている．筆者の本箱
に眠っていた邦訳『数学と自然科学の哲学』[98] を恐る恐る開いて
みると，それは，数学の書とも物理の書とも哲学の書ともいえない，

	ワイル	シュレディンガー	フォン・ノイマン
ゲッチンゲン	1904-1908 1909-1912 （私講師） 1930-1933		1927 （ポスドク）
チューリッヒ	1913-1930 （ETH）	1921-1926 （チューリッヒ大学）	1923-1926 （ETH） （応用化学の学生）
ベルリン		1927-1933 （プランクの後任）	1921-1923 （応用化学の学生） 1928-1933 （私講師）
プリンストン	1933-1951 （高等研究所）		1930-1932 （プリンスト大学） （非常勤講師） 1933-1957 （高等研究所）

1920-30 年頃のゲッチンゲン, チューリッヒ, ベルリン, プリンストン

知の塊のような書物であることがわかる. ここでいう, 知は知識ではなく知性のことである. 20 世紀初頭に起きた, 物理における相対性理論と量子力学の発見, 数学におけるブラウワーによる直観数学の発見が, ワイルによって一つに結実した結果がこの書であろう. まさに, 『La science et l'hypothèse』(1902)（科学と仮説）, 『La valeur de la science』(1905)（科学の価値）, 『Science et méthode』(1908)（科学と方法）, 『Savants et écrivains』(1910)（科学者と詩人）などの著作のあるアンリ・ポアンカレと並ぶ人類史上最後の自然哲学者かもしれない.

1.2 ゲッチンゲンからプリンストンへ

1921 年, レーミ通りを挟んで ETH の隣に位置するチューリッヒ大学にシュレーディンガーが教授として移ってきた. ここで, 2 人は交流を深めることになる. さらに, ワイルは, 1923 年から 1926 年にかけて, ETH で応用化学を専攻していた学生時代のフォン・ノイマンとも一緒になる. 応用化学科の学生であるフォン・ノイマンは, 化学ではなく, 数学に浸っていて, ワイルはそれを暖かく受け入れた. しかし, 1926 年に, フォン・ノイマンはゲッチンゲンに移り, 1927 年には, シュレーディンガーがプランクの後任としてベルリンに移ってしまう. ワイルも, ヒルベルトの後継者として 1930 年にゲッチンゲンに戻る. 実は, ワイルは, 1922 年にミュンヘン大学, 1923 年にゲッチンゲン大学, 1925 年にライプチヒ大学, 1928 年にはプリンストン大学から教授ポストを提案されるが辞退している. 研究のメッカに行くよりも, のんびり研究しようということらしい [105, 127 ページ].

C・F・ガウス

ゲッチンゲン大学の正式名称は Georg August Universität Göttingen といい, GAU と略される. ハップスブルク家の女帝となるマリア・テレジアが 18 歳で結婚した翌年の 1737 年に, ローマ王を推薦する権利のある選帝侯の一人, ハノーファー選帝侯ゲオルク・アウグストによって設立された.

ゲッチンゲン大学には, 19 世紀初頭以降から面々と続く名誉ある数学教授職 "Erster Lehrstuhl" が存在する. その職に就いた最初の数学者は勿論, カール・フリードリッヒ・ガウスである. その後, 順番に, 数論のルジューヌ・ディリクレ, ガウスと同じくらい有名なベルンハルト・

リーマン, クレブシュ・ゴルドン係数で知られる代数幾何学と不変
式論のアルフレッド・クレブシュ, フックス型微分方程式に名前の
残る偏微分方程式論のラザルス・フックス, シュワルツの不等式で
知られる複素関数論のヘルマン・シュワルツ, 数論のハインリッヒ・
ヴェーバー, 我がダフィット・ヒルベルトと続き, そして, ワイル
である. ため息が出るような名前が連なる. また, 第二講座の教授
には, 幾何学と関数論のフェリックス・クリスティアン・クライン,
測度論の研究者でギリシア人のコンスタンティン・カラテオドリ,
クーラント・ヒルベルトの愛称で親しまれた数理物理の古典的名著
の著者リヒャルト・クーラント, 第三講座の教授には, ミンコフス
キー空間に名前の残る幾何学のヘルマン・ミンコフスキー, 解析数
論の研究者でランダウの記号の発明者エトムント・ランダウ, 4 年
に 1 度授与されるネヴァンリンナ賞 (2022 年から IMU アバカス・
メダルに名称変更される予定) の複素解析のロルフ・ネヴァンリン
ナ, そして, 整数論のカール・ジーゲルらがいた. 例外なく, 伝説的
な数学者が名を連ねる. まさに, 1930 年, ゲッチンゲンは世界の数
学センターであり, 黄金期であった.

　しかし, ゲッチンゲンでの名誉ある教授職の生活は長くはなかっ
た. ワイルの妻がユダヤ人であったため, ドイツ・ナチス政権が誕
生した 1933 年, ワイルは招聘を一度断ったプリンストン高等研究
所に移ることを決意し, ゲッチンゲンを後にする. アインシュタイ
ン, ゲーデル, フォン・ノイマンらとともに創立期のプリンストン
高等研究所教授の一人になった. そして, 世界の数学の中心はゲッ
チンゲンから大西洋を渡ってプリンストンに移ってしまう. ワイル
は, 1932 年 7 月 30 日付けのプリンストン高等研究所所長のエイブ
ラハム・フレクスナー宛の手紙で, アインシュタインと私 (ワイル)
は私的な思索型なので, 若者を指導できる数学者として「代数的整

数論のエミール・アルチンかフォン・ノイマンのようなタイプの人間に大きな価値がある」と書いている [105, 215 ページ]. プリンストン時代のワイルの研究は ETH 時代に比べて輝かしいものではなかったが, 大西洋を渡ったときの年齢が 48 歳であることを考えればやむを得ないだろう. 結果的に, ワイルは 1951 年に退職するまでプリンストン高等研究所に在籍し, 嘗ての教え子フォン・ノイマンと同僚であった. 純粋数学と理論物理学の双方の分野で顕著な業績を残した 20 世紀において最も影響力のある数学者となった.

　"ワイル"を冠する数学用語は実に多い. 月面には, ワイルクレーターも存在する. しかし, それはフォン・ノイマンクレーターと同様に月の裏側なので地球から見ることはできない. 直径は 108km でフォン・ノイマンクレーターより 30 キロメートル大きい.

1.3 『量子力学と群論』におけるフォン・ノイマン

　ワイルは 1928 年, 43 歳のときに, 完成してまだ日の浅い量子力学の教科書を著す. フォン・ノイマンの量子力学の数学的基礎付けの三部作 [52, 54, 53] が 1927 年に発表されているから, 発表は, その翌年ということになる. 1927 年には, 抽象的な "ヒルベルト空間" がすでに定義され, ハイゼンベルクの行列力学とシュレディンガーの波動力学の同値性に決着がついていた. 同年末頃から, ボルンによる量子力学の確率解釈 [7] をめぐって, ETH で同僚のアインシュタインが「神様はサイコロ遊びをしない」を連発している. 当時のワイルの主要研究テーマであった群論を全面に押し出したその著書のタイトルは

$$\text{『Gruppentheorie und Quantenmechanik』} [84]$$

で, シュトゥットゥガルトの S・Hirzel 出版社から出版された. 第 1

章から第 5 章で構成されていて, 大まかな内容は以下である. 第 1
章はユニタリー幾何, 第 2 章は量子論, 第 3 章は群論と表現, 第 4 章
は群論の量子力学への応用, 第 5 章は置換と対称変換の代数につい
て論じられ, 特に, 第 2 章と第 4 章の一部は 1927 年に論文 [83] と
して発表されている. その論文のタイトルが

『Quantenmechanik und Gruppentheorie』[83]

で, 教科書 [84] のタイトルをひっくり返したものになっている. 時
系列的にいうと, 論文 [83] が最初で, 教科書 [84] のタイトルが, 論
文のタイトルをひっくり返してつけたことになる. 論文や書籍のタ
イトルにも $\mathbb{Z}_2$ の対称変換が表れている. ワイルはどこまで対称性
が好きだったのだろうか.

　邦訳は 1932 年に, 山内恭彦訳で『群論と量子力学』として岩波
書店から出版されている. 日本は昭和の初期から邦訳作業が超早
かったことに驚かされる. 序文も「再度余は, 自家の専門領域たる
数学に属するのはその一半で, 他半は物理に属する書を提げて読者
に見ゆるの大胆を敢えてすることとなった」と, 森鴎外を彷彿させ
る文語調で翻訳されている. また, 興味を引かれるのが, "Energie"
を "エネルギー" と訳さず "勢力" と訳しているところであろう
か. エネルギー量子ではなく勢力量子となる. また, "Der duale
Vektorraum=双対ベクトル空間" を "対偶ベクトル空間" と訳して
いるのも目を引く. 今では別な意味になってしまうだろう. 文語調
で, しかも勢力の文字がたくさん目に入るので, 戦国時代の戦記物
を読んでいる錯覚に襲われる. 筆者の抱く, 人類史上最後の自然哲
学者ワイルのイメージからかけ離れている.

　出版の経緯は以下である. ワイルは, 当時在籍していた ETH で
群論の講義をしようと思っていた. しかし, アインシュタインが, サ

イコロの話をもち出した 1927 年から 1928 年の冬学期に, チューリッヒ大学のシュレディンガーがプランクの後任としてベルリン大学に招聘され, ETH のピーター・デバイもライプチヒ大学に招聘されてしまい, チューリッヒの街に理論物理を担当する先生がいなくなってしまった. 招聘された両人は, 後にノーベル物理学賞を受賞することを思うと, ETH とチューリッヒ大学にとっては大きな痛手だったに違いない. そこで, ワイルは, 群論の講義を『量子力学と群論』の講義に改めた. これを, F・Bohnenblust が筆記して発行されたのが, この教科書である.

　ワイルが, この教科書を執筆するにあたり, 2 年前まで ETH の応用化学の学生だったフォン・ノイマンを意識していたことは間違いない. 第 1 章の第 7 節では, 無限次元空間について解説している. ここでは, ユニタリー作用素のスペクトル分解定理が紹介され, フォン・ノイマンが非有界作用素に拡張したことを 1927 年の [52] の論文を参考文献にあげながら強調している. また "ヒルベルト空間" という言葉も現れる. 時期的にみて, これは, フォン・ノイマン以外が使った, 最初の抽象的な "ヒルベルト空間" の例かもしれない. さらに, 第 2 章の第 7 節では, フォン・ノイマンの [54] に倣って, "状態" の概念を紹介している.

> Da die Vektorkomponenten eine abgezählte Reihe $x_1, x_2, \ldots$ bilden, besitzt dieser „Hilbertsche Raum" abzählbar-unendlichviele Dimensionen. Daneben spielen Räume mit kontinuierlich unendlichvielen Dimensionen eine Rolle.

[84, 29 ページ] に現れた "Hilbertsche Raum＝ヒルベルト空間"

　第 1 章の第 7 節では, ℓ_2 空間が登場する. ワイルはこれを "abzählbar-unendlichvielen Dimensionen" (可算無限) と呼んでいる. 一方で, 関数空間を "kontinuierlich unendlichvielen Dimensionen" (連続無限) と呼んでいる. この手の混乱はフォン・ノイマ

ンの [62, I.4] でも述べられている. そこでは,「数列空間 $F_{\mathbb{Z}}$ と関数空間 F_{Ω} は非常に異なっているようにみえ, 両者の関係を明らかにするのは困難である」と述べている. フォン・ノイマンはそこで抽象的なヒルベルト空間に向かい, $F_{\mathbb{Z}}$ と F_{Ω} のユニタリー同型性を示した. ワイルはどうしたのか? ワイルは次のように説明している.

単位円周上の 2 乗可積分関数の空間 $L^2([0,2\pi])$ を考え, フーリエ変換

$$x_n = \frac{1}{\sqrt{2\pi}} \int_0^{2\pi} e^{-ins} f(s) ds, \quad n \in \mathbb{Z}$$

を考えれば,

$$\int_0^{2\pi} \bar{f}(s) f(s) ds = \sum_{n=-\infty}^{\infty} \bar{x}_n x_n$$

が成り立つことを述べて, $L^2([0,2\pi])$ と ℓ_2 が何ら変わらない空間であると語っている. 限定的ではあるが, 素晴らしい考察をしている. 現在, この事実は,「$L^2([0,2\pi])$ のフーリエ変換は ℓ_2 である」と表現される.

さて, 第3章では群論の表現論が詳述され, 指標, シューアの補題, バーンサイドの定理などが説明されている. バーンサイドの定理が出てくる量子力学の教科書をあまりみたことがない. かと思えば, 第2章第12節では, 本書でも紹介するディラックの電磁場の量子論が説明されている. 読者もお分かりと思うが, この教科書は, 果たして量子力学を勉強するのに適していたかどうか? シュレディンガー本人も, この教科書に対して, ワイルへの手紙の中で苦言を呈している [97].

伏見康治, 江沢洋, 高林武彦, 岡部昭彦の 4 人が 1987 年に, ド・ブロイの死去に寄せて座談会を行い, その様子が [106, 第8章] にある. それを紹介しよう. ディラックの名著『量子力学』が話題に

なったところで以下の会話になる.

　高林 量子力学の教科書ということでは, 一番早く出たものとして
　　　ワイルの本 Gruppentheorie und Quantenmechanik があり
　　　ましたね. 量子力学の入門書として最も不適当なものが外国
　　　でも訳書でも最初に出たというのは皮肉ですね.
　伏見 どうして山内さんがあれを翻訳したのか, いまだに僕はわか
　　　らない. 僕は一大損害を受けたよ. 今日ここに, ワイルの生
　　　誕百年を記念して出版された本をもってきましたが, その中
　　　のヤン先生の書いたものを斜めに読んだ感じでは, ワイルの
　　　本はたいへんすぐれたものなんだろうけど, ほとんど誰も読
　　　んでいないのではないか, と.
　江沢 シュレディンガーも閉口したようですね. ワイルが書いたも
　　　のを読むのは, 直接に話を聞くのに比べて, なんともむずかし
　　　いことか, といっています.

1.4 抽象的な正準交換関係

　波動力学と行列力学の同値性とは以下のことであった. 波動力
学の主役は運動量作用素 $p_\alpha = \frac{h}{2\pi i}\frac{\partial}{\partial x_\alpha}$ と位置作用素 $q_\beta = M_{x_\beta}$ で
あった. いずれの作用素もヒルベルト空間 $L^2(\mathbb{R}^3)$ で定義された自
己共役作用素で, ハミルトニアン H は一般に p_α, q_β を用いて表せ
た. 代数的な計算をするときには正準交換関係 $[p_\alpha, q_\beta] = \frac{h}{2\pi i}\delta_{\alpha\beta}\mathbb{1}$
が拠り所となった. そして, 状態 $\psi_0 \in L^2(\mathbb{R}^3)$ の時間発展はシュレ
ディンガー方程式

$$-\frac{h}{2\pi i}\frac{\partial}{\partial t}\psi_t = H\psi_t$$

で与えらた. つまり, $(L^2(\mathbb{R}^3), p_\alpha, q_\beta)$ から量子力学が構成できた.

一方, 行列力学では, $\ell_2(\mathbb{Z}^3)$ 上に無限行列で表される運動量作用素 P_α と位置作用素 Q_β を構成することができ, ハミルトニアン H は一般に P_α, Q_β を用いて表せた. 代数的な計算をするときには, p_α, q_β と同様に, 正準交換関係 $[P_\alpha, Q_\beta] = \frac{h}{2\pi i}\delta_{\alpha\beta}\mathbb{1}$ が拠り所となった. さらに, 観測量 $A : L^2(\mathbb{R}^3) \to L^2(\mathbb{R}^3)$ の時間発展はハイゼンベルクの運動方程式

$$-\frac{h}{2\pi i}\frac{\partial}{\partial t}A_t = [A_t, H]$$

で与えられた. つまり, $(\ell_2(\mathbb{Z}^3), P_\alpha, Q_\beta)$ から量子力学が構成できた.

ワイルは, 1926 年頃にチューリッヒで, 2 歳年下のシュレディンガーに波動力学と行列力学の同値性を尋ねられて答えることができなかった. そこで, シュレーディンガーは, 自ら [45] で, 波動力学と行列力学の同値性を示した. しかし, それは数学的な同値性からは程遠いものであった. 一方, フォン・ノイマンはユニタリー作用素 $U : L^2(\mathbb{R}^3) \to \ell_2(\mathbb{Z}^3)$ で $U^{-1}P_\alpha U = p_\alpha$, $U^{-1}Q_\beta U = q_\beta$ となるものが存在することを示し, さらに, ψ_t と A_t は次のように関係付けられることを示した.

$$(\psi_t, A\psi_t) = (\psi, A_t\psi)$$

ここで

$$\psi_t = e^{-\frac{2\pi i}{h}tH}\psi, \quad A_t = e^{\frac{2\pi i}{h}tH}Ae^{-\frac{2\pi i}{h}tH}$$

このように, 行列力学と波動力学が同等の理論であることを示したのである.

これらの事実から, フォン・ノイマンは, 抽象的なヒルベルト空

間 $\mathfrak{H}$ 上の自己共役作用素 X_α, Y_β が, 正準交換関係

$$[X_\alpha, Y_\beta] = \frac{h}{2\pi i}\delta_{\alpha\beta}\mathbb{1}$$

を満たせば, $X_\alpha \sim p_\alpha$, $Y_\beta \sim q_\beta$ が成り立ち, $(\mathfrak{H}, X_\alpha, Y_\beta)$ から, 波動力学や行列力学と数学的に同等な量子力学が構成できると考えた. つまり, ヒルベルト空間と正準交換関係が本質的であって, それを実現する具体的な表示は本質的ではないと考えた. その帰結が, これから紹介するフォン・ノイマンの一意性定理である. これは量子力学の数学的基礎付けにおける金字塔というべき結果である.

2 単位の分解

2.1 位置作用素の単位の分解

ヒルベルト空間 $L^2(\mathbb{R}^d)$ 上の実可測関数 ρ の掛け算作用素 M_ρ の単位の分解を求めよう. 以下, 次元は d 次元とする. つまり

$$(f, M_\rho g) = \int_{\mathbb{R}} \lambda d(f, E_\lambda g)$$

となる E_λ を具体的に求める. L を d 次元のルベーグ測度とする.

$$(f, M_\rho g) = \int_{\mathbb{R}^d} \bar{f}(x)\rho(x)g(x)dL(x)$$

であるから $\rho : (\mathbb{R}^d_x, \mathcal{L}, L) \to (\mathbb{R}_y, \mathcal{B}(\mathbb{R}))$ の像測度を考えると

$$(f, M_\rho g) = \int_{\mathbb{R}} \bar{f}(\rho^{-1}(y))yg(\rho^{-1}(y))dL \circ \rho^{-1}(y)$$

y を λ と書き表せば

$$\bar{f}(\rho^{-1}(\lambda))g(\rho^{-1}(\lambda))dL \circ \rho^{-1}(\lambda) = d(f, E_\lambda g)$$

である. 故に, $A \in \mathcal{B}(\mathbb{R})$ に対して

$$(f, E(A)g) = \int_A \bar{f}(\rho^{-1}(\lambda))g(\rho^{-1}(\lambda))dL \circ \rho^{-1}(\lambda)$$

右辺は

$$\int_{\mathbb{R}} \mathbb{1}_A(\lambda)\bar{f}(\rho^{-1}(\lambda))g(\rho^{-1}(\lambda))dL \circ \rho^{-1}(\lambda)$$

のことだから, 次のようになる.

$$(f, E(A)g) = \int_{\mathbb{R}^d} \mathbb{1}_A(\rho(x))\bar{f}(x)g(x)dL(x)$$

$\mathbb{1}_A(\rho(x)) = \mathbb{1}_{\rho^{-1}(A)}(x)$ に注意すると

$$(f, E(A)g) = \int_{\mathbb{R}^d} \mathbb{1}_{\rho^{-1}(A)}(x)\bar{f}(x)g(x)dL(x) = (f, M_{\mathbb{1}_{\rho^{-1}(A)}}g)$$

となる. 故に

$$E(A) = M_{\mathbb{1}_{\rho^{-1}(A)}}$$

がわかった. これが, M_ρ に付随する単位の分解である. 確か
に, $E(A)$ は $\rho^{-1}(A)$ 上の定義関数 $\mathbb{1}_{\rho^{-1}(A)}$ の掛け算作用素なので
$E(A)^2 = E(A)$ となる. また $(E(A)f, g) = (f, E(A)g)$ であるから
$L^2(\mathbb{R}^d)$ の射影作用素になっている. 特に, 位置作用素 q_j に付随す
る単位の分解は

$$E_{q_j}(A) = M_{\mathbb{1}_{A_j}}, \quad A \in \mathcal{B}(\mathbb{R})$$

である. ここで,

$$A_j = \{(x_1, \ldots, x_j, \ldots x_d) \in \mathbb{R}^d \mid x_j \in A\}$$

である. つまり, j 番目の座標への射影 $\pi_j : \mathbb{R}^d \ni x \mapsto x_j \in \mathbb{R}$ を用
いて表すと $A_j = \pi_j^{-1}(A)$ である.

2.2 運動量作用素の単位の分解

運動量作用素 p_j に対しては, p_j が q_j とユニタリー同型で, その同型対応が $L^2(\mathbb{R}^d)$ 上のフーリエ変換 F で与えられることを思い出せば一瞬でわかる. $F^{-1}M_{hk_j/2\pi}F = p_j$ だから

$$(f, p_j g) = (\hat{f}, M_{hk_j/2\pi}\hat{g})$$

故に

$$(f, p_j g) = \int_{\mathbb{R}^d} \frac{hk_j}{2\pi}\bar{\hat{f}}(k)\hat{g}(k)dk$$

よって, 少々ややこしくなるが

$$(f, E_{p_j}(A)g) = (f, F^{-1}\mathbb{1}_{A_j}(h\cdot/2\pi)Fg), \quad A \in \mathcal{B}(\mathbb{R})$$

となる. p に付随する単位の分解は

$$E_{p_j}(A) = F^{-1}M_{\mathbb{1}_{A_j}(h\cdot/2\pi)}F$$

である. 以上まとめると次のようになる.

> **命題（位置作用素 q_j と運動量作用素 p_j の単位の分解）**
>
> q_j の単位の分解 E_{q_j} と p_j の単位の分解 E_{p_j} は次で与えられる. $A_j = \{(x_1, \ldots, x_j, \ldots, x_d) \in \mathbb{R}^d \mid x_j \in A\}$, $A \in \mathcal{B}(\mathbb{R})$ とする. このとき,
>
> $$E_{q_j}(A) = M_{\mathbb{1}_{A_j}}$$
> $$E_{p_j}(A) = F^{-1}M_{\mathbb{1}_{A_j}(h\cdot/2\pi)}F$$

2.3 調和振動子の単位の分解

1次元調和振動子の単位の分解を求めよう. $L^2(\mathbb{R})$ 上の調和振動子

$$H = \frac{1}{2}p^2 + \frac{1}{2}q^2$$

のスペクトルは $\sigma(H) = \{\frac{h}{2\pi}(n+\frac{1}{2})\}$ だった. 簡単のために $\frac{h}{2\pi}(n+\frac{1}{2}) = E_n$ としよう. e_n を H の固有値 E_n に対する固有ベクトルとする.

$$He_n = E_n e_n$$

そうすると $g = \sum_{n=0}^{\infty}(e_n, g)e_n$ だから

$$Hg = \sum_{n=0}^{\infty}(e_n, g)E_n e_n$$

一次元空間 $\mathscr{L}\{e_n\}$ への射影作用素を $P_{\{E_n\}}$ と書こう. これから (f, Hg) は次のように計算できる.

$$(f, Hg) = \sum_{n=0}^{\infty}E_n(f, (e_n, g)e_n) = \sum_{n=0}^{\infty}E_n(f, P_{\{E_n\}}g)$$

そこで

$$E_\lambda = \sum_{\substack{E_n \\ \text{ただし } E_n \leq \lambda}} P_{\{E_n\}}$$

とすれば

$$(f, Hg) = \int \lambda d(f, E_\lambda g)$$

が従う.

d 次元調和振動子の単位の分解は 1 次元の場合と同様に求めることができる. $L^2(\mathbb{R}^d)$ 上の調和振動子

$$H = \frac{1}{2}\sum_j p_j^2 + \frac{1}{2}\sum_j q_j^2$$

のスペクトルは $\sigma(H) = \{\frac{h}{2\pi}(n_1 + \cdots + n_d + \frac{d}{2})\}$ だった. ここで, $n_j = 0, 1, 2, \ldots$ である. よって, $\sigma(H) = \{\frac{h}{2\pi}(n + \frac{d}{2})\}$ と表せる. 簡単のために $\frac{h}{2\pi}(n + \frac{d}{2}) = E_n$ としよう. このとき, E_n は縮退しているから, その縮退度を $m(n)$ と表そう. $e_n^j, j = 1, \ldots, m(n)$, を H の固有値 E_n に対する固有ベクトルとする.

$$He_n^j = E_n e_n^j$$

そうすると $g = \sum_{n=0}^{\infty}\sum_{j=1}^{m(n)}(e_n^j, g)e_n^j$ だから

$$Hg = \sum_{n=0}^{\infty}\sum_{j=1}^{m(n)}(e_n^j, g)E_n e_n^j$$

固有空間 $\mathscr{L}\{e_n^j, j = 1, \ldots, m(n)\}$ への射影作用素を $P_{\{E_n\}}$ と書こう. これから (f, Hg) は次のように計算できる.

$$(f, Hg) = \sum_{n=0}^{\infty}\sum_{j=1}^{m(n)}E_n(f, (e_n^j, g)e_n^j) = \sum_{n=0}^{\infty}E_n(f, P_{\{E_n\}}g)$$

そこで

$$E_\lambda = \sum_{\substack{E_n \\ \text{ただし } E_n \leq \lambda}} P_{\{E_n\}}$$

とすれば, 1 次元の場合と同様に

$$(f, Hg) = \int \lambda d(f, E_\lambda g)$$

が従う.

　これは, 一般に純粋に点スペクトルしかもたない自己共役作用素 T に対して成り立つ.

> **命題 (点スペクトルのみをもつ自己共役作用素の単位の分解)**
>
> T は自己共役作用素とする. $\sigma(T) = \{E_n\}$ で $Te_n = E_n e_n$ とする. このとき, T の単位の分解は
>
> $$E((-\infty, \lambda]) = \sum_{\substack{E_n \\ \text{ただし } E_n \leq \lambda}} P_{\{E_n\}}$$

3 正準交換関係とワイルの関係式

3.1 ワイルの関係式

　運動量作用素 p_j の単位の分解を E_p, 位置作用素 q_j の単位の分解を E_q とする. j は以下で固定する. スペクトル分解定理によれば

$$F(p_j) = \int_{\mathbb{R}} F(\lambda) dE_{p,\lambda}$$

であった. F として $F(x) = e^{itx}$, $t \in \mathbb{R}$, をとれば

$$e^{itp_j} = \int_{\mathbb{R}} e^{it\lambda} dE_{p,\lambda}$$

なので E_q と E_p の関係から

$$\begin{aligned}
(f, e^{itp_j}g) &= \int_{\mathbb{R}} e^{it\lambda} d(f, E_{p,\lambda}g) \\
&= \int_{\mathbb{R}} e^{it\frac{h}{2\pi}\lambda} d(\hat{f}, E_{q,\lambda}\hat{g}) = (\hat{f}, e^{it\frac{h}{2\pi}k_j}\hat{g})
\end{aligned}$$

が従う. これは

$$e^{itp_j}g = F^{-1}e^{it\frac{h}{2\pi}q_j}Fg$$

をいっている. 計算してみよう.

$$F^{-1}e^{it\frac{h}{2\pi}q_j}Fg(x)$$

$$= \frac{1}{\sqrt{2\pi}}\int_{\mathbb{R}^d}e^{i(k_1x_1+\cdots+k_j(x_j+\frac{h}{2\pi}t)+\cdots+k_dx_d)}Fg(k)dk$$

$$= g(x_1,\ldots,x_j+\frac{h}{2\pi}t,\ldots,x_d)$$

故に

$$e^{itp_j}: g(x) \mapsto g(x_1,\ldots,x_j+\frac{h}{2\pi}t,\ldots,x_d)$$

のようなずらし作用素になっている. これは以下のように形式的な議論でも想像できる. $d=1$ とする.

$$e^{itp} = e^{t\frac{h}{2\pi}\frac{d}{dx}} = \sum_{n=0}^{\infty}\frac{(\frac{h}{2\pi}t)^n}{n!}\frac{d^n}{dx^n}$$

だからテーラー展開より

$$e^{itp}f(x) = \sum_{n=0}^{\infty}\frac{(\frac{h}{2\pi}t)^n}{n!}\frac{d^nf(x)}{dx^n} = f(x+\frac{h}{2\pi}t)$$

深く考えずに $e^{itp} = \sum_{n=0}^{\infty}\frac{(\frac{h}{2\pi}t)^n}{n!}\frac{d^n}{dx^n}$ と単純にみなせば, 定義域は $\mathrm{D}(e^{itp}) = \cap_{n=0}^{\infty}\mathrm{D}(p^n)$ になって非常に狭い. しかし, 実際にはずらし作用素なので

$$\|e^{itp}g\| = \|g(\cdot+\frac{h}{2\pi}t)\| = \|g\|$$

となるから, 等長作用素で定義域はヒルベルト空間全体 $L^2(\mathbb{R})$ に広がっている.

e^{itp_j} と e^{isq_j} の関係を考えよう. e^{itp_j} はずらし作用素だから, 次のように計算できる.

$$
\begin{aligned}
e^{itp_j}e^{isq_j}f(x) &= e^{itp_j}e^{isx_j}f(x) \\
&= e^{is(x_j+\frac{h}{2\pi}t)}f(x_1,\ldots,x_j+\frac{h}{2\pi}t,\ldots,x_d) \\
&= e^{i\frac{h}{2\pi}st}e^{isx_j}f(x_1,\ldots,x_j+\frac{h}{2\pi}t,\ldots,x_d) \\
&= e^{i\frac{h}{2\pi}st}e^{isq_j}e^{itp_j}f(x)
\end{aligned}
$$

また, $i \neq j$ のときは, 次のようになる.

$$
e^{itp_i}e^{isq_j}f(x) = e^{isq_j}e^{itp_i}f(x)
$$

命題（ワイルの関係式 [83, (35)]）

$\forall s,t \in \mathbb{R}$ に対して次が成り立つ.

$$
e^{itp_i}e^{isq_j} = e^{i\delta_{ij}\frac{h}{2\pi}st}e^{isq_j}e^{itp_i}
$$

ワイルの関係式は e^{itp_i} がずらし作用素であることを知っていれば

$$
e^{itp_i}e^{isq_j} = e^{is(q_j+\delta_{ij}\frac{h}{2\pi}t)}e^{itp_i}
$$

のようにみなすと覚えやすい. ワイルの関係式の両辺を $s=t=0$ で微分してみよう. はじめに $t=0$ で微分して

$$
\begin{aligned}
\frac{d}{dt}e^{itp_i}e^{isq_j}\lceil_{t=0}f &= \frac{d}{dt}e^{i\delta_{ij}\frac{h}{2\pi}st}e^{isq_j}e^{itp_i}f\lceil_{t=0} \\
\implies ipe^{isq_j}f &= i\delta_{ij}\frac{h}{2\pi}se^{isq}f + ie^{isq_j}pf
\end{aligned}
$$

続いて $s=0$ で微分して

Durch formale Operatorenrechnung folgt aus der Vertauschungsrelation
($F(x)$ analytisch, $F'(x)$ seine Ableitung, vgl. Anm. [1]))

$$P F(Q) - F(Q) P = \frac{h}{2\pi i} F'(Q),$$

und hieraus für $F(x) = e^{\frac{2\pi i}{h}\beta x}$

$$e^{-\frac{2\pi i}{h}\beta Q} P e^{\frac{2\pi i}{h}\beta Q} = P + \beta\, 1.$$

Hieraus folgt wieder formal

$$e^{-\frac{2\pi i}{h}\beta Q} F(P) e^{\frac{2\pi i}{h}\beta Q} = F(P + \beta\, 1),$$

und somit für $F(x) = e^{\frac{2\pi i}{h}\alpha x}$

$$e^{\frac{2\pi i}{h}\alpha P} e^{\frac{2\pi i}{h}\beta Q} = e^{\frac{2\pi i}{h}\alpha\beta} \cdot e^{\frac{2\pi i}{h}\beta Q} e^{\frac{2\pi i}{h}\alpha P}.$$

フォン・ノイマンによるワイルの関係式の導出部分 [60]

$$\frac{d}{ds} i p_i e^{isq_j} f \big\lceil_{t=0} = \frac{d}{ds}\left(i\delta_{ij}\frac{h}{2\pi} s e^{isq_j} f + i e^{isq_j} p f \right)\big\lceil_{s=0}$$

$$\implies -p_i q_j f = i\delta_{ij}\frac{h}{2\pi} f - q_j p_i f$$

だから正準交換関係

$$p_i q_j f - q_j p_i f = \delta_{ij}\frac{h}{2\pi i} f$$

が導かれた. つまり, ワイルの関係式から正準交換関係が従う.

$$\text{ワイルの関係式} \implies \text{正準交換関係}$$

興味深いことに, この逆向きは成立しない. ワイルの関係式からは
次の式も従う.

$$e^{itp_j} q_j e^{-itp_j} = q_j + t \quad t \in \mathbb{R}$$

Es gelten die Vertauschungsrelationen

$$i(P_\nu Q_\nu - Q_\nu P_\nu) = 1, \quad i(P_\mu Q_\nu - Q_\nu P_\mu) = 0 \quad \text{für} \quad \mu \neq \nu,$$

und

$$P_\mu P_\nu - P_\nu P_\mu = 0, \quad Q_\mu Q_\nu - Q_\nu Q_\mu = 0 \quad \text{für alle} \quad \mu, \nu.$$

Die

$$U(\sigma) = e(\sigma_1 P_1 + \sigma_2 P_2 + \cdots + \sigma_f P_f) \qquad [e(x) = e^{ix}]$$

bilden für sich eine *f*-parametrige Abelsche Gruppe unitärer (Vektor-)Abbildungen, ebenso die

$$V(\tau) = e(\tau_1 Q_1 + \tau_2 Q_2 + \cdots + \tau_f Q_f).$$

Hingegen ist

$$U(\sigma) V(\tau) U^{-1}(\sigma) V^{-1}(\tau) = e(\sigma_1 \tau_1 + \cdots + \sigma_f \tau_f) \cdot 1.$$

[84, 243 ページ] に現れたワイルの関係式

e^{itp_j} はユニタリー作用素だから

$$\sigma(q_j) = \sigma(q_j + t) = \{\lambda + t \mid \lambda \in \sigma(q_j)\}$$

が任意の $t \in \mathbb{R}$ で従う. 同様に $\sigma(p_j) = \sigma(p_j + t)$ も従う. これから $\sigma(q_j) = \sigma(p_j) = \mathbb{R}$ がわかる.

3.2 ワイルの関係式の由来

ここで説明した恒等式

$$e^{itp_i} e^{isq_j} = e^{i\delta_{ij}\frac{h}{2\pi}st} e^{isq_j} e^{itp_i} \quad s, t \in \mathbb{R}$$

は, ワイルの 1927 年の論文 [83] の (35) 式と 1928 年の教科書 [84] の 243 ページに登場する.

そのため, この恒等式はワイルの関係式と呼ばれている. 両辺ともに有界作用素なので, 第 2 巻で悩まされた定義域の問題がないのが気持ちいい. ワイルの関係式を形式的に $t = 0$, 続いて $s = 0$ で微分すると, 正準交換関係

$$[p_i, q_j] = \delta_{ij}\frac{h}{2\pi i}$$

が現れた。ワイルは量子力学が発見されて，わずか 2,3 年でこの関係式に到達したことになる。まさに聖ワイルである。フォン・ノイマンはワイルの関係式から次の一意性定理を導出した。それを紹介しよう。

4 フォン・ノイマンの一意性定理

1931 年，フォン・ノイマンはワイルの関係式を満たす作用素の組みが本質的に運動量作用素と位置作用素の組みしか存在しないという驚くべき定理を証明した [60]．これを紹介しよう。表記を簡単にするために，フォン・ノイマン [66] にならって，$\frac{h}{2\pi} = 1$ とおく。また，$d = 1$ として，$p_1 = p$, $q_1 = q$ としよう。$U(t) = e^{itp}$，$V(s) = e^{isq}$ とする。ワイルの関係式は

$$U(t)V(s) = e^{its}V(s)U(t)$$

となる。また

$$\Omega(x) = \pi^{-1/4}e^{-x^2/2}$$

としよう。$\|\Omega\| = 1$ になるように $\pi^{-1/4}$ が係数についている。そうすると

$$(\Omega, V(t)\Omega) = e^{-t^2/4}, \quad (\Omega, U(s)\Omega) = e^{-s^2/4}$$

部分空間 $\mathfrak{D}$ を次で定める。

$$\mathfrak{D} = \mathscr{L}\{V(s)U(t)\Omega \mid t, s \in \mathbb{R}\}$$

$U(t)$ と $V(s)$ で張られる有界作用素の代数を

$$\mathfrak{M} = \mathscr{L}\{V(s)U(t) \mid t, s \in \mathbb{R}\}$$

とする. このように定義すれば $\mathfrak{D} \subset L^2(\mathbb{R})$ が稠密で, $\mathfrak{M}\mathfrak{D} \subset \mathfrak{D}$ がわかる. ワイルの関係式から

$$e^{-i\frac{1}{2}ts}U(t)V(s) = e^{+i\frac{1}{2}ts}V(s)U(t)$$

なのでフォン・ノイマンは [60, 573 ページ] で次を定義した.

$$\mathrm{S}(t,s) = e^{-\frac{1}{2}its}U(t)V(s) = e^{+\frac{1}{2}its}V(s)U(t)$$

ワイルの関係式から, 次の代数的な関係式がすぐにわかる.

$$\mathrm{S}(t,s)\mathrm{S}(u,v) = e^{+\frac{1}{2}i(tv-su)}\mathrm{S}(t+u, s+v)$$
$$\mathrm{S}(t,s)^* = e^{i\frac{1}{2}ts}\mathrm{S}(-t,-s)$$

形式的に A を

$$A = \int a(t,s)\mathrm{S}(t,s)dtds$$

と定義する. さて

$$a(t,s) = e^{-(s^2+t^2)/4}$$

としよう. そうすると

$$(f, Ag) = \int a(t,s)(f, \mathrm{S}(t,s)g)dtds$$

計算すると

$$(f, Ag) = 2\pi(f, \Omega)(\Omega, g)$$

なので A の正体は

$$Ag = 2\pi(\Omega, g)\Omega$$

だから $\sqrt{2\pi}\Omega$ への射影である. さらに,

$$A\mathrm{S}(u,v)A = cA$$

ここで, 定数は $c = 2\pi a(u, v)$ になる.

フォン・ノイマンの議論はここから佳境に入る. 上の議論はユニタリー群 $U(t)$ と $V(s)$ が具体的に与えられていた. これを抽象化する. $\mathfrak{H}$ はヒルベルト空間, $\hat{p}$ と $\hat{q}$ は自己共役作用素で, $e^{it\hat{p}}$, $e^{is\hat{q}}$ はワイルの関係式を満たすとして, 上と同様の議論を展開する.

$$u(t) = e^{it\hat{p}}, \qquad v(s) = e^{is\hat{q}}$$

とすれば, ワイルの関係式は

$$u(t)v(s) = e^{its}v(s)u(t)$$

となる.

$$\mathrm{s}(t, s) = e^{-\frac{1}{2}its}u(t)v(s) = e^{+\frac{1}{2}its}v(s)u(t)$$

と定めればワイルの関係式から

$$\mathrm{s}(t, s)\mathrm{s}(u, v) = e^{+\frac{1}{2}i(tv-su)}\mathrm{s}(t + u, s + v)$$
$$\mathrm{s}(t, s)^* = e^{i\frac{1}{2}ts}\mathrm{s}(-t, -s)$$

ここで, A' を A で S を s に置き換えて定義する. さて

$$\mathfrak{A} = \{\varphi \in \mathfrak{H} \mid A'\varphi = 2\pi\varphi\}$$

と定義する. $\mathfrak{A} \neq \{0\}$ は自明ではない. A と同様に次が成立する.

$$A'\mathrm{s}(u, v)A' = 2\pi a(u, v)A'$$

ここで $u = v = 0$ とすれば $A'A' = 2\pi A'$ だから

$$A'A'f = 2\pi A'f$$

になるから $\mathfrak{R}A' \subset \mathfrak{A}$. $\mathfrak{R}A' \supset \mathfrak{A}$ は自明だから,

$$\mathfrak{A} = \mathfrak{R}A'$$

が従う. 特に $\mathfrak{A} \neq \{0\}$ がわかった. また $f, g \in \mathfrak{A}$ に対しては $f = A'f'$, $g = A'g'$ として計算すると

$$(\mathrm{s}(t,s)f, \mathrm{s}(u,v)g) = (A'f', \mathrm{s}(-t,-s)\mathrm{s}(u,v)A'g')$$
$$= 2\pi e^{i\frac{1}{2}(tv-su)}a(u-t, v-s)(f,g)$$

になる. これは $f \perp g \Longrightarrow \mathrm{s}(t,s)f \perp \mathrm{s}(u,v)g$ を示している. $\mathfrak{A}$ の CONS を $\{\varphi_m\}$ としよう.

$$\mathfrak{H}_m = \overline{\mathscr{L}\{\mathrm{s}(t,s)\varphi_m \mid s, t \in \mathbb{R}\}}$$

と定義すると $\mathfrak{H}_m \perp \mathfrak{H}_n$ となる.

命題（フォン・ノイマンの一意性定理 [60]）

(1) $v(s)\mathfrak{H}_m \subset \mathfrak{H}_m$, $u(t)\mathfrak{H}_m \subset \mathfrak{H}_m$

(2) ユニタリー作用素 $U_m : \mathfrak{H}_m \to L^2(\mathbb{R})$ で次を満たすものが存在する.

$$U_m e^{it\hat{q}} \lceil_{\mathfrak{H}_m} U_m^{-1} = e^{itq}, \quad U_m e^{it\hat{p}} \lceil_{\mathfrak{H}_m} U_m^{-1} = e^{itp}$$

特に $\hat{q}\lceil_{\mathfrak{H}_m} \cong q$, $\hat{p}\lceil_{\mathfrak{H}_m} \cong p$ が従う.

(3) $\mathfrak{H} \cong \oplus_m^N \mathfrak{H}_m$

証明. (1) はワイルの関係式から従う. (2) U_m を次で定義する.

$$U_m \mathrm{s}(t,s)\varphi_m = \mathrm{S}(t,s)\Omega$$

$\mathfrak{M}$ と $\mathfrak{N}$ を定義する.

$$\mathfrak{M} = \mathscr{L}\{\mathrm{s}(t,s)\varphi_m \mid s, t \in \mathbb{R}\}$$
$$\mathfrak{N} = \mathscr{L}\{\mathrm{S}(t,s)\Omega \mid s, t \in \mathbb{R}\}$$

このとき $U_m : \mathfrak{M} \to \mathfrak{N}$ は等長で上への作用素になる. 上への作用素であることはすぐにわかるので, 等長性を示そう.

$$\|\sum_{ij} \alpha_{ij} \mathrm{s}(t_i, s_j)\varphi_m\|^2 = \|\sum_{ij} \alpha_{ij} \mathrm{S}(t_i, s_j)\Omega\|^2$$

を示せばいい. 左辺は

$$= \sum_{ij}\sum_{i'j'} \alpha_{ij}\bar{\alpha}_{i'j'}(\mathrm{s}(t_{i'}, s_{j'})\varphi_m, \mathrm{s}(t_i, s_j)\varphi_m)$$

$$= 2\pi \sum_{ij}\sum_{i'j'} \alpha_{ij}\bar{\alpha}_{i'j'}e^{i\frac{1}{2}(t_i t_{i'} - s_j s_{j'})}a(t_i - t_{i'}, s_j - s_{j'})$$

右辺も全く同じ計算で

$$= 2\pi \sum_{ij}\sum_{i'j'} \alpha_{ij}\bar{\alpha}_{i'j'}e^{i\frac{1}{2}(t_i t_{i'} - s_j s_{j'})}a(t_i - t_{i'}, s_j - s_{j'})$$

になる. よって U_m は等長である. 故に, U_m は $\bar{\mathfrak{M}} \to \bar{\mathfrak{N}}$ のユニタリー作用素に一意的に拡大できる. それも同じ記号 U_m で表す. 勿論, $\bar{\mathfrak{M}} = \mathfrak{H}_m$, $\bar{\mathfrak{N}} = L^2(\mathbb{R})$ である. $\varphi \in \mathfrak{H}_m$ とする. このとき, $\phi_n \in \mathscr{L}\{\mathrm{s}(t,s)\varphi_m \mid s,t \in \mathbb{R}\}$ が存在して $\phi_n \to \varphi (n \to \infty)$ となる. 定義から, 表記がややこしくなるけど $\phi_n = \sum_{i_n,j_n} \alpha_{i_n j_n}\mathrm{s}(t_{i_n}, s_{j_n})\varphi_m$ のように表せる. $e^{it'\hat{p}}\mathrm{s}(t,s) = e^{it't}\mathrm{s}(t+t', s)$ に注意しよう. 次のように計算できる.

$$\begin{aligned}
U_m e^{it\hat{p}}\varphi &= \lim_{n\to\infty} U_m e^{it\hat{p}}\phi_n \\
&= \lim_{n\to\infty} U_m \sum_{i_n,j_n} \alpha_{i_n j_n}e^{itt_{i_n}}\mathrm{s}(t_{i_n}+t, s_{j_n})\varphi_m \\
&= \lim_{n\to\infty} \sum_{i_n,j_n} \alpha_{i_n j_n}e^{itt_{i_n}}\mathrm{S}(t_{i_n}+t, s_{j_n})\Omega \\
&= \lim_{n\to\infty} e^{itp} \sum_{i_n,j_n} \alpha_{i_n j_n}\mathrm{S}(t_{i_n}, s_{j_n})\Omega = e^{itp}U_m\varphi
\end{aligned}$$

故に $U_m e^{it\hat{p}} U_m^{-1} = e^{itp}$ が従う．特に，両辺を $t = 0$ で微分すれば $\hat{p} \cong p$ が従う．同様に $e^{it'\hat{q}} \mathrm{s}(t,s) = e^{-it't} \mathrm{s}(t,s+t')$ に注意しよう．

$$
\begin{aligned}
U_m e^{it\hat{q}} \varphi &= \lim_{n \to \infty} U_m e^{it\hat{q}} \phi_n \\
&= \lim_{n \to \infty} U_m \sum_{i_n, j_n} \alpha_{i_n j_n} e^{-it't} \mathrm{s}(t_{i_n}, s_{j_n} + t) \varphi_m \\
&= \lim_{n \to \infty} \sum_{i_n, j_n} \alpha_{i_n j_n} e^{-it't} \mathrm{S}(t_{i_n}, s_{j_n} + t) \Omega \\
&= \lim_{n \to \infty} e^{itq} \sum_{i_n, j_n} \alpha_{i_n j_n} \mathrm{S}(t_{i_n}, s_{j_n}) \Omega \\
&= e^{it\hat{q}} U_m \varphi
\end{aligned}
$$

故に $U_m e^{it\hat{q}} U_m^{-1} = e^{itq}$ が従う．特に，両辺を $t = 0$ で微分すれば $\hat{q} \cong q$ が従う．

最後に（3）を証明する．$\mathfrak{K} = \oplus_m^N \mathfrak{H}_m$ とする．$\mathfrak{K}^\perp = \{0\}$ を示す．$\varphi \in \mathfrak{K}^\perp$ としよう．$\mathrm{s}(u,v) \mathfrak{H}_m \subset \mathfrak{H}_m$ だから $\mathrm{s}(u,v) \mathfrak{K}^\perp \subset \mathfrak{K}^\perp$．よって $\mathrm{s}(u,-v) \varphi \in \mathfrak{K}^\perp$．故に，$A' \mathrm{s}(u,-v) \varphi = 0$．

$$
(\mathrm{s}(-u,v)^* g, A' \mathrm{s}(u,-v) \varphi) = 0
$$

だから，$\mathrm{s}(u,v)$ の代数的なルールに従って落ち着いて計算すれば

$$
\int a(s,t)(g, \mathrm{s}(-u,v) \mathrm{s}(s,t) \mathrm{s}(u,-v) \varphi) ds dt
$$
$$
= \int e^{i(su+tv)} a(s,t)(g, \mathrm{s}(s,t) \varphi) ds dt = 0
$$

が任意の $u, v \in \mathbb{R}$ で成り立つことがわかる．2変数関数 $a(s,t)(g, \mathrm{s}(s,t) \varphi)$ のフーリエ逆変換と思えば，

$$
\mathbb{R}^2 \ni (s,t) \mapsto a(s,t)(g, \mathrm{s}(s,t) \varphi) = 0
$$

だから $\mathrm{s}(s,t)\varphi = 0$. 故に $\varphi = 0$. [終]

　フォン・ノイマンの一意性定理をもう少し詳しくみてみよう. $\mathfrak{H} = \oplus\mathfrak{H}_m^N$ なのだから, $\mathfrak{H} \cong \oplus^N L^2(\mathbb{R})$ ということになる. $N = \infty$ という可能性もある. $U = \oplus_m^N U_m$ とすれば, $U : \mathfrak{H} \to \oplus^N L^2(\mathbb{R})$ のユニタリー作用素になる. そうすると

$$Ue^{it\hat{p}}U^{-1} = \oplus^N e^{itp}$$

が従う. これから, $\hat{p} \cong \oplus^N p$ となる. これからわかることは何か？もし, $e^{it\hat{p}}$ が不変部分空間をもたなければ, 少なくとも $m = 1$ であるから, $\hat{p} \cong p$ になるのである. 同様にもし, $e^{it\hat{q}}$ が不変部分空間をもたなければ, $\hat{q} \cong q$ になるのである. まとめると次のようになる.

命題（フォン・ノイマンの一意性定理 [60]）

ヒルベルト空間 $\mathfrak{H}$ 上の自己共役作用素の組み $\{\hat{p}, \hat{q}\}$ がワイルの関係式を満たすとする.

(1) $1 \leq N \leq \infty$ とユニタリー作用素 $U : \mathfrak{H} \to \oplus^N L^2(\mathbb{R})$ が存在して

$$Ue^{it\hat{p}}U^{-1} = \oplus^N e^{itp}, \quad Ue^{it\hat{q}}U^{-1} = \oplus^N e^{itq}$$

特に $\hat{q} \cong \oplus^N q$ と $\hat{p} \cong \oplus^N p$ が従う.

(2) $e^{it\hat{p}}$ と $e^{it\hat{q}}$ がともに $\mathfrak{H}$ に不変部分空間をもたないときは, $U : \mathfrak{H} \to L^2(\mathbb{R})$ で

$$Ue^{it\hat{p}}U^{-1} = e^{itp}, \quad Ue^{it\hat{q}}U^{-1} = e^{itq}$$

となる. 特に $\hat{q} \cong q$ と $\hat{p} \cong p$ が従う.

第3章

ストーンの定理とフォン・ノイマンによる一般化

1 フォン・ノイマンとストーン

1.1 マーシャル・ストーン

M・ストーン

マーシャル・ストーンはフォン・ノイマンと同じ 1903 年生まれのアメリカ人である．父親は裁判官（第 12 代最高裁判所長官）であったが，ストーンは法律家の道を志すも，進路を変え，ハーバード大学のジョージ・デービット・バーコフのもとで研究を続け，数学で博士号を取得した．バーコフは後にフォン・ノイマンとエルゴード理論でバトルすることになる．さらに，息子のガレット・バーコフは束論（lattice theory）や量子論理でフォン・ノイマンと共同研究をしている．ストーンは 1932 年に，フォン・ノイマンの名著 [62] と同時に，『Linear Transformations in Hilbert Space and Their Applications to Analysis』[49] を著して，自己共役作用素の理論を展開した．フォン・ノイマンの [62]

とは異なり, こちらは完全に純粋数学で, 現代でも遜色なく通用する. 筆者が学生の頃は, 数学の論文を英語で書くときは, この教科書の英語を参考にするといいと教わった. ストーンは人望も篤く, 1943 年から 1944 年にかけて, アメリカ数学会会長を務めている. また, 1952 年から 1954 年にかけては国際数学連合総裁にも選ばれ, 1954 年の ICM で, フィールズ賞を小平邦彦とジャン＝ピエール・セールに授与している. フォン・ノイマンとの接点は 1930 年頃からあったようで, 沢山の手紙が残されている. この頃フォン・ノイマンはベルリン大に在籍しながらもプリンストン大学で非常勤講師をしていた.

1.2 ストーンの教科書

　ストーンの教科書『Linear Transformations in Hilbert Space and Their Applications to Analysis』[49] は, フォン・ノイマンの 1927 年の論文 [52] と 1929 年の教授資格取得のための論文 [58] を参照して書かれている 622 ページの大著である. 前書きには, 「フォン・ノイマンの [52, 58] を読んだことから興味が湧いたが, 私は独立に仕事をした」と宣言している. 10 章で構成されていて, ヒルベルト空間の定義から始まり, 線型作用素, スペクトル, 自己共役作用素, 作用素解析, 自己共役作用素のユニタリー同値性の問題, 対称閉作用素などが厳密に解説されている. 第 3 章では線形作用素の例を挙げているのだが, それは

- (1) 無限行列
- (2) 積分作用素
- (3) 微分作用素
- (4) その他

となっている. 線形作用素の例として無限行列が一番最初に現れ
るのも, 明らかにフォン・ノイマンに引きずられてのことだろう.
現在, 関数解析の教科書で無限行列はみかけなくなった. 積分作用
素の例では "ヒルベルト・シュミット型 (Hilbert-Schmidt type)"
という言葉も使われている [49, Theorem 3.8]. フォン・ノイマン
の [62] にもヒルベルト・シュミット型の積分作用素が 230 ページ
[93, 342 ページ] に現れるが, "ヒルベルト・シュミット型" とはい
わずに, 参考文献としてシュミットの 1907 年の論文 [44] を挙げ
るにとどまっている. また, 第 6 章は "作用素解析 (The operator
calculus)" となっているが, 作用素解析という言葉が世に出た最初
の例ではなかろうか.

　フォン・ノイマンと独立に仕事をしたと宣言している通り, スペ
クトル分解定理の証明はフォン・ノイマンのようなケーリー変換
を使わずにレゾルベントの解析性を使って証明している. つまり,
$(z - H)^{-1}$ の z に関する解析性である. これは, w がレゾルベント
集合に属せば, w の近傍で

$$(z - H)^{-1} = (w - H)^{-1} \sum_{n=0}^{\infty} (-(w - H)^{-1})^n (z - w)^n$$

と展開できることをいっている. この解析性から単位の分解 E_λ が

$$\lim_{\varepsilon \downarrow 0} \frac{h}{2\pi i} \int_a^b (H - \lambda - i\varepsilon)^{-1} - (H - \lambda + i\varepsilon)^{-1} d\lambda$$
$$= \frac{1}{2}(E((a,b)) + E([a,b]))$$

を満たすことを [49, Theorem 5.10] で示している. これは, 今日ス
トーンの公式と呼ばれている.

1.3 ストーンへの手紙

　フォン・ノイマンからストーンへの手紙が数多く残されている.
以下は, [40, 223 ページ-233 ページ] からの抜粋である.

　1930 年 10 月 8 日付けのフォン・ノイマンからストーンへの手紙
で一意性定理について書いている. この手紙は, ストーンがフォン・
ノイマンの一意性の証明方法 [60] の導出について尋ねたことへの
返答になっている. フォン・ノイマンの一意性定理でも紹介した作
用素

$$A = \int a(t,s) \mathrm{S}(t,s) dt ds$$

の導出について詳しく説明している. フォン・ノイマンの一意性定
理の証明は非常にエレガントで美しい. 積分の形で射影作用素 A を
定義するが, 射影作用素なので, $\Re A$ が不変部分空間になっている.
抽象的な $\hat{p}, \hat{q}$ に対しても A' という作用素を同様に定義する.

$$A' = \int a(t,s) s(t,s) dt ds$$

それが射影作用素かどうかはわからないが, 逆に A' の不変部分
空間

$$\mathfrak{A} = \{ \varphi \in \mathfrak{H} \mid A' \varphi = 2\pi \varphi \}$$

を定義して, これが空集合でないことを示しているところが超人的
である. 「どうしてこういうことが思いつくのだろうか？」が筆者
の率直な印象だった. ストーンもフォン・ノイマンに手紙で証明方
法を尋ねているのを知って筆者も胸をなでおろした.

　1932 年 1 月 22 日付けの手紙では, ジョージ・デビット・バーコ
フとのエルゴード理論に関する最近の研究について感情を込めて書
いている. バーコフを "B" と記している. 同い年であるストーン
の指導教官とフォン・ノイマンはエルゴード理論の優先権争いでバ

トルしている. 筆者の邪推ではあるが, ジョージとも呼びづらいし,
バーコフ先生とも呼びづらい. それで, "B がさ～" みたいな気分で
書いたのではなかろうか. 1932 年は "ストーンの定理" をフォン・
ノイマンが一般化して, それが同じ論文の同じ号に掲載され, 結果
的に, フォン・ノイマンの論文が僅かに先に出版されてしまったと
いう事件もあった. 他人と争うのが嫌いなフォン・ノイマンはバー
コフを "B" と呼んで, ストーンと上手くやっていきたかったのでは
ないだろうか. 筆者の同僚にも, 自身の先生（日本人）を下の名前
で呼ぶわけにもいかず, ○○先生とも呼ばず, 親みと愛情を込めて
"T 氏" と呼んでいる輩がいる.

　1930 年と 1932 年の冬学期はプリンストンで非常勤講師をして
いた頃である. これらの手紙は, Dear Mr. Stone で始まるのだが,
1935 年 3 月 31 日付けの手紙は, Dear Marshall で始まっている.
すでにプリンストン高等研究所に移りアメリカ生活にも慣れてきた
のか, それともストーンと懇意になったのか, くだけた感じになっ
ている. この手紙では,「マリエッタが胆石で腹痛が 3 日間続いた
が, 先週の終わりから復活した」と報告している. そして, フランシ
ス・ジョセフ・マレーとの作用素環に関する研究成果をびっしり説
明している. $\mathcal{M}'$ の定義まで書いている. 最後に, 因子 I_n と II_1 の
結果を言及して,「どう思う？」と問いかけている.

　1935 年 4 月 19 日付けの手紙では, 作用素環に関するストーンの
質問に答えて, 最後に,「明日, マリエッタと娘とセーリングに行く
のだが, 海を怖がっている」と嘆いて,「彼女らが予想するようなも
のにならないことを願っています」と締めている. 面白い.

　1938 年 10 月 4 日付けの手紙では, マリエッタと離婚して, 11 月
1 日までには再婚する予定であると書き出している. さらに, ヨー
ロッパの戦争の予感についても感想を述べている.

「How does the present European settlement impress you? I think, that there is some good in it, since it gives Tchekoslovakia the frontiers which it should have had in the first place, after 1918- or at least approximately so」(和訳 現在のヨーロッパの和解案はどう思いますか？ 1918 年以降, チェコスロヴァキアが最初にもつべきだった境界線を与えているのだから, それなりに良いことだと思う). これは, チェコスロヴァキアの自治を認めたミュンヘン協定 (1938 年) のことをいっているのだろうか？ いずれにしても 1939 年にはナチス・ドイツによってチェコスロバキアは解体されてしまう. 最後に, 次の定理を証明したと, 自慢している.

命題 (1938 年 10 月 4 日付けの手紙にある定理)

行列 A は $\|A\| \leq 1$, 複素有理関数 $\rho(z)$ は $|\rho(z)| \leq 1 (|z| \leq 1)$ を満たすと仮定する. このとき $\|\rho(A)\| \leq 1$ となる.

しかも 9 ステップに分けた証明付き. 恐るべきである.

このように同い年のストーンとは, 研究のこと私生活のことで手紙を通してやりとりしている. 人間的で実に興味深い.

2 ストーンの定理

2.1 平行移動と微分作用素

強連続一径数ユニタリー群を解説しよう. $f \in L^2(\mathbb{R})$ とする. 平行移動の族

$$S_t : L^2(\mathbb{R}) \ni f(x) \mapsto f(x+t) \in L^2(\mathbb{R}), \quad t \in \mathbb{R}$$

を考える. $t \in \mathbb{R}$ をパラメーターとみなす. S_t が $L^2(\mathbb{R})$ 上のユニタリー作用素であることはいうまでもない. さらに, $S_t S_s = S_{t+s}$ を

満たし, $S_0 = \mathbb{1}$ である. また, $t \to S_t f$ は $L^2(\mathbb{R})$ で強連続であることが示せる. 詳細は後に譲るが, このようなユニタリー作用素の族 S_t を一般に強連続一径数ユニタリー群という. これから説明するストーンの定理によれば, $L^2(\mathbb{R})$ 上の自己共役作用素 K が存在して

$$S_t = e^{itK} \quad t \in \mathbb{R}$$

のように表せるという. 実際, 具体的に K の正体を求めることができる. 形式的ではあるが, テーラー展開すると

$$f(x + t) = \sum_n \frac{t^n}{n!} \frac{d^n f}{dx^n}(x) = e^{t\frac{d}{dx}} f(x)$$

だから,

$$K = \frac{1}{i} \frac{d}{dx}$$

がわかる. この形式的な議論は, 既に前章で説明したように正当化できる. また, この事実は, ワイルの [84, 第4章の第14節] の最後にも述べられている.

2.2 ストーンの定理

H を自己共役作用素とする. $t \in \mathbb{R}$ はパラメーターとして, H の単位の分解 E_λ で

$$S_t = e^{itH} = \int_{\mathbb{R}} e^{it\lambda} dE_\lambda$$

と定義する. これはユニタリー作用素で

$$S_t^* = \int_{\mathbb{R}} e^{-it\lambda} dE_\lambda = S_{-t}$$

これから $S_t^* S_t = S_t S_t^* = \mathbb{1}$, $S_0 = \mathbb{1}$, $t \mapsto S_t$ が強連続であることは第2巻の第9章で説明した. $\mathbb{R} \ni t \mapsto e^{itH} f \in \mathfrak{H}$ の微分を考えよ

う. 形式的には

$$\frac{d}{dt}e^{itH}f = iHe^{itH}f$$

となる. これは次のように, スペクトル分解定理を用いて示すこと
ができる.

$$\left\|\left(\frac{e^{itH}-\mathbb{1}}{t}-iH\right)f\right\|^2 = \int_{\mathbb{R}}\left|\frac{e^{it\lambda}-1}{t}-i\lambda\right|^2 d\|E_\lambda f\|^2$$

だから, $\int_{\mathbb{R}}|\lambda|^2 d\|E_\lambda f\|^2 < \infty$ とすればルベーグの優収束定理から

$$\lim_{t\to 0}\left\|\left(\frac{e^{itH}-\mathbb{1}}{t}-iH\right)f\right\|^2 = \int_{\mathbb{R}}\lim_{t\to 0}\left|\frac{e^{it\lambda}-1}{t}-i\lambda\right|^2 d\|E_\lambda f\|^2$$
$$= 0$$

以上まとめると次のようになる.

命題 (e^{itH} の性質)

H を自己共役作用素とする. $e^{itH} = S_t$ は次を満たす.

(1) S_t はユニタリー作用素

(2) $S_t^* = S_{-t}$

(3) $S_t S_s = S_{t+s}$

(4) $S_0 = \mathbb{1}$

(5) $t \mapsto S_t$ は強連続

(6) $f \in \mathrm{D}(H)$ ならば, 強位相で $\frac{d}{dt}e^{itH}f = iHe^{itH}f$

---

(1) - (5) はストーンの 1932 年の論文 [50] の定理 A として現れ,
(6) は定理 D として現れる. 強連続一径数ユニタリー群の定義を与
えよう.

┌─ 強連続一径数ユニタリー群の定義 ─────────────

ユニタリー作用素の族 $T_t, t \in \mathbb{R}$ が

　　(1) $T_t T_s = T_{t+s}$　(2) $T_0 = \mathbb{1}$　(3) $t \mapsto T_t$ は強連続

を満たすとき, 強連続一径数ユニタリー群という.

└──────────────────────────────

　平行移動の族 S_t や e^{itH} は強連続一径数ユニタリー群になる. さて, $S_t = e^{it(\frac{1}{i}\frac{d}{dx})}$ であった. ここで問題になるのが強連続一径数ユニタリー群の形が e^{itH} に尽きるか? ということである. 先走ると, この形に尽きることがストーンによって示された. ストーンは [48, 173 ページ] で予告して, 1932 年に [50] で次を示した.

┌─ **命題（ストーンの定理 [50, 定理 B]）** ──────────

$T_t, t \in \mathbb{R}$ を強連続一径数ユニタリー群とする. このとき自己共役作用素 H が一意的に存在して $T_t = e^{itH}$ となる.

└──────────────────────────────

　この定理はもともとストーンの教科書 [49] の群論の章に掲載予定だった. 群論の章は 1930 年 5 月には完成していたが, 最終的に削除することになり, 結局, 1932 年に Annals of Mathematics Vol. 33. No. 3, 643-648 ページに発表された. しかし, ストーンの気持ちが穏やかでなかったことが論文を読んでみるとよくわかる. フォン・ノイマンが連続性を可測性にかえて, 定理を一般化したことが第 1 ページ目に言い訳がましく記されている. 「Recent applications of this theorem make further delay in publication highly undesirable. J. v. Neumann, for example, has found it necessary to generalize the statement of the theorem and has given a new proof, which appears in this number of the Annals. My own method seems to me to be a "correct" one from the point of view of the theory of groups and their linear representations; and in any case, as I had observed in my original manuscript, it yields without any modification the generalized form of the theorem required by v. Neumann (Theorem C below)」（和訳 この定理の最近の応用例を見ると，これ以上出版が遅れるのは非常に望ましくない．例えば，フォン・ノイマンは定理を一般化する必要があると考え，新しい証明を与え，それは，この号の Annals に掲載されている．私自身の方法は群とその線形表現の観点から "正しい" ものであると思われる，いずれにしても，私が私の最初の論文で示した方法によって，何の変更もなしに，フォン・ノイマンの一般化された定理（以下の定理 C）を作り出せる）．実際，フォン・ノイマンの一般化された定理の証明は同じ号の 567-573 ページに発表されていて，ストーンより前に掲載されている．ストーンは焦っていたに違いない．

証明．ストーン自身による証明の概略を述べる．$l \in \mathbb{C}$ は $\mathrm{Im}\, l \neq 0$ とする．$\psi(t; l) = \frac{1}{2\pi} \int_{\mathbb{R}} \frac{e^{-i\lambda t}}{\lambda - l} d\lambda$ として，X_l を

$$(f, X_l g) = \int_{\mathbb{R}} \psi(t; l)(f, T_t g) dt$$

と定める．

$$\frac{1}{\lambda - l} = \int_{\mathbb{R}} \psi(t; l) e^{i\lambda t} dt$$

に注意すると $(1)(l - m)X_l X_m = X_l X_m, (2) X_l^* = X_{\bar{l}}, (3) X_m f = 0 \implies f = 0$ を示すことができる．(1) は現在レゾルベント方程式と呼ばれている．ストーンは，自らの教科書 [49, 定理 4.19] で，（1）（2）（3）が成り立てば

$$X_l = (H - l)^{-1}$$

となる自己共役作用素が存在することを示している. H の単位の分解を E_λ としよう. ストーンは Y_l を

$$(f, Y_l g) = \int_\mathbb{R} \psi(t; l)(f, e^{itH} g) dt$$

と定義し, $(f, e^{itH} g) = \int_\mathbb{R} e^{it\lambda} d(f, E_\lambda g)$ を代入して,

$$(f, Y_l g) = \int_\mathbb{R} \frac{1}{\lambda - l} d(f, E_\lambda g)$$

と式変形している. 結局 $(f, Y_l g) = (f, (H - l)^{-1} g) = (X_l, g)$ となった. これから $U_t = e^{itH}$ がわかる. [終]

　この証明ではフォン・ノイマンが 1927 年に発表したスペクトル分解定理が自由自在に使われている. 現在の数学者からみると, 極めて自然な証明にみえるが当時はどのような反響だったのだろうか. また, ストーンは次のような数学者が喜びそうな定理も同時に証明している. 自己共役作用素の定義域を決定することは極めて難しい問題であることを思い出して欲しい.

命題（[50, 定理 D]）

H を自己共役作用素とし, $T_t = e^{itH}$ とする. $\lim_{t \to 0} \frac{T_t - \mathbb{1}}{t} f$ が存在することと $f \in \mathrm{D}(H)$ は同値である.

　$f \in \mathrm{D}(H)$ であれば $\lim_{t \to 0} \frac{T_t - \mathbb{1}}{t} f$ が存在することは, すぐにわかるのだが, この定理は, その逆もまた然りという主張である. 強連続一径数ユニタリー群 T_t を $T_t = e^{itK}$ と表したとき, K を T_t の生成子と呼ぶ. 様々な強連続一径数ユニタリー群の生成子の例を紹介しよう.

（例 1） 平行移動の族 $S_t : f(x) \mapsto f(x + t)$ は $L^2(\mathbb{R})$ の強連続一径

数ユニタリー群でその生成子は

$$K = \frac{1}{i}\frac{d}{dx}$$

(例2) 2次元平面 $\mathbb{R}^2$ 上の回転

$$R(\theta) = \begin{pmatrix} \cos\theta & -\sin\theta \\ \sin\theta & \cos\theta \end{pmatrix}$$

は $\mathbb{R}^2$ 上の強連続一径数ユニタリー群でその生成子は

$$K = \frac{1}{i}\begin{pmatrix} 0 & -1 \\ 1 & 0 \end{pmatrix}$$

(例3) $l_\theta : \mathbb{R}^3 \to \mathbb{R}^3$ は z 軸の周りの θ 回転を表すとする. $f \in L^2(\mathbb{R}^3)$ に対して $L(\theta)f(x) = f(l_\theta x)$ と定めると, これは $L^2(\mathbb{R}^3)$ 上の強連続一径数ユニタリー群になる. 生成子を求めてみよう. $\mathbb{R}^3$ における z 軸の周りの回転は

$$l(\theta) = \begin{pmatrix} \cos\theta & -\sin\theta & 0 \\ \sin\theta & \cos\theta & 0 \\ 0 & 0 & 1 \end{pmatrix}$$

であるから, $L(\theta)f(x) = f(l(\theta)x) = f(x_\theta, y_\theta, z_\theta)$ とおけば,

$$\begin{aligned} \frac{d}{d\theta}L(\theta)f &= f_x \dot{x}_\theta + f_y \dot{y}_\theta + f_z \dot{z}_\theta \\ &= f_x(\sin\theta x - \cos\theta y) + f_y(\cos\theta x - \sin\theta y) \end{aligned}$$

$\theta = 0$ を代入すれば $-yf_x + xf_y$ になるから, 生成子は

$$K = \frac{1}{i}\left(-y\frac{\partial}{\partial x} + x\frac{\partial}{\partial y}\right)$$

3 フォン・ノイマンによるストーンの定理の一般化

"ストーンの定理"のフォン・ノイマンによる一般化について説明しよう.

強連続一径数ユニタリー群の定義の条件（3）について考えてみよう. フォン・ノイマンは [66] で, 関数 $t \mapsto (f, T_t g)$ の可測性から $t \mapsto T_t$ の強連続性が従うことを証明している. "可測性から連続性を示す"ということを, 数学を専門にしない人が聞くと, 細かい話だな... と思うかもしれない. 簡単に述べると,

$$\int_0^t (f, T_s g) ds$$

が定義できれば, 自動的に強連続性がわかるということをフォン・ノイマンは [66] でいいたかった. 最終的に連続になるのだから, わざわざ... という気持ちになるかもしれないが, 可測性は連続性よりも遥かに弱い概念である.

連続 $\Longrightarrow$ 可測

ここでの積分はルベーグ積分である. なぜならば, $s \mapsto (f, T_s g)$ の連続性を仮定しなければ, リーマン積分として定義するのが厳しいからである. 実は, $s \mapsto (f, T_s g)$ が連続と仮定すると

$$\|T_{s+\varepsilon} f - f_s\|^2 = \|T_s(T_\varepsilon f - f)\|^2 = \|T_\varepsilon f - f\|^2$$
$$= 2\|f\|^2 - 2\operatorname{Re}(f, T_\varepsilon f)$$

であるから, $\varepsilon \to 0$ とすれば $\|T_{s+\varepsilon} f - f_s\| \to 0$ となり $s \mapsto T_s$ の強連続性が従う. フォン・ノイマンはこれを避けたかった.

ルベーグ測度論では積分が定義できるためには, 被積分関数の可測性が必要だった. そこで, フォン・ノイマンは $s \mapsto (f, T_s g)$ の可

測性のみを仮定した. 一度, 可測性を仮定してしまえば,

$$\int_0^t |(f, T_s g)| ds \le \|f\| \|g\| t < \infty$$

で可積分になる.

> **命題 (ストーンの定理のフォン・ノイマンによる一般化 [66])**
>
> T_t は (1) $T_t T_s = T_{t+s}$ と (2) $T_0 = \mathbb{1}$ を満たす, 可分なヒルベルト空間 $\mathfrak{H}$ 上の一径数ユニタリー群とする. 任意の $f, g \in \mathfrak{H}$ に対して, $t \mapsto (f, T_t g)$ が可測ならば $t \mapsto T_t$ は強連続である.

証明. $g \mapsto \int_0^t (f, T_s g) ds$ は線型汎関数なので, リースの表現定理から $(f_t, g) = \int_0^t (f, T_s g) ds$ となる $f_t \in \mathfrak{H}$ が存在する. そうすると

$$(T_u f_t, g) = (f_t, T_{-u} g) = \int_0^t (f, T_s T_{-u} g) ds$$
$$= \int_0^t (f, T_{s-u} g) ds = \int_{-u}^{t-u} (f, T_s g) ds$$

故に

$$|(T_u f_t, g) - (f_t, g)| = \left| \int_{-u}^0 (f, T_s g) ds \right| + \left| \int_{t-u}^t (f, T_s g) ds \right|$$
$$\le 2|u| \|f\| \|g\|$$

つまり $\lim_{u \to 0} (T_u f_t, g) = (f_t, g)$. これから

$$\lim_{u \to 0} \|T_u f_t - f_t\|^2 = \lim_{t \to 0} 2(T_u f_t, f_t) - 2\|f_t\|^2 = 0$$

故に $X = \{f_t \mid f \in \mathfrak{H}, t \in \mathbb{R}\}$ 上で T_u は強連続になる. 実は, X は稠密である. これを示そう. $f \in X^\perp$ として, $f = 0$ を示せばいい.

$\mathfrak{H}$ は可分だから, CONS $\{\phi^{(n)}\}$ が存在する. そうすると, $\phi_t^{(n)} \in X$ だから

$$0 = (\phi_t^{(n)}, f) = \int_0^t (T_s \phi^{(n)}, f) ds$$

が, 任意の $t \in \mathbb{R}$ で成り立つ. つまり $(T_s \phi^{(n)}, f) = 0, \forall s \notin N_n$ となる. ここで, N_n は測度ゼロの可測集合. $N = \cup_n N_n$ も測度ゼロで,

$$(\phi^{(n)}, T_s f) = 0 \quad \forall s \notin N, \quad \forall n$$

が成り立つ. 故に, $T_s f = 0$ が $s \notin N$ で成り立つから $f = 0$. $\varepsilon > 0$ とする. 任意の $f \in \mathfrak{H}$ に対して, $g \in X$ で $\|f - g\| < \varepsilon$ となるものが存在するから,

$$\|T_u f - f\| \leq \|T_u - T_u g\| + \|T_u g - g\| + \|g - f\|$$

だから,

$$\lim_{u \to 0} \|T_u f - f\| \leq 2\varepsilon$$

故に, T_u は $u = 0$ で強連続. これは任意の $u \in \mathbb{R}$ での強連続を意味する. [終]

第4章

ワイル=フォン・ノイマンの定理

1 フォン・ノイマンとシュミット

1.1 エルハルト・シュミット

　1905 年にゲッチンゲン大学のエルハルト・シュミットは積分作用素の研究で敬愛するヒルベルトから博士号を取得する．1906 年にボン大学で教授資格取得，その後，チューリッヒ，エルランゲン，ヴロツワフを巡り，1917 年に複素関数論の H・A・シュワルツの後任としてベルリン大学に移る．本書に登場する多くの人物とは異なり，シュミットは 1933 年のナチス・ドイツの台頭があってもベルリンに滞在し続け，1950 年まで正教授（Ordinarius）だった．

E・シュミット

現在，ヒルベルト・シュミットクラス，ヒルベルト・シュミットの定理，シュミットによる ℓ_2 空間の研究などは関数解析の基礎理論になっている．線形代数でお馴染みのシュミットの直交化法も [44] の473 ページに出てくる．ここでは，L^2 空間内のベクトルの直交化を示している．

1.2 ベルリン大学

1810 年創立のベルリン大学は 1900 年初頭では最も威信のある大学だった. 現在フンボルト大学ベルリン (Humboldt-Universität zu Berlin) と呼ばれている. ホームページには, ベルリン大学に君臨した, 数学者 E・クンマー, L・クロネッカー, K・T・ワイエルシュトラスを三つ星 (the "triple star of mathematics") と称え, 現在まで 29 人のベルリン大学関係者がノーベル賞を受賞していることが書かれている. ただし, 29 人の中にはハイゼンベルクやボルンも含まれている. ハイゼンベルクは 1942 年-1945 年にベルリン大学で教えたことがあり, ボルンは, 1914 年-1918 年にベルリン大学の准教授だったことがある. ノーベル賞の喧伝の直後に

「When in 1954 the Nobel Prize was awarded to Max Born, at that time a professor at Berlin University and co-founder of quantum mechanics, for "Establishing a New Way of Thinking about Natural Phenomena" (Born), the University had been through a dark chapter of German history: The expulsion of Jewish academics and students as well as political opponents of National Socialism, and the murdering of some of them, did great damage to the University in the period from 1933 to 1945. It was a particularly shameful moment for the University when on 10th May 1933 students and lecturers took part in the burning of books. After that and in the subsequent war years, many academics left Berlin University, which had once been renowned as the home of humanitarian thought」(和訳 1954 年, "自然現象についての新しい考え方を確立した" という理由で, 当時ベルリン大学教授であり量子力学の共同創始者であったマックス・ボルンにノーベル賞が授与されたとき, 大学はドイツ史の暗黒の章を経験し

	ヒルベルト	シュミット	フォン・ノイマン
ゲッチンゲン	1895-1943	–1905	1927 （ポスドク）
ベルリン		1917-1952	1921-1923 （応用化学の学生） 1928-1933 （私講師）

1920-30 年頃のゲッチンゲン，ベルリン

ていた．1933 年から 1945 年にかけてユダヤ人の学者や学生，国家社会主義に反対する政治家が追放され，そのうちの何人かが殺害されたことで，大学は大きなダメージを受けました．特に，1933 年 5 月 10 日に学生と講師が本の焼却に参加したことは大学にとって恥ずべきことでした．その後，戦争が始まると，多くの学者が人道主義思想の本場として名を馳せたベルリン大学を去っていった）と書かれている．"1933 年" という年がどれでけ，ドイツおよびヨーロッパ社会のキーワードになっているかがお分かりだろう．

　一方，フォン・ノイマンは 1921 年に ETH の応用化学科へ編入するための準備として，ベルリン大学に滞在していた．その後，ブダペスト大学で数学の学位を取得し，ヒルベルトのゲッチンゲンに渡り，1927 年に再び，教授資格取得のためにベルリンを訪れている．そのときの主査がシュミットであった．1928 年の夏学期から講義を始め，1928 年-1929 年の冬学期に私講師になった．しかし，1929 年の夏学期には，ベルリン大学を休んでハンブルク大学で教えている．また，1929 年の夏学期，1931 年-1932 年の冬学期，1932 年-1933 年の冬学期にプリンストン大学で非常勤講師をしている．結局，シュミットのいるベルリンで，フォン・ノイマンは延べ 5 学期講義した．そして，『Mathematics in Berlin』[1] によると，フォン・ノイマン

がシュミットに会ったのは, 1933 年の 2 月のベルリンが最後だそ
うだ [1, 99 ページ].

§ 3.

Ersetzung linear unabhängiger Funktionensysteme durch orthogonale.

Es seien $\varphi_1(x)$, $\varphi_2(x)$, $\cdots$, $\varphi_n(x)$ n für $a \leqq x \leqq b$ definierte reelle
stetige Funktionen, die als linear unabhängig vorausgesetzt werden. Dann
konstruieren wir die Funktionen*)

$$\psi_1(x) = \frac{\varphi_1(x)}{\sqrt{\int_a^b (\varphi_1(y))^2 \, dy}}$$

$$\psi_2(x) = \frac{\varphi_2(x) - \psi_1(x) \int_a^b \varphi_2(z) \, \psi_1(z) \, dz}{\sqrt{\int_a^b (\varphi_2(y) - \psi_1(y) \int_a^b \varphi_2(z) \, \psi_1(z) \, dz)^2 \, dy}}$$

$$\psi_n(x) = \frac{\varphi_n(x) - \sum_{\varrho=1}^{\varrho=n-1} \psi_\varrho(x) \int_a^b \varphi_n(z) \, \psi_\varrho(z) \, dz}{\sqrt{\int_a^b (\varphi_n(y) - \sum_{\varrho=1}^{\varrho=n-1} \psi_\varrho(y) \int_a^b \varphi_n(z) \, \psi_\varrho(z) \, dz)^2 \, dy}}$$

[44] の 473 ページに現れたシュミットの直交化法

　フォン・ノイマンは [62, 93] の序論で, 本書の目的として「すな
わち, ヒルベルト空間の理論を Hilbert ならびに E.Hellinger, F.
Riesz, E.Schmidt, O.Toeplitz によってあたえられた, その古典的
な範囲をこえて拡張することが必要となる」として, シュミットの
名前を挙げている. また, [62, 93, VI.2] は測定過程の解説だが, こ
こで, 積分作用素に固有値と固有ベクトルが存在するというシュ
ミットの理論を紹介している.

2　ヒルベルト・シュミットクラス

　1909 年に同じくゲッチンゲン大学でヒルベルトを敬愛するワイ
ルが [79] で, その積分作用素の研究の延長線上で, 有界な自己共役
作用素に, 適当なコンパクト作用素を加えて固有値しかもたない作
用素が構成できることを示した. これをフォン・ノイマンは一般的
な形で証明している. それを紹介しよう.

　フォン・ノイマンは 1935 年に [69, 定理 1] で以下を示した. 有界
な自己共役作用素 B に対して, 適当なヒルベルト・シュミットクラ
スの自己共役作用素 A を加えると $B + A$ が点スペクトルしかもた
ない自己共役作用素になる. さらに, ヒルベルト・シュミットノル
ム $\|A\|_2$ がいくらでも小さくなるようにできる. 1909 年のワイル
[79] の結果は, 特別な場合に限定されていた. フォン・ノイマンは,
一般的な設定で, A がヒルベルト・シュミットクラスの作用素にな
る場合を考察した. この事実はワイル＝フォン・ノイマンの定理と
呼ばれる. ヒルベルト・シュミットクラスを説明しよう.

ヒルベルト・シュミットクラスの定義

$T \in B(\mathfrak{H})$ とする. $\mathfrak{H}$ の CONS $\{f_n\}$ に対して,

$$\sum_n (Tf_n, Tf_n) < \infty$$

となる T をヒルベルト・シュミットクラスの作用素という. ヒ
ルベルト・シュミットクラスを I_2 と表す.

　ある一つの CONS で $\sum_n (Tf_n, Tf_n) < \infty$ となれば, 任意の
CONS $\{g_n\}$ に対しても $\sum_n (Tg_n, Tg_n) < \infty$ になり, 両者の値は

一致することが示せる. よって,

$$\|T\|_2 = \sqrt{\sum_n (Tf_n, Tf_n)}$$

と定義すれば, これはノルムになり, ヒルベルト・シュミットノルムという. シュミットは 1905 年に [44] の Section 7 で積分作用素

$$\phi \mapsto \int K(s,t)\phi(t)dt$$

が固有値 $1/\lambda_\nu$ と固有ベクトル φ_ν をもつことを宣言し, Section 11 でその証明を与えている. シュミットは, これを Fundametalsatz (基本定理) と呼んでいる. Section 9 では, 現在, ヒルベルト・シュミットの定理といわれている, 次の公式を証明している.

$$\int_a^b \int_a^b K(s,t)q(s)p(t)dsdt = \sum_\nu \frac{1}{\lambda_\nu} \int_a^b q(s)\varphi_\nu(s)ds \int_a^b p(t)\varphi_\nu(t)dt$$

これは, 1904 年にヒルベルトが [22] の Section IV で特別な場合に証明しているが, それの一般化である. 実は, $K \in L^2([a,b] \times [a,b])$ ならば, 積分作用素はヒルベルト・シュミットクラスになる.

3　ワイル=フォン・ノイマンの定理

　フォン・ノイマン [69] とバリー・サイモン [47, Chapter 5.9] を参考にワイル=フォン・ノイマンの定理を説明しよう. 詳細を語ることはできないが, フォン・ノイマンのアイデと証明の概略を述べる.

　まずは, $L^2([0,1], d\mu)$ の CONS の一般論から始めよう. μ は全測度が 1 で, $\mu(\{a\}) \neq 0$ となる, $a \in [0,1]$ は存在しないと仮定する. $[0,1]$ を 2^N 個の等区間に分割して, $I_{N,k} = [k/2^N, (k+1)/2^N]$,

$k = 0, 1 \dots 2^N - 1$, と名前をつける. $M \in \mathbb{N}$ として, $I_{N,k}$, $N \geq M$, に台をもつ CONS を作りたい. しかし, $\mu(I_{N,k}) = 0$ であれば, $I_{N,k}$ 上の関数を考える必要はないことを注意しておこう. 例えば, 安直に $h_{N,k}$ を次で定める.

$$h_{N,k} = \frac{1}{\sqrt{\mu(I_{N,k})}} \mathbb{1}_{I_{N,k}} \quad \mu(I_{N,k}) \neq 0$$

このとき, $\|h_{N,k}\| = 1$ になる. また, $k \neq k'$ のとき $(h_{N,k}, h_{N,k'}) = 0$ になるから, $\{h_{N,k}\}$ は ONS である. 再度記号の注意をする. $\mu(I_{N,k}) = 0$ のときは, $h_{N,k}$ を考えない約束だったから, $\#\{h_{N,k}\} \leq 2^N$ である.

　$N \to N+1$ に変えて同じように定義してみよう. そうすると, $h_{N,k}$ と $h_{N+1,2k}$ は直交しない. 一般に

$$\begin{aligned}
(h_{N,k}, h_{N+1,2k}) &= \int h_{N,k}(x) h_{N+1,2k}(x) d\mu(x) \\
&= \frac{1}{\sqrt{\mu(I_{N,k}) \mu(I_{N+1,2k})}} \neq 0
\end{aligned}$$

である. そこで, 次のようにする. $\mu(I_{N,k}) \neq 0$ かつ $\mu(I_{N+1,2k}) \neq 0 \neq \mu(I_{N+1,2k+1})$ のとき

$$f_{N,k} = \alpha \mathbb{1}_{I_{N+1,2k}} + \beta \mathbb{1}_{I_{N+1,2k+1}}$$

$\alpha > 0$ と β は $f_{N,k}$ の大きさが 1 になるように, また, 積分の値が 0 になるように決める. つまり

$$\begin{aligned}
\alpha^2 \mu(I_{N+1,2k}) + \beta^2 \mu(I_{N+1,2k+1}) &= 1 \\
\alpha \mu(I_{N+1,2k}) + \beta \mu(I_{N+1,2k+1}) &= 0
\end{aligned}$$

$\mu(I_{N,k}) \neq 0$ でも, $\mu(I_{N+1,2k}) \neq 0 \neq \mu(I_{N+1,2k+1})$ が成り立たないときは, 考えない. 帰納的に $f_{N+1,k}$ を次のように決める. $\mu(I_{N+1,k}) \neq 0$ かつ $\mu(I_{N+2,2k}) \neq 0 \neq \mu(I_{N+2,2k+1}) = 0$ のとき

$$f_{N+1,k} = \alpha \mathbb{1}_{I_{N+2,2k}} + \beta \mathbb{1}_{I_{N+2,2k+1}}$$

ただし, α, β は, $f_{N,k}$ と同様に決める. そうすると,

$$\{h_{M,k}, f_{N,k}, N \geq M, k\}$$

は ONS になる. $\mathscr{L} = \mathscr{L}\{h_{M,k}, f_{N,k}, N \geq M, k\}$ とおく. $\mathbb{1}_{I_{m,k}} \in \mathscr{L}, m \geq M$ になる. 実は, $\{h_{M,k}, f_{N,k}, N \geq M, k\}$ は CONS である. なぜならば, 任意の $\mathscr{L} \ni f$ に対して $(f, g) = 0$ とする. このとき, 任意の 2 進数 y に対して, $\int_0^y g(x)dx = 0$ が示せる. そうすると, 極限をとれば, $\int_0^y g(x)dx = 0$ が任意の $y \in [0,1]$ で示せるから, $g = 0$. 故に, $\mathscr{L}$ は CONS になる.

$\mathfrak{H} = L^2([0,1], d\mu)$ とする. $Bf(x) = xf(x)$ とすると B は有界自己共役作用素で, $\|B\| \leq 1$ である. さらに, B は固有値をもたない. なぜならば, $Bf = af$ とすると $\mu(\{a\}) = 0$ だから,

$$0 = \|xf - af\|^2 = \int_{[0,1]} |xf(x) - af(x)|^2 d\mu(x)$$
$$= \int_{[0,1] \setminus \{a\}} |xf(x) - af(x)|^2 d\mu(x)$$

つまり, $xf(x) - af(x) = 0$ a.e. $x \in [0,1] \setminus \{a\}$ だから, $x - a \, (\neq 0)$ で両辺を割れば, $f(x) = 0$ a.e. $x \in [0,1]$ になる. これは, f が固有ベクトルということに矛盾する. 故に, B は固有値をもたない. フォン・ノイマンは, 点スペクトルのみをもつ有界作用素 A で $B = B - A + A$ としたときに, $B - A \in I_2$ となる A を構成した.

$A - B = C$ とおけば, $B + C$ は点スペクトルのみをもち, $C \in I_2$ ということになる.

アイデアは次である. $f_{N,k}$ の添字 k を小さい方から順に $k = 0, 1, 2, \ldots$ と名前を付け替えると $\{h_{M,j}, f_{N,j}, N \geq M, j = 0, \ldots, Q_N\}$ は CONS で, $Q_N \leq 2^N$ になる. CONS を固有ベクトルにもつ, 有界作用素 A を次のように強引に構成する. $A : \mathfrak{H} \to \mathfrak{H}$ を次で定める.

$$Af_{N,j} = \alpha_{N,j} f_{N,j}, \quad Ah_{M,j} = \alpha_{M,j} h_{M,j}$$

ここで, $\alpha_{N,j}$ は, 区間 $I_{N,j}$ の中心の座標である. そうすると

$$\|(A - B)f_{N,j}\| = \|(\alpha_{N,j} - x)f_{N,j}\| \leq \frac{1}{2^{N+1}}$$

になるから, 特に,

$$\|A - B\|_2^2 = \sum_{N,j} \|(A - B)f_{N,j}\|^2 + \sum_j \|(A - B)h_{M,j}\|^2$$

$$\leq 2^M 2^{-(M+1)2} + \sum_{m \geq M} 2^m 2^{-(m+1)2} = \frac{1}{2^M} \frac{3}{4} = \varepsilon(M)$$

大事なことは, $\lim_{M \to \infty} \varepsilon(M) = 0$ になることである. つまり, $A - B \in I_2$ で, $\|A - B\|_2$ が $M \to \infty$ でいくらでも小さくできることをいっている. まとめると, $C = A - B$ とおけば, $B + C$ は点スペクトルしかもたず, $\|C\|_2$ はいくらでも小さくできることがわかった.

命題 (ワイル=フォン・ノイマンの定理 [69, 定理 1])

$B : \mathfrak{H} \to \mathfrak{H}$ は有界な自己共役作用素とする. $\varepsilon > 0$ とする. このとき, 自己共役作用素 $C \in I_2$ で次を満たすものが存在する.
(1) $\|C\|_2 < \varepsilon$, (2) $B + C$ は点スペクトルしかもたない.

証明. $B: \mathfrak{H} \to \mathfrak{H}$ は有界な自己共役作用素で点スペクトルをもたないとする. 点スペクトルをもつ場合は, $\mathfrak{K} = \overline{\{\,\text{固有ベクトル}\,\}}$ として, $\mathfrak{H} = \mathfrak{K} \oplus \mathfrak{K}^\perp$ と直和分解して, $\mathfrak{K}^\perp$ を改めて $\mathfrak{H}$ とおいて, $B: \mathfrak{H} \to \mathfrak{H}$ と考えればいい. 簡単のために $0 \le B \le \mathbb{1}$ と仮定する.

$$\mathfrak{H}_\phi = \overline{\mathscr{L}\{B^n \phi \mid n \ge 0\}}$$

を巡回部分空間という. 一般論で, ONS $\{f_j\}$ が存在して,

$$\mathfrak{H} = \oplus_j^N \mathfrak{H}_j$$

と直和に分解できることは認めよう. ここで $N \le \infty$ で, $N = \infty$ もあり得る. また, $\mathfrak{H}_j = \mathfrak{H}_{f_j}$ である. そうすると $B: \mathfrak{H}_j \to \mathfrak{H}_j$ だから $B = \oplus B_j$ となる. ここで $B_j = B\lceil_{\mathfrak{H}_j}$ である. ここからギアを上げて考えよう. $B_j: \mathfrak{H}_j \to \mathfrak{H}_j$ だった. $B_j = X$, $\mathfrak{H}_j = \mathfrak{K}$, $f_j = f$ とおく. $\mathfrak{K} \ni \phi$ とする. 任意の $\varepsilon > 0$ に対して $\|\phi - P_\varepsilon(X)f\| \le \varepsilon$ となる多項式 P_ε が存在する. X に付随する 単位の分解を E_λ とすれば, スペクトル分解定理から

$$\|P_\varepsilon(X)f - P_{\varepsilon'}(X)f\|^2 = \int_{[0,1]} |P_\varepsilon(\lambda) - P_{\varepsilon'}(\lambda)|^2 d\|E_\lambda f\|^2$$

となり, $\varepsilon, \varepsilon' \to 0$ のとき, 右辺がゼロに収束するから, $\{P_\varepsilon\}$ は

$$L^2 = L^2([0,1], d\|E_\lambda f\|^2)$$

上のコーシー列になっている. その極限を $P_\phi \in L^2$ と表すと, $\|P_\phi\|_{L^2} = \|\phi\|_{\mathfrak{K}}$ になる. 逆に, $P \in L^2$ に対して, $\phi = \int_{[0,1]} P(\lambda) dE_\lambda \in \mathfrak{K}$ とすれば, $P = P_\phi$ になる. つまり, 写像 $\phi \mapsto P_\phi$ はユニタリーになるから

$$\mathfrak{K} \cong L^2([0,1], d\|E_\lambda f_j\|^2)$$

さらに,

$$(\phi, X\psi)_{\mathfrak{K}} = \int_{[0,1]} P_\phi(\lambda)\lambda P_\psi(\lambda)d\|E_\lambda f_j\|^2$$

であるから,

$$X \cong M_\lambda \quad (\lambda \text{の掛け算作用素})$$

である. 以上から, ユニタリー作用素 u と, 測度 μ が存在して $u: \mathfrak{K} \to L^2([0,1], d\mu)$ かつ

$$uXu^{-1} = M_\lambda$$

となる. ここで, $d\|E_\lambda f\|^2 = d\mu$. $X : \mathfrak{K} \to \mathfrak{K}$ を考えることは $M_\lambda : L^2([0,1], d\mu) \to L^2([0,1], d\mu)$ を考えることに帰着される. これは, すでにみた. つまり, $c \in I_2$ で, $\|c\|_2 \le \varepsilon$ かつ $M_\lambda + c$ は点スペクトルしかもたないものが存在する. $\mathfrak{K} = B_j$ の空間でいえば, $C_j \in I_2$ で, $\|C_j\|_2 \le \varepsilon 2^{-j}$ かつ $B_j + C_j$ は点スペクトルしかもたないものが存在する. $C = \oplus_j C_j$ とおけば, $C \in I_2$ で, $\|C\|_2 \le \varepsilon$ となり, $B + C$ は点スペクトルしかもたない. [終]

4 ワイル=フォン・ノイマン=黒田の定理

1950 年代にワイル=フォン・ノイマンの定理は非常に美しい形に拡張されている. それは "スペクトル散乱理論" という分野で語られる, トレースクラスの摂動による自己共役作用素の絶対連続スペクトルの不変性から, 導かれるものである. スペクトル散乱理論は本書のレベルを大幅に超えるので, ここでは事実だけを紹介しよう. まずはトレースクラスを定義する.

> **トレースクラスの定義**
>
> $T \in B(\mathfrak{H})$ とする. $\mathfrak{H}$ の CONS $\{f_n\}$ に対して,
>
> $$\sum_n (f_n, |T| f_n) < \infty$$
>
> となる T をトレースクラスの作用素という. ここで, $|T| = (T^*T)^{1/2}$ である. トレースクラスを I_1 と表す.

ある一つの CONS で $\sum_n (f_n, |T| f_n) < \infty$ となれば, 任意の CONS $\{g_n\}$ に対しても $\sum_n (g_n, |T| g_n) < \infty$ になり, 両者の値は一致することが示せる. よって,

$$\|T\|_1 = \sum_n (f_n, |T| f_n)$$

と定義すれば, これはノルムになり, トレースノルムという. また T がとトレースクラスならば, $\mathrm{Tr}(T) = \sum_n (f_n, T f_n)$ は絶対収束して, トレースという.

時が降って, 1957年に M・Rosenblum が [43] で $C \in I_1$ の場合は, ワイル=フォン・ノイマンの定理のようなことが決して起きないことを示している. 加藤敏夫も全く同時に [25] で Rosenblum とほぼ同じことを示している. つまり, 自己共役作用素 B (有界とは限らない) に任意の自己共役なトレースクラス C を加えても B の絶対連続スペクトルは不変であることが示された. 例えば, $-\Delta$ のスペクトルは $[0, \infty)$ で, $[0, \infty)$ は絶対連続スペクトルであるから, $-\Delta + C$ の絶対連続スペクトルも $[0, \infty)$ になる. この2つの論文はタイトルが酷似しているが, 加藤の論文 [25] の1ページ目の脚注に「Rosenblum 先生から発表前の論文を見せてもらった」と感謝の言葉が綴られている. これらの結果は, ワイル=フォン・ノイマンの定理を非常に美しいものにしている印象がある.

実数 p に対してコンパクト作用素 I_p が定義できる. トレースクラスは $p = 1$ に, ヒルベルト・シュミットクラスは $p = 2$ に相当するのだった. 黒田成俊は $C \in I_p$, $1 < p$, のとき, ワイル=フォン・ノイマンの定理が成立することを示した.

> **命題 (ワイル=フォン・ノイマン=黒田の定理 [31])**
>
> $B : \mathfrak{H} \to \mathfrak{H}$ は有界な自己共役作用素とする. $\varepsilon > 0$, $p > 1$ とする. このとき, 自己共役作用素 $C \in I_p$ で次を満たすものが存在する. (1) $\|C\|_p < \varepsilon$, (2) $B + C$ は点スペクトルしかもたない.

Rosemblum, 加藤の結果と合わせれば, 作用素のクラス I_p で, $p > 1$ と $p = 1$ では摂動理論の様子が相当異なることが示されたことになる. 直観的には, $I_p \ni C$ であれば, C の固有値 $\{E_n\}$ の絶対値の p 乗の無限級数和が有界だから, 固有値は, 高々 0 を集積点にもつ.

$$\sum_n |E_n|^p < \infty$$

故に $I_1 \subset I_p$, $p > 1$ になる. よって I_1 に属する有界作用素の固有値の絶対値は I_p, $p > 1$ に含まれる有界作用素のそれより大雑把にいって小さいことになる. Rosemblum, 加藤の結果は, トレースクラスのような固有値が小さい摂動を加えても, B の絶対連続スペクトルに何ら影響を与えないが, ワイル=フォン・ノイマン=黒田の定理は, $C \in I_{1+\varepsilon}$ を上手く選べば $B + C$ の絶対連続スペクトルは消散し点スペクトルだけの作用素になると主張している.

第5章

ディラックの輻射理論

1　フォン・ノイマンとディラック

1.1　ポール・エイドリアン・モーリス・ディラック

　フォン・ノイマン は量子力学が世に出た直後に, 量子力学の数学的な基礎付けをヒルベルト空間論とその上の非有界作用素の理論を展開して実現した. しかし, これだけでは電子の散乱理論や遷移現象など, 量子力学におけるダイナミズムの数学的な説明が十分ではない. 事実, フォン・ノイマン は [62, 204 ページ] で,「われわれに欠けているのは, ある量子化された系の定常状態から他の定常状態への遷移確率に対するハイゼンベルクの表式である」と述べている. 量子力学発見のきっかけとなったのは, まさに, 遷移現象であったことを思い出せば尚更である. 1885 年, バルマーによって発見された水素原子の輝線の波長 λ の系列

$$\lambda = \frac{n^2}{n^2 - 4}, \quad n = 3, 4, 5, 6$$

が遷移現象の帰結にあたる. 次のようにみた方がわかりやすいだろう.

$$\nu = \frac{1}{\lambda} = 4\left(\frac{1}{2^2} - \frac{1}{n^2}\right), \quad n = 3, 4, 5, 6$$

これは, 定常状態 "n" から定常状態 "2" に水素内の電子が遷移したときに放出される光の振動数であることがボーアにより示された. アインシュタイの公式を使えば, 定常状態間のエネルギー差 ΔE に対して

$$\Delta E = \frac{h}{2\pi}\nu$$

を満たす振動数 ν の光が放出されるのである. しかし, ニュートン力学と大きく異なるのは, この放出が確率に支配されていることである. この遷移確率を数学的に示すにはどうしたらいいのだろうか? 問題設定が一瞬ではわからない. この遷移確率を数学的に示さなくては, 量子力学の数学的な基礎付けを与えたことにはならないだろう. H を自己共役作用素としてシュレディンガー方程式

$$-\frac{h}{2\pi i}\frac{d}{dt}\varphi_t = H\varphi_t$$

を考える. その解は

$$\varphi_t = e^{-i\frac{2\pi}{h}Ht}\phi_0$$

で与えられる. $\phi_0 = \phi$ を定常状態とする. つまり $H\phi = E\phi$. このとき, 時間発展は

$$\varphi_t = e^{-i\frac{2\pi}{h}Et}\phi$$

となり未来永劫 φ_t は H の固有値のままであり, 状態は定常的であり遷移は起きない. 実際

$$H\varphi_t = E\varphi_t, \quad t \in \mathbb{R}$$

である. これでは永久に電子は定常状態のままであり, エネルギーを放出して別の定常状態に遷移することが説明できない. それでは, どうして遷移が起きるのだろうか?

　ボーアによって, 定常状態は光の放出によって崩されると説明されている. つまり, 遷移現象は光との相互作用を考慮することにより説明されるのである. しかし, ボーアの理論では, エネルギーが E_n の定常状態から E_m の定常状態に移る "仕組み" は述べられていない. 勿論, 1910 年代当時は波動力学も行列力学も世に出ていなかったのであるから, このようなダイナミズムを説明する手段は皆無であった. いえたことは

$$\nu = \frac{2\pi}{h}|E_n - E_m|$$

の振動数の光が放出または吸収されるということだけである.

P・A・M・ディラック

　遷移確率は, 1927 年, ポール・エイドリアン・モーリス・ディラックの量子化された輻射理論 [14] によって見事に説明された. 量子化された輻射場の理論は場の量子論とも呼ばれ, 古典的な電磁場が無限個の調和振動子の集まりとみなせることをディラックが示した. まさに光 (=電磁場) が光子 (=調和振動子) の集まりとみなせるのである. ここに光の粒子性と波動性という 2 重性が理論的に統一されたことになる. さらに, この量子化された輻射場と電子の相互作用を記述して遷移確率を導き出したのは驚異的である.

　ディラックは 1902 年 8 月 8 日に, イギリスのブリストルで生まれた. まさに, ハイゼンベルク, フォン・ノイマン世代である. 1921

年にブリストル大学に進み, 翌年ケンブリッジ大学に入学した. 指
導教官はラルフ・ファウラーで, 初期の論文には謝辞が述べられて
いる. また, 1925 年に, ハイゼンベルクの歴史的な論文 [20] を発
表前に, ハイゼンベルク自身から直接入手したファウラー先生が,
それを, 教え子のディラックに渡したことがディラックの量子力学
デビューに繋がった. その量子力学の研究で, ディラックは 1926
年 5 月に博士号を取得した. ディラックは極度の寡黙で知られて
いる. それは『The Strange Man.The hidden life of Paul Dirac,
quantum genus』[16] に詳しい. 極度の寡黙ではあるが 結婚して,
二人の娘の父親になった. 妻マンシー・ディラックはフォン・ノイ
マンと同じブダペスト出身で, フォン・ノイマンのライバルでもあ
るウィグナーの妹である. それを思うとフォン・ノイマンはディ
ラックに親近感を覚えたのではないだろうか. [16, Chapter 9] によ
ればディラックの寡黙で冷淡な人柄は, ボーアにいわせると "最も
変わった奴" ということになる. その邦訳 [89] のタイトルは, なぜ
か無難に『量子の海, ディラックの深淵』となっている.

　ディラックの業績は偉大である. シュレディンガー方程式を相対
論的に変形したディラック方程式の発見は, 必然的に反物質の発見
につながり, またディラックスピノールが自然に導出された. ディ
ラックを冠した単語は実に多い. ディラック方程式, ディラックの
デルタ関数, ディラックの海, ディラックの空孔理論, ディラック・
スピノル, ディラック測度, ディラック作用素, ディラックのガンマ
行列など. 1932 年からケンブリッジ大学のルーカス教授職を務め
た. 1933 年にシュレーディンガーと共にノーベル物理学賞を受賞
している.

15. The δ function

Our work in § 10 led us to consider quantities involving a certain kind of infinity. To get a precise notation for dealing with these infinities, we introduce a quantity δ(x) depending on a parameter x satisfying the conditions

$$\left.\begin{array}{c} \int\limits_{-\infty}^{\infty} \delta(x)\,dx = 1 \\[2mm] \delta(x) = 0 \text{ for } x \neq 0. \end{array}\right\} \quad (2)$$

---

[15] の第 15 章に現れたデルタ関数の定義

1.2 ディラックのデルタ関数

　フォン・ノイマンが嫌ったデルタ関数は, 1930 年にディラックが著した『The Principles of Quantum Mechanics』[15] の第 15 章に現れる. この著書は第 4 版改訂版まで出版され, ディラックの創出であるブラベクトルとケットベクトルは第 3 版改訂版に現れる. 第 4 版をつぶさに眺めてみると "ヒルベルト空間" という言葉が 3 回現れるが, "フォン・ノイマン" という単語は出てこない. 一方, ワイルの教科書 [84] の第 1 章に "フォン・ノイマン" が登場する.

　第 10 章では, 「ヒルベルト空間よりもっと一般的な空間を使う」と言及している. ディラック理論では

$$\int_{-\infty}^{\infty} e^{iax} dx$$

という積分を扱う必要があるからである. フォン・ノイマンの理論では, $\frac{h}{2\pi i}\frac{d}{dx}$ のスペクトルは $\sigma(\frac{h}{2\pi i}\frac{d}{dx}) = \mathbb{R}$ で, 点スペクトルは存在しない. しかし,

$$\frac{h}{2\pi i}\frac{d}{dx} e^{\frac{2\pi i}{h}ax} = a e^{\frac{2\pi i}{h}ax}$$

であるから, $e^{\frac{2\pi i}{h}ax}$ は $\frac{h}{2\pi i}\frac{d}{dx}$ の固有ベクトルである. ディラックは

この事実を使う. 勿論

$$e^{\frac{2\pi i}{h}ax} \notin L^2(\mathbb{R})$$

であるから, ヒルベルト空間のベクトルではない. a が連続的に動くので, ヒルベルト空間論ではデルタ関数に代わって連続スペクトルという概念が定義されたのであった.

第 15 章でデルタ関数を

$$\int_{-\infty}^{\infty} \delta(x)dx = 1 \qquad \delta(x) = 0 \ (x \neq 0)$$

と定義している. しかし, ディラック自身もデルタ関数の定義の直後に「デルタ関数は関数ではない」と言及している. その特徴は

$$\int_{-\infty}^{\infty} f(x)\delta(x)dx = f(0)$$

を満たすことにある. さらに

$$2\pi\delta(a) = \int_{-\infty}^{\infty} e^{iax}dx$$

になる. また, ディラックは公式

$$\frac{d}{dx}\log x = \frac{1}{x} - i\pi\delta(x)$$

を第 15 章で紹介し, 第 50 章の衝突理論の解説でこの公式を使っている.

ここで, 簡単にデルタ関数を紹介しよう. これは, ローラン・シュワルツによる.

L・シュワルツ

　シュワルツは1915年生まれのフランス人で,ブルバキのメンバーである. フォン・ノイマンとは, 日本人の感覚では一回り (12年) 若い. 14年ぶりに再開された1950年の国際数学者会議 (ICM) で "Developed the theory of distributions, a new notion of generalized function motivated by the Dirac delta-function of theoretical physics" (理論物理学のディラック・デルタ関数にヒントを得て, 一般化された新しい関数の概念である超関数の理論を構築) の業績で第二回フィールズ賞を受賞している. このICMでは, 委員長がストーンで, フォン・ノイマンは招待講演をしている.

超関数の定義

$\mathcal{D} = C_0^\infty(\mathbb{R})$ とする. このとき,

$$\mathcal{D}' = \{\phi : \mathcal{D} \to \mathbb{C} \mid \text{連続かつ線形}\}$$

を超関数空間という.

少しややこしいが, $\phi \in \mathcal{D}'$ が連続とは次のことである. 関数列 $f_n \in \mathcal{D}$ が,

(1) supp$f_n \subset K$ となる n に無関係な有界閉集合 K が存在
(2) 各階導関数が $f_n^{(m)} \to 0$ に K 上で一様収束

を満たすとき

$$\phi(f_n) \to 0 \quad (n \to \infty)$$

となることである.

　例をあげよう.

(**例 1**)　デルタ関数 δ.

$$\delta(f) = f(0)$$

と定義すると $\delta \in \mathcal{D}'$ である. デルタ関数は $\mathcal{D}'$ の元だったのである. これは形式的に $\int f(x)\delta(x)dx = f(0)$ と表される.

(**例 2**)　局所可積分関数 ϕ. ϕ が局所可積分関数とは, 任意の有界閉集合上で可積分であることである. このとき,

$$\phi(f) = \int \phi(x)f(x)dx$$

と定めれば, $\phi \in \mathcal{D}'$ になる. この意味で,

$$\phi(x) = |x|$$

やヘビサイド関数

$$Y(x) = \left\{ \begin{array}{ll} 0 & x < 0 \\ 1 & x > 0 \end{array} \right.$$

は超関数である.

(**例 3**)　$1/x$. この関数は局所可積分ではないが

$$\frac{1}{x}(f) = \lim_{\varepsilon \downarrow 0} \int_{|x| \geq \varepsilon} \frac{1}{x} f(x)dx$$

と定義すると $1/x \in \mathcal{D}'$ になる.

(**例 4**)

$$2\pi\delta(a) = \int_{-\infty}^{\infty} e^{iax}dx$$

は次の意味である. $f \in \mathcal{D}$ とする.

$$\int_{-\infty}^{\infty} f(a)(\int_{-\infty}^{\infty} e^{iax}dx)da = \int_{-\infty}^{\infty} (\int_{-\infty}^{\infty} e^{iax}f(a)da)dx$$
$$= \int_{-\infty}^{\infty} \sqrt{2\pi}\check{f}(x)dx = 2\pi f(0)$$

ここで, 積分の交換 $\int da \int dx = \int dx \int da$ を形式的に行った.

超関数 $\phi \in \mathcal{D}'$ の微分を

$$\phi'(f) = -\phi(f')$$

と定める. このとき $\phi' \in \mathcal{D}'$ になる. つまり, 超関数はいつでも微分できて, 微分 $:\mathcal{D}' \to \mathcal{D}'$ は線形作用素で実は連続である. 例えば

$$Y \overset{'}{\Longrightarrow} \delta$$

が示せる. 全て超関数の意味での微分である.

---

this pure imaginary term vanishes discontinuously. The differen-tiation of this pure imaginary term gives us the result $-i\pi\,\delta(x)$, so that (14) should read

$$\frac{d}{dx}\log x = \frac{1}{x} - i\pi\,\delta(x). \tag{15}$$

---

[15] の 15 章に現れた対数関数の超関数微分

$\frac{d}{dx}\log x = \frac{1}{x} - i\pi\delta(x)$ を導いてみよう. ディラックも説明しているように, $\log x$ の意味を明白にしなければいけない. 何もいわなければ $\log x$ は $x > 0$ で定義されているに過ぎない. そこで, 複素関数論を思い出そう.

$$\log z = \log|z| + i\arg z \quad z \in \mathbb{C}$$

だった. そこで, $-x < 0$ に対して,

$$\log(-x) = \log x + i\pi$$

と定義する. $\frac{d}{dx}\log x = \phi$ を

$$\phi(f) = -\lim_{\varepsilon\downarrow 0}\int_{|x|\geq\varepsilon}\log x f'(x)dx$$

と定める. そうすると $\phi \in \mathcal{D}'$ になる. 実際

$$-\int_{|x|\geq\varepsilon} \log x f'(x) dx$$

$$= -[\log x f(x)]_{-\infty}^{-\varepsilon} - [\log x f(x)]_{\varepsilon}^{\infty} + \int_{|x|\geq\varepsilon} \frac{1}{x} f(x) dx$$

$$= \log \varepsilon (f(\varepsilon) - f(-\varepsilon)) - i\pi f(-\varepsilon) + \int_{|x|\geq\varepsilon} \frac{1}{x} f(x) dx$$

ここで, 平均値の定理から, 適当な c が存在して

$$\log \varepsilon \times (f(\varepsilon) - f(-\varepsilon)) = 2 \log \varepsilon \times \varepsilon f'(c) \to 0$$

に注意すれば

$$-\lim_{\varepsilon\downarrow 0} \int_{|x|\geq\varepsilon} \log x f'(x) dx = -i\pi f(0) + \lim_{\varepsilon\downarrow 0} \int_{|x|\geq\varepsilon} \frac{1}{x} f(x) dx$$

なので, $\frac{d}{dx} \log x$ は次のようになる.

$$\frac{d}{dx} \log = \frac{1}{x} - i\pi \delta(x)$$

1.3 ヒルベルト空間とディラックの理論

　超関数のフーリエ変換を定義しよう. 新しい空間 $\mathcal{S}' = \mathcal{S}'(\mathbb{R})$ を定義しよう. これは次で定める.

$$\mathcal{S}' = \{\phi : \mathcal{S}(\mathbb{R}) \to \mathbb{C} \mid 線形で連続\}$$

$\mathcal{S}'$ はフーリエ変換と相性がいい. というのは, $F : \mathcal{S} \to \mathcal{S}$ で全単射になる. $f, g \in \mathcal{S}$ としよう. このとき $(Ff, Fg) = (f, g)$ だったから, $(Ff, g) = (f, F^{-1}g)$ である. 積分で具体的に書き表すと次

のようになる.

$$\int \overline{(Ff)}(k)g(k)dk = \int \bar{f}(k)(F^{-1}g)(k)dk$$

だから,

$$\int (F\bar{f})(-k)g(k)dk = \int \bar{f}(k)(F^{-1}g)(k)dk$$

$\bar{f} = f$ とおき直すと

$$\int (Ff)(-k)g(k)dk = \int f(k)(F^{-1}g)(k)dk$$

故に

$$\int (Ff)(k)g(-k)dk = \int f(k)(F^{-1}g)(k)dk$$

だから

$$\int (Ff)(k)g(k)dk = \int f(k)(Fg)(k)dk$$

となった. これ等を参考にして, 超関数のフーリエ変換 F を次のように定める.

┌─ 超関数のフーリエ変換の定義 ─────────────────

　超関数のフーリエ変換を次で定める.

$$(F\phi)(f) = \phi(Ff) \quad f \in \mathscr{S}$$

└──────────────────────────────

　$F : \mathscr{S}' \to \mathscr{S}'$ が示せる. また, これは全単射である. 超関数 $\phi = e^{iax}$ の超関数の意味でのフーリエ変換を求めよう. 超関数 $\phi = e^{iax}$ と宣言したら, これは, $\phi : f \ni \mapsto \int e^{iax}f(x)dx \in \mathbb{C}$ を意味するのだった. 次のように律儀に計算する.

$$e^{-x^2/2} \in \mathscr{S} \subset L^2(\mathbb{R}) \subset \mathscr{S}' \ni e^{iax}$$

$$\uparrow F \quad\quad \uparrow F \quad\quad \uparrow F \quad\quad \uparrow F \quad\quad \uparrow F$$
$$\downarrow \quad\quad \downarrow \quad\quad \downarrow \quad\quad \downarrow \quad\quad \downarrow$$

$$e^{-x^2/2} \in \mathscr{S} \subset L^2(\mathbb{R}) \subset \mathscr{S}' \ni \delta(x-a)$$

$$L^2(\mathbb{R}) \text{ と } \mathscr{S}' \text{ 上のフーリエ変換 } F$$

$$F\phi(f) = \phi(Ff) = \frac{1}{\sqrt{2\pi}} \int e^{iak} Ff(k)dk = f(a)$$

$\mathscr{F} \ni f \mapsto f(a) \in \mathbb{C}$ となる超関数は $\delta(x-a)$ だから, 次のように
なる.

$$F\phi = \delta(x-a)$$

非常にラフにいうと次のようになる. $F : L^2(\mathbb{R}) \to L^2(\mathbb{R})$ はユニ
タリー作用素であった. これはヒルベルト空間論の世界である. 一
方, $F : \mathscr{S}' \to \mathscr{S}'$ の全単射に拡張できた. 特に, $e^{iax}, \delta(x-a) \in \mathscr{S}'$
で, $Fe^{iax} = \delta(x-a)$ となる. こちらはディラック理論の世界であ
る. デルタ関数は, フォン・ノイマンに毛嫌いされたが, シュワル
ツの創始した超関数理論によれば, $e^{iax} \in \mathscr{S}'$ であり, デルタ関数
$\delta(x-a)$ は e^{iax} のフーリエ変換であったのだ.

2 電磁場の量子化

ディラックは 1927 年にゲッチンゲンに約半年間滞在した. そ
こで輻射場の理論を完成させている. ディラックの寡黙もあって,
ディラックの輻射場の理論は, 発表当初, 理解者が少なかったよう

である. ディラックに暖かく接した数少ないドイツ人の一人である
ボルンでさえもなかなか理解できなかったようである.

一方で, 一匹狼で後のマンハッタン計画の中心人物になる秀才
オッペンハイマーは「私の人生で一番わくわくしたのは, おそらく,
ディラックがゲッチンゲンにやってきて輻射の量子力学について彼
が書いた論文のゲラ刷りをくれたときだと思います」と述べてい
る. また, フォン・ノイマンは [62, 205 ページ] で「これから述べる
ディラックの輻射理論は量子力学の領域における最も美しい成果で
ある」と絶賛している. 多くの物理学者に当初受け入れられなかっ
たにもかかわらず, 公理的集合論のような純粋数学の研究者であっ
たフォン・ノイマンが絶賛するあたり, ディラック理論が数学に傾
斜していたことが伺われる. ディラックは相補性原理のような哲学
的な話題に興味がなく, フォン・ノイマンと同じく数学的な構造に
興味があったのだろう.

さて, [62, III. 6] でディラックの輻射理論を, フォン・ノイマン
独特のタッチでヒルベルト空間論を基礎に紹介している. この章で
は [62, III. 6] に従って輻射場の理論を紹介する. 現代では輻射場
の理論は確立され, 量子力学の教科書の最後の方に必ず載っている.

l 個の電子と電磁場の相互作用を考えよう. 電子 1, 電子 2, . . . , 電
子 l と名前をつける. 電子 ν の質量は m_ν で電荷は e_ν と仮定する.
これらの電子のハミルトニアンを H_0 として, 簡単のためにスペク
トルは純粋に離散的と仮定する.

$$\sigma(H_0) = \{W_n\}$$

固有ベクトルは

$$H_0 \varphi_k = W_k \varphi_k$$

とする. 振動数 $2\pi(W_k - W_j)/h$ と遷移確率の関係を調べる.

　光と電子の相互作用を導入するためにマクスウエル方程式を考える. $\mathfrak{G}$ は磁場, $\mathfrak{H}$ は電場を表すとして次を満たす.

$$\mathrm{rot}\mathfrak{G} + \frac{1}{c}\dot{\mathfrak{H}} = 0 \quad \mathrm{div}\mathfrak{H} = 0$$

$$\mathrm{rot}\mathfrak{H} - \frac{1}{c}\dot{\mathfrak{G}} = 0 \quad \mathrm{div}\mathfrak{G} = 0$$

ベクトルポテンシャル $\mathfrak{A} = \mathfrak{A}(x,y,z,t) : \mathbb{R}^3 \times \mathbb{R} \to \mathbb{R}^3$ を導入して $\mathfrak{G} = \mathrm{rot}\mathfrak{A}$ とすると, $\mathfrak{H} = -\dot{\mathfrak{A}}/c$ になる. $\mathfrak{A}$ は $\mathrm{div}\mathfrak{A} = 0$ かつ

$$\Delta\mathfrak{A} - \frac{1}{c^2}\ddot{\mathfrak{A}} = 0$$

を満たす. $\mathfrak{A}$ から $\mathfrak{H}$ と $\mathfrak{G}$ を再現できるので, 以降 $\mathfrak{A}$ について考える. 特に変数分離となる解を考える.

$$\mathfrak{A}(x,y,z,t) = \tilde{\mathfrak{A}}(x,y,z)\tilde{q}(t)$$

次を満たす

$$\mathrm{div}\tilde{\mathfrak{A}} = 0, \quad \Delta\tilde{\mathfrak{A}} = \eta\tilde{\mathfrak{A}}$$

また, $\tilde{q}$ は次を満たす.

$$\ddot{\tilde{q}}(t) = c^2\eta\tilde{q}(t)$$

ここで η は定数である. 以下, 境界条件など, 細かい議論は無視して進む. 有界領域 $D \subset \mathbb{R}^3$ で考えているのでラプラシアン Δ のスペクトル $\sigma(\Delta)$ は負の離散スペクトルだけからなる. それを $\sigma(\Delta) = \{-4\pi^2\rho_n^2/c^2\}_n$ とおく. $-4\pi^2\rho_n^2/c^2$ に対する固有ベクトルを $\tilde{\mathfrak{A}}_n$ とおく.

$$\Delta\tilde{\mathfrak{A}}_n = -4\pi^2\frac{\rho_n^2}{c^2}\tilde{\mathfrak{A}}_n$$

よって η の候補は

$$\eta = -4\pi^2 \frac{\rho_n^2}{c^2}$$

だから,

$$\ddot{\tilde{q}}(t) = -4\pi^2 \rho_n^2 \tilde{q}(t)$$

を満たす. これは一瞬で解ける. n ごとに γ_n と τ_n を適当な数として

$$\tilde{q}_n(t) = \gamma_n \cos 2\pi \rho_n (t - \tau_n)$$

となる. 結局, 次のように展開できる.

$$\mathfrak{A}(x, y, z, t) = \sum_{n=1}^{\infty} \tilde{\mathfrak{A}}_n(x, y, z) \gamma_n \cos 2\pi \rho_n (t - \tau_n)$$

$D \subset \mathbb{R}^3$ の電磁場のエネルギーはマクスウエル理論によれば次で与えられる.

$$E = \frac{1}{8\pi} \int_D (|\mathfrak{G}|^2 + |\mathfrak{H}|^2) dx dy dz$$

これに $\mathfrak{G} = \mathrm{rot}\mathfrak{A}$ と $\mathfrak{H} = -\dot{\mathfrak{A}}/c$ を代入して地道に計算すると最終的に

$$E = \frac{1}{2} \sum_{n=1}^{\infty} \left(\tilde{p}_n^2(t) + 4\pi^2 \rho_n^2 \tilde{q}_n^2(t) \right)$$

になる. ここで $\tilde{p}_n(t) = \dot{\tilde{q}}_n(t)$. E をよく眺めると,

$$\tilde{p}_n^2(t) + 4\pi^2 \rho_n^2 \tilde{q}_n^2(t) \quad n = 1, 2, \ldots$$

はバネに繋がれた重りのエネルギーと解釈できないだろうか. つまり, 無限個の調和振動子の集まり. 誤解を恐れずにいえば, ニュートン以前には自然界を表す紙上の理論はほとんど存在しなかった. 物

理現象を表す何かを紙の上で式変形して, そこからさらに何かを予想することはできなかった. いざとなると神が出てきてしまう. 上述の式変形で出てきた, 無限個の調和振動子 (のようなもの) を "電磁場は無限個の調和振動子の集まり" といい切れる所以は, 自然と数学が完璧にコラボしているという人間理性の確信が揺るぎないものになったからであろう. 勿論, 電磁場は, バネに繋がった重りのような調和振動子の集まりであろうはずはないが, 数学を通せば同じように扱えると主張する. ニュートン以前にそのような確信は存在しなかったに違いない.

ここから, 大胆に量子力学に移る. 量子力学の処方にのっとって

$$\tilde{p}_n(t) \to P_n = \frac{h}{2\pi i}\frac{\partial}{\partial q_n}, \quad \tilde{q}_n(t) \to Q_n = M_{q_n}$$

と置き換えれば, エネルギー E は次の作用素になる.

$$H_{\mathrm{f}} = \frac{1}{2}\sum_{n=1}^{\infty}(P_n^2 + 4\pi^2\rho_n^2 Q_n^2)$$

まとめると以下のようになる.

電磁場 E の量子化 H_{f}

$$E = \frac{1}{8\pi}\int_D (|\mathfrak{E}|^2 + |\mathfrak{H}|^2)dxdydz = \frac{1}{2}\sum_{n=1}^{\infty}(p_n^2 + 4\pi^2\rho_n^2 q_n^2)$$

$$\overset{\text{量子化}}{\Longrightarrow} \quad H_{\mathrm{f}} = \frac{1}{2}\sum_{n=1}^{\infty}(P_n^2 + 4\pi^2\rho_n^2 Q_n^2)$$

---

3 電子と電磁場の相互作用

ディラックは l 個の電子と量子化された電磁場の間に次の相互作用を導入した. ν 番目の電子の運動量と位置作用素を各々 p_ν, q_ν と表す. また, 電荷を e_ν, 質量を m_ν とする.

$$H_w = \sum_n^N Q_n \sum_{\nu=1}^l \frac{e_\nu}{cm_\nu} p_\nu \tilde{\mathfrak{A}}_n(q_\nu)$$

l 個の電子と量子化された電磁場の相互作用の全ハミルトニアンは, 電子のハミルトニアン H_0, 量子化された電磁場のハミルトニアン H_{f} と相互作用ハミルトニアン H_w の和であるから, 次で与えられる.

$$\begin{aligned} H &= H_0 + H_{\mathrm{f}} + H_w \\ &= H_0 + \frac{1}{2}\sum_n^N (P_n^2 + 4\pi^2\rho_n^2 Q_n^2) + \sum_n^N \sum_{\nu=1}^l \frac{e_\nu}{cm_\nu} Q_n p_\nu \tilde{\mathfrak{A}}_n^\nu \end{aligned}$$

ここで, $N < \infty$ としているが, 最後に $N \to \infty$ にする. このハミルトニアンは次のように解釈される.

$$H = \sum_{\nu=1}^l \frac{1}{2m_\nu} \left(p_\nu - \frac{e_\nu}{c} \sum_{n=1}^\infty Q_n \tilde{\mathfrak{A}}_n(q_\nu) \right)^2 + H_{\mathrm{f}}$$

というハミルトニアンを考えて, 形式的に $(\dots)^2$ を展開すると

$$H = \sum_{\nu=1}^{l} \frac{1}{2m_\nu} p_\nu^2 + H_{\mathrm{f}}$$

$$- \sum_{\nu=1}^{l} \frac{e_\nu}{2cm_\nu} (p_\nu \sum_{n=1}^{\infty} Q_n \tilde{\mathfrak{A}}_n + \sum_{n=1}^{\infty} Q_n \tilde{\mathfrak{A}}_n p_\nu)$$

$$+ \sum_{\nu=1}^{l} \frac{e_\nu^2}{2c^2 m_\nu} (\sum_{n=1}^{\infty} Q_n \tilde{\mathfrak{A}}_n)^2$$

右辺の第 1 項は $H_0 + H_{\mathrm{f}}$ である. 第 3 項は e_ν^2 なので落とす. 第 2 項は $\tilde{\mathfrak{A}}_n$ の性質から

$$- \sum_{\nu=1}^{l} \frac{e_\nu}{2cm_\nu} (p_\nu \sum_{n=1}^{\infty} Q_n \tilde{\mathfrak{A}}_n + \sum_{n=1}^{\infty} Q_n \tilde{\mathfrak{A}}_n p_\nu)$$

$$= - \sum_{\nu=1}^{l} \frac{e_\nu}{cm_\nu} p_\nu \sum_{n=1}^{\infty} Q_n \tilde{\mathfrak{A}}_n$$

となり, ディラックの導入した相互作用になる. ディラックの導入した相互作用は, ミニマル相互作用で, 二次の項を無視した相互作用に対応する. 後に, 二次の項を無視しないミニマル相互作用の模型が 1938 年にパウリとフィエールツ [39] によって研究されている.

　フォン・ノイマン に倣って生成消滅作用素を導入しよう.

$$R_n = \frac{1}{\sqrt{2h\rho_n}} (2\pi\rho_n Q_n + iP_n)$$

$$R_n^* = \frac{1}{\sqrt{2h\rho_n}} (2\pi\rho_n Q_n - iP_n)$$

そうすると

$$Q_n = \frac{1}{2\pi} \sqrt{\frac{h}{2\rho_n}} (R_n^* + R_n)$$

になる. さらに $[P_\nu, Q_\mu] = \frac{h}{2\pi i}\delta_{\mu\nu}$ から

$$[R_n, R_n^*] = \mathbb{1}$$

になる. R_n, R_n^* を使って H を書き直すと

$$
\begin{aligned}
H =& H_0 + \frac{1}{2}\sum_n^N h\rho_n R_n^* R_n \\
&+ \sum_n^N \sum_{\nu=1}^l \frac{e_\nu}{2\pi c m_\nu}\sqrt{\frac{h}{2\rho_n}}(R_n^* + R_n)p_\nu \tilde{\mathfrak{A}}_n + \frac{1}{2}\sum_n^N h\rho_n
\end{aligned}
$$

となる. 最終的に $N \to \infty$ とするので, 定数 $\frac{1}{2}\sum_n^N h\rho_n$ を落とす. さて $R_n^* R_n$ は自己共役作用素になる. このことは [62, 142 ページ] で律儀に言及している. また,

$$\sigma(R_n^* R_n) = \{0, 1, 2, \ldots,\}$$

ちなみに, $Q_n \to \frac{1}{2\pi}\sqrt{\frac{h}{2\rho}}q$ とスケール変換すると

$$R_n \to \frac{1}{\sqrt{2}}(q + \frac{\partial}{\partial q}), \quad R_n^* \to \frac{1}{\sqrt{2}}(q - \frac{\partial}{\partial q})$$

になるから

$$R_n^* R_n = -\frac{1}{2}\Delta_q + \frac{1}{2}q^2 + \frac{1}{2}$$

結局 $R_n^* R_n$ の正体は調和振動子であることがわかった. 形式的に表せば

$$E = \frac{1}{8\pi}\int_D (|\mathfrak{G}|^2 + |\mathfrak{H}|^2)dxdydz \to \sum_{n=1}^\infty \left(-\frac{1}{2}\Delta_{q_n} + \frac{1}{2}q_n^2 - \frac{1}{2}\right)$$

となり, エネルギーが無限個の調和振動子にみえるのである. これで, 光子の波動性と粒子性がつながった！

　マクスウエル方程式は，このように光の粒子性を背後に含んでい
る．また，マクスウエル方程式には光速度不変性やローレンツ変換
不変性も隠されていた．その結果，相対性理論発見のきっかけもマ
クスウエル方程式であった．マクスウエル方程式が 20 世紀の物理
学に与えた影響は計り知れないものがあろう．

　話を戻そう．$R_n^* R_n$ の固有関数を $\{\psi_m^n\}_{m=0}^\infty$ とおこう．一方，
$H_0 \varphi_k = W_k \varphi_k$ だった．記号を簡単にするために電子の変数
$(q_1, \ldots, q_l)$ を $\xi = (q_1, \ldots, q_l) \in \mathbb{R}^{3l}$ と略記する．

$$\Phi_{k M_1 \ldots M_N}(\xi, u_1, \ldots, u_N) = \varphi_k(\xi) \prod_{j=1}^N \psi_{M_j}^j(u_j)$$

とする．調和振動子 $R_n^* R_n$ を $-\frac{1}{2}\Delta_q + \frac{1}{2}q^2 + \frac{1}{2}$ と思えば，第 m 番
目の固有ベクトルは

$$\psi_m^n = \pi^{-1/4} \underbrace{R_n^* \cdots R_n^*}_{m} e^{-|u|^2/2} \quad m = 0, 1, 2, \ldots,$$

と表せて，光子が m 個の状態と呼ぶことは既に説明した．そうする
と $\Phi_{k M_1 \ldots M_N}$ とは n 番目の調和振動子の光子の個数が M_n 個の状
態といってもいいだろう．形式的ではあるが $L^2(\mathbb{R}_\xi^{3l} \times \mathbb{R}_u^{3N})$ に含
まれる関数 $\Phi(\xi, u_1, \ldots, u_n)$ は次のように展開できる．

$$\Phi(\xi, u_1, \ldots, u_n) = \sum_{k=1}^\infty \sum_{M_1=0}^\infty \cdots \sum_{M_N=0}^\infty a_{k M_1 \ldots M_N} \Phi_{k M_1 \ldots M_N}$$

既にみたように，可分なヒルベルト空間の同型

$$L^2(\mathbb{R}^{3l} \times \mathbb{R}^{3N})$$
$$\cong \ell_2 = \left\{ (a_{k M_1 \ldots M_N}) \mid \sum_{k \geq 1, M_1 \geq 0, \ldots, M_N \geq 0} |a_{k M_1 \ldots M_N}|^2 < \infty \right\}$$

が存在する. H を ℓ_2 上の作用素とみなして, 具体的な作用を概観しよう. はじめに $H_0 + \frac{1}{2}\sum_{n=1}^{N} h\rho_n R_n^* R_n$ の作用はすぐにわかる.

$$(H_0 + \frac{1}{2}\sum_{n=1}^{N} h\rho_n R_n^* R_n)\Phi_{kM_1\ldots M_N} = \left(W_k + \sum_{n=1}^{N} h\rho_n M_n\right)\Phi_{kM_1\ldots M_N}$$

少しごちゃごちゃするが H は次のように作用する.

$$H\Phi_{kM_1\ldots M_N} = \left(W_k + \sum_{n=1}^{N} h\rho_n M_n\right)\Phi_{kM_1\ldots M_N}$$

$$+ \sum_{n=1}^{N}\sum_{\nu=1}^{l}\left(\frac{e_\nu}{2\pi c m_\nu}\sqrt{\frac{h}{2\rho}}p_\nu\tilde{\mathfrak{A}}_n^\nu\right)\varphi_k(\xi)\psi_{M_1}^1\cdots\left\{(R_n^* + R_n)\psi_{M_n}^n\right\}\cdots\psi_{M_N}^N$$

となる. さらに

$$(R_n + R_n^*)\psi_X^n = \sqrt{n}\psi_{X-1}^n + \sqrt{n+1}\psi_{X+1}^n$$

これをみてわかるように R_n は光子数を一つ減らし, R_n^* は一つ増やす. さらに $R_n^* R_n$ は光子数を不変にして, $R_n^* R_n\psi_X^n = h\rho_n X\psi_X^n$ であるから, $h\rho_n \times$ 光子数 の掛け算作用素になっている. そうすると

$$H\Phi_{kM_1\ldots M_N} = \left(W_k + \sum_{n=1}^{N} h\rho_n M_n\right)\Phi_{kM_1\ldots M_N}$$

$$+ \sum_{j=1}^{\infty}\sum_{n=1}^{N} w_{kj}^n(\sqrt{M_n+1}\Phi_{jM_1\ldots M_n+1\ldots M_N} + \sqrt{M_n}\Phi_{jM_1\ldots M_n-1\ldots M_N})$$

である. ここで記号の説明をする.

$$w_{kj}^n = \left[\sum_{\nu=1}^{l}\frac{e_\nu}{2\pi c m_\nu}\sqrt{\frac{h}{2\rho}}p_\nu\tilde{\mathfrak{A}}_n^\nu\right]_{kj}$$

で $[A]_{kj} = (\varphi_j, A\varphi_k)$ である. ちなみに $\bar{w}_{kj}^n = w_{jk}^n$ になる. これらよりハミルトニアン H は ℓ_2 上で次のように作用することがわかる.

$$Ha_{kM_1...M_N} = \left(W_k + \sum_{n=1}^{N} h\rho_n M_n\right) a_{kM_1...M_N}$$

$$+ \sum_{j=1}^{\infty} \sum_{n=1}^{N} w_{kj}^n(\sqrt{M_n + 1}a_{jM_1...M_n+1...M_N} + \sqrt{M_n}a_{jM_1...M_n-1...M_N})$$

フォン・ノイマンはここで ℓ_2 の部分空間で, 現代の言葉でいえば有限粒子部分空間

$$\ell_{2有限} = \left\{(a_{kM_1...M_N}) \mid 有限個の\ a_{kM_1...M_N}のみが \neq 0\right\}$$

を考えて考察を続けている. $N \to \infty$ とする. $\mathrm{D}(H) = \ell_{2有限}$ として

$$Ha_{kM_1...} = \left(W_k + \sum_{n=1}^{\infty} h\rho_n M_n\right) a_{k,M_1,...}$$

$$+ \sum_{j=1}^{\infty} \sum_{n}^{\infty} w_{kj}^n(\sqrt{M_n + 1}a_{jM_1...M_n+1...} + \sqrt{M_n}a_{jM_1...M_n-1...})$$

と定義する. $a_{jM_1...}$ は無限個の添字をもつが高々有限個のみが $M_j \neq 0$ である.

4 ボーズ・アインシュタイン統計

　光子はお互いに全く同一であるという性質をもっている. これをボーズ・アインシュタイン統計という. つまり, 電子と電磁場の相

互作用を表す波動関数に対して, 電磁場の任意の変数を入れ替えても不変である. つまり,

$$f(\xi, u_{\sigma(1)}, \ldots, u_{\sigma(S)}) = f(\xi, u_1, \ldots, u_S)$$

が任意の $\sigma \in \mathfrak{S}(S)$ で成立する. ここで, $\mathfrak{S}(S)$ は S 次の対称変換全体を表す. つまり, $\{1, \ldots, S\} \to \{1, \ldots, S\}$ の全単射全体を表す. そこで, 前節で調和振動子 $R_n^* R_n$ に番号 n をつけて区別したが, ここからは区別しない. よって, ψ_m^n のように上つき添え字 n は書かないで, ϕ_m と書き表すことにする.

しばらく $S(< \infty)$ 個の光子のみ存在する場合を考える. 前節の記号で書けば

$$\sum_{n=0}^{\infty} M_n = S$$

つまり, 高々有限個の M_j のみが非零である.

$$\mathbb{Z}_{\text{有限}}^{\infty} = \{M = \{M_0, \ldots\} \mid M_j \geq 0, \sum_{j=0}^{\infty} M_j = S\}$$

として $M \in \mathbb{Z}_{\text{有限}}^{\infty}$ とする.

$$\Phi_M(u_1, \ldots, u_S) = \sum_{\{n_1, \ldots, n_S\} \in M} \prod_{j=1}^{S} \phi_{n_j}(u_j)$$

ここで, $\sum_{\{n_1, \ldots, n_S\} \in M}$ は次の意味である. 例えば $S = 6$ として $M = \{0, 1, 3, 2, 0, 0, \ldots\}$ とする. これは, 1 粒子状態が 1 個, 2 粒子状態が 3 個, 3 粒子状態が 2 個ある状態を表す. そうすると, ϕ_1 が 1 個, ϕ_2 が 3 個, ϕ_3 が 2 個であるから

$$\phi_1(u_1)\phi_2(u_2)\phi_2(u_3)\phi_2(u_4)\phi_3(u_5)\phi_3(u_6)$$

変数 u_2, u_3, u_4 の交換, 及び変数 u_5, u_6 の交換で不変になるように変形する. そのためには, u_2, u_3, u_4 を対称化, u_5, u_6 を対称化すればいい. ここで, 対称化とは, 例えば $f(x)g(y)$ の対称化は $f(x)g(y) + f(y)g(x)$ のことである. 故に

$$\sum_{\sigma}\sum_{\tau}\phi_1(u_1)\phi_2(u_{\sigma(2)})\phi_2(u_{\sigma(3)})\phi_2(u_{\sigma(4)})\phi_3(u_{\tau(5)})\phi_3(u_{\tau(6)})$$

とすればいい. ここで, $\sigma : \{2,3,4\} \to \{2,3,4\}, \tau : \{5,6\} \to \{5,6\}$ は全単射（対称変換という）である. $\sum_{\sigma}$ とは, 全ての全単射について和をとることを意味する. $\sum_{\tau}$ も同様. これを

$$\sum_{\{n_1,\ldots,n_S\}\in M}\prod_{j=1}^{S}\phi_{n_j}(u_j)$$

と書き表す. 対称変換 $\sigma : \{1,\ldots,n\} \to \{1,\ldots,n\}$ の個数は $n!$ 個あるから, 次のようになる.

$$\|\sum_{\sigma}\prod_{j=1}^{m}\phi_n(u_{\sigma(j)})\|^2 = m!$$

また, 粒子数が異なれば直交するので, 一般には $M = \{\ldots, M_{j_1}, \ldots, M_{j_2}, \ldots, M_{j_k}, \ldots,\} \in \mathbb{Z}_{有限}^{\infty}$ で, $\sum_{i=1}^{k} M_{j_i} = S$ とすると

$$\|\Phi_M\|^2 = M_{j_1}! \cdots M_{j_k}!$$

になる. そこで

$$\Psi_M(u_1,\ldots,u_S) = \frac{1}{\sqrt{M_{j_1}!\cdots M_{j_k}!}}\Phi_M(u_1,\ldots,u_S)$$

と規格化する. これは $0! = 1$ と約束すれば, 無限積を用いて

$$\Psi_M(u_1,\ldots,u_S) = \frac{1}{\sqrt{M_1!M_2!\cdots}}\Phi_M(u_1,\ldots,u_S)$$

と表してもいい. ハミルトニアンの作用を一つづつみていこう.
$\mathbb{Z}_{\text{有限}}^{\infty} \ni M = \{\ldots, M_{j_1}, \ldots, M_{j_2}, \ldots, M_{j_k}, \ldots, \}$ に対して

$$\Psi_M(u) = \Psi_M(u_1, \ldots, u_S)$$

と書き表す. 勿論, Ψ_M は M_{j_1} 個の $\phi_{j_1}, \ldots, M_{j_k}$ 個の ϕ_{j_k} の積の
和で

$$\Psi_M(u_1, \ldots, u_S) = \frac{1}{\sqrt{M_{j_1}! \cdots M_{j_k}!}} \sum_{\{n_1, \ldots, n_S\} \in M} \prod_{j=1}^{S} \phi_{n_j}(u_j)$$

のことである. ここから

$$\{n_1, \ldots, n_{M_{j_1}}, n_{M_{j_1}+1}, \ldots, n_{M_{j_1}+M_{j_2}}, \ldots, n_{M_{j_1}+\cdots+M_{j_k}}\}$$
$$= \{\underbrace{j_1, \ldots, j_1}_{M_{j_1}}, \underbrace{j_2, \ldots, j_2}_{M_{j_2}} \cdots, \underbrace{j_k, \ldots, j_k}_{M_{j_k}}\}$$

と名前をつけておく. j_i という同じ名前が M_{j_i} 個存在することを
注意しておく. はじめに

$$H_0 \varphi_k(\xi) \Psi_M(u) = W_k \varphi_k(\xi) \Psi_M(u)$$

となる. H_{f} は

$$H_{l_m} \varphi_k(\xi) \phi_{n_1} \cdots \phi_{n_m} \cdots \phi_{n_S} = h \rho_{n_m} \varphi_k(\xi) \phi_{n_1} \cdots \phi_{n_m} \cdots \phi_{n_S}$$

と定義すれば, $H_{\text{f}} = H_{l_1} + \cdots + H_{l_S}$ と書き表せて,

$$H_{\text{f}} \varphi_k(\xi) \Psi_M(u) = \sum_{j=1}^{S} h \rho_{n_j} \varphi_k(\xi) \Psi_M(u)$$
$$= \sum_{n=0}^{\infty} M_n h \rho_n \varphi_k(\xi) \Psi_M(u)$$

となる．右辺の無限和だが，$M_n h \rho_n$ は $n = j_i$, $i = 1, \ldots, k$, 以外はゼロである．また $h \rho_{j_i}$ は M_{j_i} 回現れるから，実際は $\sum_{n=0}^{\infty} M_n h \rho_n = \sum_{i=1}^{k} M_{j_i} h \rho_{j_i}$ である．

最後に相互作用ハミルトニアン H_w を V_w と書く．

$$V_w = V_{w_1} + \cdots + V_{w_S}$$

として，V_{w_m} を次のように行列表示する．

$$V_{w_m} \varphi_k(\xi) \phi_{n_1}(u_1) \cdots \phi_{n_m}(u_m) \cdots \phi_{n_S}(u_S)$$
$$= \sum_{j=1}^{\infty} \sum_{p=0}^{\infty} V_{kn/jp} \varphi_j(\xi) \phi_{n_1}(u_1) \cdots \phi_p(u_m) \cdots \phi_{n_S}(u_S)$$

ここで $V_{kn/jp}$ は $\varphi_k, \phi_n, \varphi_j, \phi_p$ に依存している複素数である．$\{\phi_p\}$ は基底であるから，ϕ_j を $\phi_j = \sum_{p=0}^{\infty} (\phi_p, \phi_j) \phi_p = \sum_{p=0}^{\infty} \delta_{pj} \phi_p$ と展開できるから

$$\varphi_k(\xi) \phi_{n_1}(u_1) \cdots \phi_{n_k}(u_k)$$
$$= \sum_{p_1, \ldots, p_S}^{\infty} \delta_{n_1 p_1} \cdots \delta_{n_S p_S} \varphi_k(\xi) \phi_{p_1}(u_1) \cdots \phi_{p_S}(u_S)$$

となることに注意する．$V_w = V_{w_1} + \cdots + V_{w_S}$ だから

$$V_w \varphi_k(\xi) \phi_{n_1}(u_1) \cdots \phi_{n_k}(u_k)$$
$$= \sum_{j=1}^{\infty} \sum_{p_1, \ldots, p_S}^{\infty} \sum_{m}^{S} \delta_{n_1 p_1} \cdots V_{kn_m/jp_m} \cdots \delta_{n_S p_S} \varphi_j(\xi) \phi_{p_1}(u_1) \cdots \phi_{p_S}(u_S)$$

ここで，V_w を $\varphi_k \Phi_M$ に作用させると

$$V_w \varphi_k \Phi_M = \sum_{j=1}^{\infty} \sum_{p,n=0}^{\infty} M_n V_{kn/jp} \varphi_j \Phi_{M_0 \ldots M_n - 1 \ldots M_p + 1 \ldots}$$

ここで記号の説明をする. $\sum_{p,n=0}^{\infty}$ と書いているが, 実際は n について の和は $\sum_{n\in\{j_1,\ldots,j_k\}}$ の有限和で, $n=j_i$ を固定して p について の和 $\sum_{p=0}^{\infty}$ は

$$\sum_{p=0}^{\infty} \Phi_{M_0\ldots M_n-1\ldots M_p+1\ldots}$$

$$= \underbrace{\Phi_{M_0,\ldots,M_n,\ldots}}_{p=n \text{ の項}} + \sum_{p=0,p\neq n}^{\infty} \Phi_{M_0\ldots M_n-1\ldots M_p+1\ldots}$$

とする. まとめると

$$H\varphi_k\Phi_M = \left(W_k + \sum_{n=1}^{\infty} h\rho_n M_n\right)\varphi_k\Phi_M$$

$$+ \sum_{j=1}^{\infty}\sum_{p,n=0}^{\infty} M_n V_{kn/jp}\varphi_j\Phi_{M_0\ldots M_n-1\ldots M_p+1\ldots}$$

となる. さらにここで, 規格化されたベクトルを Ψ_M で表示すると

$$\frac{1}{\sqrt{M_0!M_1!\cdots(M_n-1)!\cdots(M_p+1)!\cdots}}\Phi_{M_0\ldots M_n-1\ldots M_p+1\ldots}$$
$$= \Psi_{M_0\ldots M_n-1\ldots M_p+1\ldots}$$

だから

$$H\varphi_k\Psi_M = \left(W_k + \sum_{n=1}^{\infty} h\rho_n M_n\right)\varphi_k\Psi_M$$

$$+ \sum_{j=1}^{\infty}\sum_{p,n=0}^{\infty} \sqrt{M_n(M_p+1-\delta_{np})}V_{kn/jp}\varphi_j\Psi_{M_0\ldots M_n-1\ldots M_p+1\ldots}$$

になる. ここで $n\neq p$ のとき

$$\frac{M_n}{\sqrt{M_0!M_1!\cdots M_n!\cdots M_p!\cdots}}\Phi_{M_0\ldots M_n-1\ldots M_p+1\ldots}$$
$$= \sqrt{M_n(M_p+1)}\Psi_{M_0\ldots M_n-1\ldots M_p+1\ldots}$$

また $n = p$ のとき

$$\frac{M_n}{\sqrt{M_0!M_1!\cdots M_n!\cdots M_p!\cdots}}\Phi_{M_0,\ldots,M_n,\ldots} = M_n\Psi_{M_0,\ldots,M_n,\ldots}$$

となることを注意しておこう. S ごとに次のヒルベルト空間を考える.

$$\ell_2(S) = \left\{ \{a_{kM_0M_1\ldots}\} \mid \sum_{\substack{M_1+M_2+\cdots=S \\ 1 \le k < \infty}} |a_{kM_0M_1\ldots}|^2 < \infty \right\}$$

$L^2(\mathbb{R}^{3l}) \otimes L^2(\mathbb{R}^S)$ の部分空間

$$\mathfrak{H} = L^2(\mathbb{R}^{3l}) \otimes L^2_{対称}(\mathbb{R}^S)$$

を考える. $L^2_{対称}(\mathbb{R}^S)$ は $L^2(\mathbb{R}^S)$ の部分空間で, $L^2_{対称}(\mathbb{R}^S) \ni f(u_1,\ldots,u_S)$ は $f \in L^2(\mathbb{R}^S)$ かつ

$$f(u_1,\ldots,u_S) = f(u_{\sigma(1)},\ldots,u_{\sigma(S)})$$

が任意の $\sigma \in \mathfrak{S}(S)$ で成り立つ対称関数である. 実は $\{\varphi_j\Psi_M\}_{j,M}$ は $\mathfrak{H}$ の CONS になる. そこで $U : \ell_2(S) \to \mathfrak{H}$ を

$$U : \{a_{kM_0M_1\ldots}\} \mapsto \sum_{k,M} a_{kM_0M_1\ldots} \times \varphi_k\Psi_M$$

とすれば, U はユニタリー作用素になる. つまり

$$\ell_2(S) \cong \mathfrak{H}$$

となる．フォン・ノイマンはハミルトニアン H を $\ell_2(S)$ 上で次のように定義する [62, 224 ページ]．

$$H : a_{kM_0M_1\ldots} \mapsto \left(W_k + \sum_{n=1}^{\infty} h\rho_n M_n \right) a_{kM_0M_1\ldots}$$

$$+ \sum_{j=1}^{\infty} \sum_{p,n=0}^{\infty} \sqrt{M_n(M_p + 1 - \delta_{np})} \overline{V_{kn/jp}} a_{jM_0\ldots M_n-1\ldots M_p+1\ldots}$$

一言注意を与える．一般に $U : \ell_2 \to L^2(\mathbb{R})$ は $U\{a_n\} = \sum_n a_n f_n$ で定義する．$\{f_n\}$ は $L^2(\mathbb{R})$ の CONS で $T : L^2(\mathbb{R}) \to L^2(\mathbb{R})$ は自己共役作用素とする．

$$T \sum_n a_n f_n = \sum_n b_n f_n$$

と仮定する．以下，極限の順序交換や定義域などは無視して大雑把に議論すると，

$$U^{-1}TU\{a_n\} = U^{-1}T \sum_n a_n f_n = U^{-1} \sum_n b_n f_n = \{b_n\}$$

なので，$U^{-1}TU\{a_n\} = \{b_n\}$ であるが，フォン・ノイマンは共役 $\overline{V_{kn/jp}}$ をとって H を ℓ_2 上に定義している．

　右辺の第1項は掛け算作用素で粒子数の増減がなく，第2項は，n 番目の粒子が一つ減って，p 番目の粒子が一つ増えたと解釈できる．$\{M_0M_1\ldots\} = \{\ldots, M_{j_1}, \ldots, M_{j_2}, \ldots, M_{j_k}, \ldots,\}$ とする．つまり，$M_{j_i}, i = 1, \ldots, k$, 以外 0. このとき $\sum_{n=0}^{\infty} = \sum_{n \in \{j_1, \ldots, j_k\}}$ になる．$M_{j_1}, \ldots, M_{j_k}$ から一つ粒子が減って，p 番目の粒子数を一つ増やすという構造になっている．H の作用を以下のように書く．

$$H : a_{kM_0M_1\ldots} \mapsto \left(W_k + \sum_{n=1}^{\infty} h\rho_n M_n\right) a_{kM_0M_1\ldots}$$

$$+ \sum_{j=1}^{\infty} M_0 \overline{V_{k0/j0}} a_{jM_0,\ldots}$$

$$+ \sum_{j=1}^{\infty} \sum_{p\geq 1, n=0} \sqrt{M_0(M_p+1)} \overline{V_{k0/jp}} a_{jM_0-1,M_1,\ldots,M_p+1,\ldots}$$

$$+ \sum_{j=1}^{\infty} \sum_{p=0, n\geq 1} \sqrt{M_n(M_0+1)} \overline{V_{kn/j0}} a_{jM_0,M_1,\ldots,M_n-1,\ldots}$$

$$+ \sum_{j=1}^{\infty} \sum_{p\geq 1, n\geq 1} \sqrt{M_n(M_p+1-\delta_{np})} \overline{V_{kn/jp}} a_{jM_0+1,M_1,\ldots,M_n-1,\ldots,M_p+1,\ldots}$$

行列表示なので $V_{kn/jp}$ をみれば, n 番目の粒子が一つ減って, p 番目の粒子が一つ増えることがわかる. 問題を簡単にするために, 真空 ($n = 0$ または $p = 0$) と非真空で粒子の増減がある項だけを残し, 他の項は無視する. つまり, 右辺の第 2 項と第 5 項を落とす. $V_{k0/j0} = 0$ かつ $V_{kn/jp} = 0(n, p \geq 1)$ とすれば, ハミルトニアンは以下のようになる.

$$H : a_{kM_0M_1\ldots} \mapsto \left(W_k + \sum_{n=1}^{\infty} h\rho_n M_n\right) a_{kM_0M_1\ldots}$$

$$+ \sum_{j=1}^{\infty} \sum_{n=1}^{\infty} \sqrt{M_n+1} \frac{\sqrt{M_0}}{\sqrt{S}} \sqrt{S} V_{k0/jn} a_{jM_0-1,M_1,\ldots,M_n+1,\ldots}$$

$$+ \sum_{j=1}^{\infty} \sum_{n=1}^{\infty} \sqrt{M_n} \frac{\sqrt{(M_0+1)}}{\sqrt{S}} \sqrt{S} V_{kn/j0} a_{jM_0+1,M_1,\ldots,M_n-1,\ldots}$$

さて, $S \to \infty$ の極限を考えたい. そこで, 次のようなスケーリングをする.

$$\sqrt{S} V_{k0/jn} = V_{k/jn}, \quad \sqrt{S} V_{kn/j0} = \bar{V}_{j/kn}$$

$M_0/S = \to 1(S \to \infty)$ とする. $V_{k/jn} = w_{jk}^n = \bar{w}_{kj}^n$ とおけば

$$H : a_{kM_0M_1...} \mapsto \left(W_k + \sum_{n=1}^{\infty} h\rho_n M_n\right) a_{kM_1...}$$

$$+ \sum_{j=1}^{\infty}\sum_{n=1}^{\infty} w_{kj}^n \left(\sqrt{M_n+1}a_{jM_1...M_n+1...} + \sqrt{M_n}a_{jM_1...M_n-1...}\right)$$

5　単位時間遷移確率

　この節で [62, III] および [14] に従って単位時間当たりの遷移確率を輻射場の相互作用から求める. 単位時間の遷移確率を求めたいのだから, 基本的に時間 t の 1 次で近似する. つまり 2 次以上の項は落とす. 次のような状況を考える. 電磁場と相互作用している l 個の電子が, 時刻 $t = 0$ で k 番目の励起状態にあるとする. それが時刻 t で光子を一つ放出または吸収して $\bar{k}$ 番目の励起状態に遷移する確率を求める. 具体的には相互作用表示で, 初期状態 $b_{k\bar{M}_1...\bar{M}_n\pm1...}$ がシュレディンガー方程式によって時間発展した時刻 t での状態 $b_{k\bar{M}_1...\bar{M}_n\pm1...}(t)$ を考える. これが $b_{\bar{k}\bar{M}_1...\bar{M}_n...}$ なる確率は

$$|(b_{\bar{k}\bar{M}_1...\bar{M}_n...}, b_{k\bar{M}_1...\bar{M}_n\pm1...}(t))|^2$$

で与えられる. さらに, あらゆる光子の放出と吸収を考えるべきだから, 全ての n の和をとれば

$$\theta_k = \sum_{n=1}^{\infty} |(b_{\bar{k}\bar{M}_1...\bar{M}_n...}, b_{k\bar{M}_1...\bar{M}_n\pm1...}(t))|^2$$

が求めるものである. さらに単位時間当たりの遷移確率を出したい
から, t に対する 1 次近似で

$$\theta_k \approx ct$$

となる c を求めたい. c が単位時間遷移確率になる.

　ℓ_2 上での l 個の電子と輻射場の相互作用ハミルトニアンがわかっ
たので, ℓ_2 上のシュレディンガー方程式を考えよう. $a_{kM_1\ldots}(t)$ は
次を満たす.

$$-\frac{h}{2\pi i}\frac{d}{dt}a_{kM_1\ldots} = \left(W_k + \sum_{n=1}^{\infty} h\rho_n M_n\right)a_{kM_1\ldots}$$
$$+ \sum_{j=1}^{\infty}\sum_{n=1}^{\infty} w_{kj}^n(\sqrt{M_n+1}\,a_{jM_1\ldots M_n+1\ldots} + \sqrt{M_n}\,a_{jM_1\ldots M_n-1\ldots})$$

このシュレディンガー方程式を解くためには

$$H = \underbrace{H_0 + H_{\mathrm{f}}}_{=H_S} + V_w$$

として

$$e^{i\frac{2\pi}{h}H_St}e^{-i\frac{2\pi}{h}Ht}\phi = \Phi_t$$

とおけば

$$\frac{d}{dt}\Phi_t = -i\frac{2\pi}{h}e^{i\frac{2\pi}{h}H_St}V_w e^{-i\frac{2\pi}{h}H_St}\Phi_t$$

になることを使う. Φ_t は相互作用表示と呼ばれる.

$$e^{i\frac{2\pi}{h}H_St}V_w e^{-i\frac{2\pi}{h}H_St}$$

を近似的に計算してみよう. $a_{kM_1\ldots}$ は H_S の固有状態だから

$$V_w e^{-i\frac{2\pi}{h}H_St}a_{kM_1\ldots} = e^{-i\frac{2\pi}{h}(W_k + \sum_{m=1}^{\infty} h\rho_m M_m)t}V_w a_{kM_1\ldots}$$

はすぐにわかる. 勿論, 無限和 $\sum_{m=1}^{\infty} h\rho_m M_m$ で書いてあるが有限個のみ非零であるから, これは有限和である. 相互作用ハミルトニアンの作用は

$$V_w a_{kM_1\ldots}$$
$$= \sum_{j=1}^{\infty} \sum_{n=1}^{\infty} w_{kj}^n (\sqrt{M_n+1}\, a_{jM_1\ldots M_n+1\ldots} + \sqrt{M_n}\, a_{jM_1\ldots M_n-1\ldots})$$

だから, 光子数が ± 1 増減した状態の和であることに注意すると

$$e^{i\frac{2\pi}{h}H_S t} V_w a_{kM_1\ldots}$$
$$= \sum_{j=1}^{\infty} \sum_{n=1}^{\infty} w_{kj}^n (\sqrt{M_n+1}\, e^{i\frac{2\pi}{h}(W_j + \sum_{m=1}^{\infty} h\rho_m M_m + h\rho_n)t} a_{jM_1\ldots M_n+1\ldots}$$
$$+ \sqrt{M_n}\, e^{i\frac{2\pi}{h}(W_j + \sum_{m=1}^{\infty} h\rho_m M_m - h\rho_n)t} a_{jM_1\ldots M_n-1\ldots})$$

になる. 結局全てを合わせると

$$e^{i\frac{2\pi}{h}H_S t} V_w e^{-i\frac{2\pi}{h}H_S t} a_{kM_1\ldots}$$
$$= \sum_{j=1}^{\infty} \sum_{n=1}^{\infty} w_{kj}^n (\sqrt{M_n+1}\, e^{i\frac{2\pi}{h}(W_j - W_k + h\rho_n)t} a_{jM_1\ldots M_n+1\ldots}$$
$$+ \sqrt{M_n}\, e^{i\frac{2\pi}{h}(W_j - W_k - h\rho_n)t} a_{jM_1\ldots M_n-1\ldots})$$

となった. 相互作用表示を取って

$$e^{i\frac{2\pi}{h}H_S t} e^{-i\frac{2\pi}{h}H t} a_{kM_1\ldots} = b_{kM_1,\ldots}(t)$$

とすれば,

$$b_{kM_1\ldots}(t) = b_{kM_1\ldots}(0) + o(t)$$
$$= a_{kM_1\ldots} + o(t)$$

だから, t の 1 次近似で以下が成り立つ.

$$\frac{d}{dt}b_{kM_1\ldots}(t)$$
$$= -i\frac{2\pi}{h}\sum_{j=1}^{\infty}\sum_{n=1}^{\infty}w_{kj}^n\left(e^{-i\frac{2\pi}{h}(W_j-W_k+h\rho_n)t}\sqrt{M_n+1}\,b_{jM_1\ldots M_n+1\ldots}(t)\right.$$
$$\left.+e^{-i\frac{2\pi}{h}(W_j-W_k-h\rho_n)t}\sqrt{M_n}\,b_{jM_1\ldots M_n-1\ldots}(t)\right)$$

状態 $\bar{k},\bar{M}_1,\bar{M}_2,\ldots,$ が与えられたとしよう. つまり, 時刻 $t=0$ で

$$b_{kM_1\ldots}(0)=\begin{cases} a_{\bar{k}\bar{M}_1\ldots}=1 & kM_1\ldots=\bar{k}\bar{M}_1\ldots\\ a_{kM_1\ldots}=0 & kM_1\ldots\neq\bar{k}\bar{M}_1\ldots\end{cases}$$

そうすると, t が十分に小さいとき

$$b_{kM_1\ldots}(t)=\begin{cases} b_{\bar{k}\bar{M}_1\ldots}(0)+o(t)=1+o(t) & kM_1\ldots=\bar{k}\bar{M}_1\ldots\\ b_{kM_1\ldots}(0)+o(t)=o(t) & kM_1\ldots\neq\bar{k}\bar{M}_1\ldots\end{cases}$$

となる. 上述の $b_{kM_1\ldots}(t)$ の微分方程式を解くと次のようになる.

$$b_{k\bar{M}_1\ldots\bar{M}_n+1\ldots}(t)=b_{k\bar{M}_1\ldots\bar{M}_n+1\ldots}(0)$$
$$-i\frac{2\pi}{h}\int_0^t\sum_{j=1}^{\infty}\sum_{m=1}^{\infty}w_{kj}^m$$
$$\times\left(e^{-i\frac{2\pi}{h}(W_j-W_k+h\rho_m)s}\sqrt{M_m+1}\,b_{jM_1\ldots M_m+1\ldots}(s)\right.$$
$$\left.+e^{-i\frac{2\pi}{h}(W_j-W_k-h\rho_m)s}\sqrt{M_m}\,b_{jM_1\ldots M_m-1\ldots}(s)\right)ds$$

ここで, 右辺の被積分関数で $\bar{M}_1=M_1,\ldots\bar{M}_n+1=M_n\ldots$ と置いた. 近似的に被積分関数で生き残るのは $b_{\bar{k}\bar{M}_1\ldots}(t)$ という項だけだから, 被積分関数の第 2 項で $j=\bar{k}$ と M_m-1 の $m=n$ の項, つまり $M_n=1=\bar{M}_n$ だけが生き残るから,

$$b_{k\bar{M}_1\ldots\bar{M}_n+1\ldots}(t) = -i\frac{2\pi}{h}\int_0^t w_{k\bar{k}}^n e^{-i\frac{2\pi}{h}(W_{\bar{k}}-W_k-h\rho_n)s}\sqrt{\bar{M}_n+1}\,ds$$

$$= -w_{k\bar{k}}^n \frac{1-e^{-i\frac{2\pi}{h}(W_{\bar{k}}-W_k-h\rho_n)t}}{W_{\bar{k}}-W_k-h\rho_n}\sqrt{\bar{M}_n+1}$$

同様に

$$b_{k\bar{M}_1\ldots\bar{M}_n-1\ldots}(t) = -i\frac{2\pi}{h}\int_0^t w_{k\bar{k}}^n e^{-i\frac{2\pi}{h}(W_{\bar{k}}-W_k+h\rho_n)s}\sqrt{\bar{M}_n}\,ds$$

$$= -w_{k\bar{k}}^n \frac{1-e^{-i\frac{2\pi}{h}(W_{\bar{k}}-W_k+h\rho_n)t}}{W_{\bar{k}}-W_k+h\rho_n}\sqrt{\bar{M}_n}$$

$|e^{ix}-1|^2 = 2(1-\cos x)$ だから θ_k は次のようになる

$$\theta_k \approx \sum_{n=1}^{\infty}\frac{2}{h^2}(\bar{M}_n+1)|w_{k\bar{k}}^n|^2 \frac{1-\cos 2\pi\left(\rho_n-\frac{W_{\bar{k}}-W_k}{h}\right)t}{\left(\rho_n-\frac{W_{\bar{k}}-W_k}{h}\right)^2}$$

$$+\sum_{n=1}^{\infty}\frac{2}{h^2}\bar{M}_n|w_{k\bar{k}}^n|^2\frac{1-\cos 2\pi\left(\rho_n-\frac{W_k-W_{\bar{k}}}{h}\right)t}{\left(\rho_n-\frac{W_k-W_{\bar{k}}}{h}\right)^2}$$

この表示をフォン・ノイマンに従って積分の形に書き換えよう. 単位体積あたりの光のエネルギー分布を

$$I(\rho)d\rho$$

とする. そうすると, $D \subset \mathbb{R}^3$ の体積 $V = \int_D dxdydz$ の光の全エネルギーは

$$\int_{-\infty}^{\infty} VI(\rho)d\rho = \sum_{n=1}^{\infty} h\rho_n\bar{M}_n$$

になる. $d\rho \ll 1$ と思って

$$\sum_{\substack{n \\ \rho \le \rho_n \le \rho+d\rho}} h\rho_n\bar{M}_n \approx VI(\rho)d\rho$$

だから $\rho \le \rho_n \le \rho + d\rho$ なる光子の個数は以下のように見積もれる.

$$\sum_{\substack{n \\ \rho \le \rho_n \le \rho + d\rho}} \bar{M}_n \approx \frac{VI(\rho)}{h\rho} d\rho$$

命題（ワイルの固有値漸近公式 [80]）

有界領域 $D \subset \mathbb{R}^n$ 上のラプラシアン Δ の $-\lambda$ 以下の固有値の個数 $A(\lambda)$ の漸近挙動は D の体積を V として

$$\frac{A(\lambda)}{\lambda^{n/2}} \to (4\pi)^{-n/2} \Gamma(1 + \frac{n}{2})^{-1} V \quad (\lambda \to \infty)$$

特に, $n = 3$ のときは

$$\frac{A(\lambda)}{\lambda^{3/2}} \to \frac{V}{6\pi^2} \quad (\lambda \to \infty)$$

ワイルの固有値漸近公式から $\Delta \mathfrak{A} = -\frac{4\pi^2 \rho_n^2}{c^2} \mathfrak{A}$ なので, 固有値の漸近挙動は

$$A(\lambda) \approx \frac{V}{6\pi^2} \frac{8\pi^3 \rho_n^3}{c^3} \quad (n \gg 1)$$

故に $\rho \le \rho_n \le \rho + d\rho$ にある光子の個数は, ρ で微分して

$$\frac{8V\pi\rho^2}{c^3} d\rho$$

と思える. まとめると

$$\sum_{\substack{n \\ \rho \le \rho_n \le \rho + d\rho}} (\bar{M}_n + 1) \approx \frac{V(I(\rho) + \frac{8\pi h \rho^3}{c^3})}{h\rho} d\rho$$

$$\sum_{\substack{n \\ \rho \le \rho_n \le \rho + d\rho}} \bar{M}_n \approx \frac{VI(\rho)}{h\rho} d\rho$$

になる. 定義を思い出そう.

$$|w_{kj}^n|^2 = \frac{1}{4\pi^2 c^2} \frac{h}{2\rho_n} \left[\sum_{\nu=1}^{l} \frac{e_\nu}{m_\nu} p_\nu \tilde{\mathfrak{A}}_n^\nu \right]_{kj}^2$$

だった. $\rho \le \rho_n \le \rho + d\rho$ に対して

$$\frac{2}{h^2} |w_{k\bar{k}}^n|^2 = \frac{1}{4\pi^2 c^2 h \rho} w_{k\bar{k}}(\rho)$$

とすれば

$$\nu_{ab} = \frac{W_a - W_b}{h}$$

として

$$\theta_k \approx \frac{V}{4\pi^2 c^2 h^2} \int_0^\infty \left(I(\rho) + \frac{8\pi h \rho^3}{c^3} \right) \frac{1 - \cos 2\pi(\rho - \nu_{\bar{k}k})t}{(\rho - \nu_{\bar{k}k})^2} \frac{w_{k\bar{k}}(\rho)}{\rho^2} d\rho$$
$$+ \frac{V}{4\pi^2 c^2 h^2} \int_0^\infty I(\rho) \frac{1 - \cos 2\pi(\rho - \nu_{k\bar{k}})t}{(\rho - \nu_{k\bar{k}})^2} \frac{w_{k\bar{k}}(\rho)}{\rho^2} d\rho$$

$W_{\bar{k}} > W_k$ のとき $\nu_{\bar{k}k} > 0$ かつ $\nu_{k\bar{k}} < 0$ だから第 1 項目の被積分関数だけが特異点をもち大きくなる. 逆に $W_{\bar{k}} < W_k$ のとき $\nu_{\bar{k}k} < 0$ かつ $\nu_{k\bar{k}} > 0$ だから第 2 項目の被積分関数だけが特異点をもち大きくなる. $W_{\bar{k}} > W_k$ として第 1 項目について考える. $\nu_{k\bar{k}} < 0$ だから積分範囲を $\int_0^\infty$ から $\int_{-\infty}^\infty$ に変えても, 負の部分からの寄与は少ないので近似的には大差がない. よって

$$\int_{-\infty}^\infty \frac{1 - \cos 2\pi(\rho - \nu_{\bar{k}k})t}{(\rho - \nu_{\bar{k}k})^2} d\rho = t\pi \int_{-\infty}^\infty \frac{2\sin^2 x}{x^2} dx = 2\pi^2 t$$

だから

右辺第 1 項目は

$$\approx \frac{V}{4\pi^2 c^2 h^2} \frac{w_{k\bar{k}}(\nu_{\bar{k}k})}{\nu_{\bar{k}k}^2} \left(I(\nu_{\bar{k}k}) + \frac{8\pi h\nu_{\bar{k}k}^3}{c^3} \right) \int_{-\infty}^{\infty} \frac{1 - \cos 2\pi(\rho - \nu_{\bar{k}k})t}{(\rho - \nu_{\bar{k}k})^2} d\rho$$

$$= t\frac{V}{2c^2 h^2} \frac{w_{k\bar{k}}(\nu_{\bar{k}k})}{\nu_{\bar{k}k}^2} \left(I(\nu_{\bar{k}k}) + \frac{8\pi h\nu_{\bar{k}k}^3}{c^3} \right)$$

同様に右辺第 2 項目は

$$右辺第 2 項目 \approx t\frac{V}{2c^2 h^2} \frac{w_{k\bar{k}}(\nu_{k\bar{k}})}{\nu_{k\bar{k}}^2} I(\nu_{k\bar{k}})$$

次に $w_{k\bar{k}}(\rho)$ の評価をする. $\tilde{\mathfrak{A}}_n$ の規格化を思い出そう.

$$\int_D |\tilde{\mathfrak{A}}_n(x, y, z)|^2 dxdydz = 4\pi c^2$$

だった. そこで, 非常にラフに考えると $|\tilde{\mathfrak{A}}_n(x, y, z)|^2 = \gamma_n^2$ とおけ
ば $V\gamma_n^2 = 4\pi c^2$, つまり

$$\gamma_n^2 = \frac{4\pi c^2}{V}$$

フォン・ノイマンは [62, 155 ページ] で次のように評価している.

$$w_{k\bar{k}}(\rho) \approx \left| \sum_{\nu=1}^{l} \frac{e_\nu}{m_\nu} (p_\nu \cdot \mathfrak{A}_n)_{k\bar{k}} \right|^2$$

$$\approx \frac{4\pi c^2}{3V} \left(\left| (\sum_{\nu=1}^{l} \frac{e_\nu}{m_\nu} p_\nu^x)_{k\bar{k}} \right|^2 + \left| (\sum_{\nu=1}^{l} \frac{e_\nu}{m_\nu} p_\nu^y)_{k\bar{k}} \right|^2 + \left| (\sum_{\nu=1}^{l} \frac{e_\nu}{m_\nu} p_\nu^z)_{k\bar{k}} \right|^2 \right)$$

ここで, p_ν を消すために次のトリックを使う.

$$H_0 = \sum_{\nu=1}^{l} \frac{1}{2m_\nu} p_\nu^2 + V(q_1, \ldots, q_l)$$

そうすると，H_0 との交換関係から

$$(p_\nu^x)_{k\bar{k}} = \frac{2\pi i m_\nu}{h}(H_0 q_\nu^x - q_\nu^x H_0)_{k\bar{k}} = \frac{2\pi i m_\nu}{h}(W_k - W_{\bar{k}})(q_\nu^x)_{k\bar{k}}$$
$$= i2\pi m_\nu \nu_{k\bar{k}}(q_\nu^x)_{k\bar{k}}$$

故に

$$w_{k\bar{k}}(\rho) \approx \frac{16\pi^3 c^2}{3V}\nu_{k\bar{k}}^2 W_{k\bar{k}}$$

ここで

$$W_{k\bar{k}} = \left|\left(\sum_{\nu=1}^{l} e_\nu q_\nu^x\right)_{k\bar{k}}\right|^2 + \left|\left(\sum_{\nu=1}^{l} e_\nu q_\nu^y\right)_{k\bar{k}}\right|^2 + \left|\left(\sum_{\nu=1}^{l} e_\nu q_\nu^z\right)_{k\bar{k}}\right|^2$$

は ρ に依っていない．これを θ_k に代入すると V がきれいにキャンセルして次を得る．

$$\theta_k \approx t\frac{8\pi^3}{3h^2}\left\{\left(I(\nu_{\bar{k}k}) + \frac{8\pi h\nu_{\bar{k}k}^3}{c^3}\right) + I(\nu_{k\bar{k}})\right\}W_{k\bar{k}}$$

命題（単位時間当たりの遷移確率 [14]）

電子の励起状態 k と $\bar{k}$ の間の単位時間あたりの遷移確率は次で与えられる．

$$\frac{8\pi^3}{3h^2}\left\{\left(I(\nu_{\bar{k}k}) + \frac{8\pi h\nu_{\bar{k}k}^3}{c^3}\right) + I(\nu_{k\bar{k}})\right\}W_{k\bar{k}}$$

ここで $I(\rho)$ は単位体積あたりの光のエネルギー分布，$\nu_{ab} = \frac{W_a - W_b}{h}$，$W_{k\bar{k}}$ は上で定義したものである．

この結果は次のように解釈される．

(1) $W_{\bar{k}} > W_k$ のとき. つまり $\nu_{\bar{k}k} > 0$ のときは, 毎秒

$$\frac{8\pi^3}{3h^2} I(\nu_{\bar{k}k}) W_{k\bar{k}}$$

の遷移確率. これはボーアの振動数が $\nu_{\bar{k}k}$ の輻射場の強度 $I(\nu_{\bar{k}k})$ に比例し, $\nu_{\bar{k}k}$ のエネルギーの光子を吸収する.

(2) $W_{\bar{k}} < W_k$ のとき. つまり $\nu_{k\bar{k}} > 0$ のときは, 毎秒

$$\frac{8\pi^3}{3h^2} I(\nu_{k\bar{k}}) W_{k\bar{k}}$$

の遷移確率. これはボーアの振動数が $\nu_{\bar{k}k}$ の輻射場の強度 $I(\nu_{\bar{k}k})$ に比例し, $\nu_{\bar{k}k}$ のエネルギーの光子を放出する.

(3) さらに毎秒

$$\frac{64\pi^4}{3hc^3} \nu_{k\bar{k}}^3 W_{k\bar{k}}$$

の遷移確率で輻射場と無関係にエネルギーを放出する. これは, ボーアの振動数の 3 乗 $\nu_{k\bar{k}}^3$ に比例するので非常に大きな確率である. この放出は最低の定常状態, つまり W_k の値に落ちて最終的には静止する.

フォン・ノイマンは (3) の自発的な放出過程はアインシュタインによって既に示されていたが, $w_{k\bar{k}}$ の値が欠けていたと [62, III.6] の最後で指摘している. (1), (2) は現在, 誘導吸収・放出, (3) は自然放出と呼ばれている.

第6章

可換な自己共役作用素と同時対角化

1 可換な自己共役作用素

作用素の可換性の概念は量子力学で非常に重要である．その重要性は，次章の測定の理論で明らかになるだろう．有界作用素 A と B の可換性の定義は自明である．つまり $AB = BA$ のとき可換であるという．しかし，非有界作用素 A, B の場合，AB と BA の定義域が一般には異なるので注意が必要である．

A, B の可換性の意味を厳密に述べよう．A, B は一般に非有界作用素なので定義域が全体に広がっていない．単純に $AB = BA$ と書いても左辺と右辺の定義域が異なり意味をなさない．

> **命題（単位の分解の可換性とユニタリー群の可換性）**
>
> S と T をヒルベルト空間 $\mathfrak{H}$ 上の自己共役作用素とし，夫々に付随する単位の分解を E と F とする．このとき，
>
> $$e^{isS}e^{itT} = e^{itT}e^{isS}, \ \forall s, t \in \mathbb{R}$$
> $$\Longleftrightarrow$$
> $$[E(J_1), F(J_2)] = 0, \ \forall J_1, J_2 \in \mathcal{B}(\mathbb{R})$$

証明. ($\Longleftarrow$) 次の恒等式が成り立つ.

$$(f, e^{isS}e^{itT}g) = (e^{-isS}f, e^{itT}g) = \int e^{it\lambda}d(e^{-isS}f, E_\lambda g)$$

$$(f, e^{itT}e^{isS}g) = \int e^{it\lambda}d(f, E_\lambda e^{isS}g)$$

2 つの測度 $(e^{-isS}f, E(\cdot)g)$ と $(f, E(\cdot)e^{isS}g)$ が等しいことを示そう. $E(A)F(B) = F(B)E(A)$ だから

$$(f, e^{isS}E(A)g) = \int e^{is\mu}d(f, F_\mu E(A)g)$$
$$= \int e^{is\mu}d(f, E(A)F_\mu g) = (f, E(A)e^{isS}g)$$

故に, 2 つの測度は等しいから, $(f, e^{isS}e^{itT}g) = (f, e^{itT}e^{isS}g)$ となる.

($\Longrightarrow$) $f \in \mathscr{S}$ を急減少関数とする. f のフーリエ変換を $\hat{f}$ と表わした. 任意の $\Phi, \Psi \in \mathfrak{H}$ に対して

$$\int_{\mathbb{R}} \hat{f}(s)(\Phi, e^{isS}\Psi)ds = \int_{\mathbb{R}} \hat{f}(s)\left\{\int_{\mathbb{R}} e^{is\lambda}d(\Phi, E_\lambda \Psi)\right\}ds$$
$$= \sqrt{2\pi}\int_{\mathbb{R}} f(\lambda)d(\Phi, E_\lambda \Psi)$$
$$= \sqrt{2\pi}(\Phi, f(S)\Psi)$$

故に

$$(\Phi, f(S)\Psi) = \frac{1}{\sqrt{2\pi}}\int_{\mathbb{R}} \hat{f}(s)(\Phi, e^{isS}\Psi)ds$$

同様に

$$(\Phi, f(S)g(T)\Psi) = \frac{1}{2\pi} \iint_{\mathbb{R}^2} \hat{f}(s)\hat{g}(t)(\Phi, e^{isS}e^{itT}\Psi)dsdt$$
$$= \frac{1}{2\pi} \iint_{\mathbb{R}^2} \hat{f}(s)\hat{g}(t)(\Phi, e^{itT}e^{isS}\Psi)dsdt$$
$$= (\Phi, g(T)f(S)\Psi)$$

よって

$$f(S)g(T) = g(T)f(S)$$

が従う. 2 つの開区間 $(a,b), (c,d)$ の定義関数を $\mathbb{1}_{(a,b)}, \mathbb{1}_{(c,d)}$ と表わす.

$$f_n(x) \to \mathbb{1}_{(a,b)}(x) \qquad g_n(x) \to \mathbb{1}_{(c,d)}(x) \quad (n \to \infty)$$

のように各点収束する一様有界な $\mathscr{S}$ の列 $\{f_n\}, \{g_n\}$ をとることができる. このとき,

$$(\Psi, f_n(S)g_n(T)\Phi) = (\Psi, g_n(T)f_n(S)\Phi)$$

がなりたち, 極限で

$$(\Psi, E((a,b))F((c,d))\Phi) = (\Psi, F((c,d))E((a,b))\Phi)$$

L_1 と L_2 を開区間の有限個の和集合とすると,

$$(\Psi, E(L_1)F(L_2)\Phi) = (\Psi, F(L_2)E(L_1)\Phi)$$

となる. 極限操作で $\mathbb{R}$ の任意のボレル集合 J_1, J_2 に対して

$$(\Psi, E(J_1)F(J_2)\Phi) = (\Psi, F(J_2)E(J_1)\Phi)$$

が示せる. [終]

　上の事実から, 自己共役作用素 A と B が可換であることを次のように定義する.

> **可換な自己共役作用素の定義**
>
> 自己共役作用素 A と B に付随する単位の分解 E と F が
>
> $$[E(J_1), F(J_2)] = 0 \quad \forall J_1, J_2 \in \mathcal{B}$$
>
> となるとき A と B は可換という.

勿論, ユニタリー e^{isA} と e^{itB} が $\forall s, t \in \mathbb{R}$ で可換といっても同じである.

(例 1) 運動量作用素 p_i, p_j は可換である. 実際次が容易に示せる.

$$e^{itp_i}e^{isp_j} = e^{isp_j}e^{itp_i}$$

(例 2) 運動量作用素 p_i と位置作用素 q_j は $i \neq j$ のとき可換である. 実際次が示せる.

$$e^{itp_i}e^{isq_j} = e^{isq_j}e^{itp_i}$$

$X, Y \in \mathcal{B}(\mathbb{R})$ として, 自己共役作用素 A と B が可換なとき, 極限操作で $\mathbb{1}_X(A)$ と $\mathbb{1}_Y(B)$ も可換になる. A と B の単位の分解を E, F とすると

$$(f, \mathbb{1}_X(A)\mathbb{1}_Y(B)g) = (f, E(X)F(Y)g)$$

が成り立つから,

$$(f, \mathbb{1}_{X \times Y}(A, B)g) = \int \mathbb{1}_{X \times Y}(\lambda, \mu)d(f, E_\lambda F_\mu g)$$

と形式的に表せる. 実は次が示せる.

命題（可換な自己共役作用素に付随した単位の分解）

$A_1, \ldots, A_n$ は互いに可換な自己共役作用素とする．このとき $\mathcal{B}(\mathbb{R}^n)$ 上の単位の分解 E が存在して，次が成り立つ．

$$f \in \mathrm{D}(A_j) \iff \int_{\mathbb{R}^n} |\lambda_j|^2 d\|E_\lambda f\|^2 < \infty$$

$$(f, A_j g) = \int_{\mathbb{R}^n} \lambda_j d(f, E_\lambda g)$$

上の単位の分解を用いて $A_1, \ldots, A_n$ の関数 $h(A_1, \ldots, A_n)$ を以下で定義する．

可換な自己共役作用素の関数の定義

$A_1, \ldots, A_n$ は互いに可換な自己共役作用素とする．可測関数 $h : \mathbb{R}^n \to \mathbb{C}$ に対して $h(A_1, \ldots, A_n) = h_A$ を次で定義する．

$$f \in \mathrm{D}(h_A) \iff \int_{\mathbb{R}^n} |h(\lambda_1, \ldots, \lambda_n)|^2 d\|E_\lambda f\|^2 < \infty$$

$$(f, h_A g) = \int_{\mathbb{R}^n} f(\lambda_1, \ldots, \lambda_n) d(f, E_\lambda g)$$

（例 3） p_j, $j = 1, \ldots, n$, は可換であった．よって $\mathcal{B}(\mathbb{R}^n)$ 上の単位の分解 E が存在して

$$(f, -\Delta g) = \int_{\mathbb{R}^n} |\lambda|^2 d(f, E_\lambda g)$$

と表すことができる．同様に，

$$(f, e^{-it\Delta} g) = \int_{\mathbb{R}^n} e^{-it|\lambda|^2} d(f, E_\lambda g)$$

2　純粋離散スペクトルをもつ作用素の同時対角化

　フォン・ノイマンに従って可換な有界自己共役作用素の集合について考えてみよう. 次のような $B(\mathfrak{H})$ の部分空間 $\mathfrak{M}$ を考える.

---フォン・ノイマン代数の定義-------------

$\mathfrak{M} \subset B(\mathfrak{H})$ が以下を満たすときフォン・ノイマン代数という.

(1) $A, B \in \mathfrak{M}, a, b \in \mathbb{C}$ ならば $aA + bB \in \mathfrak{M}$

(2) $\mathbb{1} \in \mathfrak{M}$

(3) $A, B \in \mathfrak{M}$ ならば $AB \in \mathfrak{M}$

(4) $A \in \mathfrak{M}$ ならば $A^* \in \mathfrak{M}$

(5) 弱位相で閉じている

交換子代数 $\mathfrak{M}'$ を

$$\mathfrak{M}' = \{A \in B(\mathfrak{H}) \mid [A, X] = 0 \ \forall X \in \mathfrak{M}\}$$

と定める. 同様に $\mathfrak{M}'' = (\mathfrak{M}')'$ とする. フォン・ノイマン代数 $\mathfrak{M}$ が $\mathfrak{M} \subset \mathfrak{M}'$ のとき可換という.

$$\mathfrak{M}_0 = \{A \in \mathfrak{M} \mid A = A^*\}$$

は $\mathfrak{M}$ の元で自己共役作用素だけを集めたもので, $\mathbb{R}$ 上の線形空間になっていて, $\mathfrak{M}$ の実部分代数になる. これを実フォン・ノイマン代数という. ここで, 定義したフォン・ノイマン代数, 実フォン・ノイマン代数は第 14 章で改めて説明する.

　特別な場合を考えよう. これはフォン・ノイマンが 与えている例である.

> **命題（同時対角化可能 [62, 90 ページ]([93, 135 ページ])）**
>
> $\#\mathfrak{M}_0 = n < \infty$ で，任意の $A \in \mathfrak{M}_0$ のスペクトルは純粋に離散スペクトルと仮定する．このとき，次が成り立つ．
>
> 　$\mathfrak{M}_0$ が可換 $\Longleftrightarrow$
> 　$\mathfrak{M}_0$ の全ての元の同時固有ベクトルからなる CONS が存在

証明．$(\Longrightarrow)$ 任意の $A \in \mathfrak{M}_0$ を固定する．

$$\mathfrak{H}_\lambda = \overline{\mathscr{L}\{f \in \mathfrak{H} \mid Af = \lambda f\}}$$

とする．$E_\lambda : \mathfrak{H} \to \mathfrak{H}_\lambda$ を射影作用素とする．$B \in \mathfrak{M}_0$ に対して $AB - BA = 0$ だから，$f \in \mathfrak{H}_\lambda$ のとき $ABf = \lambda Bf$．故に $Bf \in \mathfrak{H}_\lambda$ だから B は $\mathfrak{H}_\lambda$ を不変にしている．故に，$E_\lambda B E_\lambda = B E_\lambda$．共役をとれば $E_\lambda B E_\lambda = E_\lambda B$ だから $E_\lambda B = B E_\lambda$ になる．A, B が可換のとき，$E_\lambda B = B E_\lambda$ を導いた．全く同様に

$$\mathfrak{K}_\mu = \overline{\mathscr{L}\{f \in \mathfrak{H} \mid Bf = \mu f\}}$$

として $F_\mu : \mathfrak{K} \to \mathfrak{K}_\mu$ を射影作用素とすれば，E_λ, B の可換性から，E_λ, F_μ が可換であることがわかる．以上から，任意の $A_i, A_j \in \mathfrak{M}_0$ の固有空間への射影作用素 E_λ^i と E_μ^j は可換になる．そこで

$$\mathfrak{K}(\lambda_1, \ldots, \lambda_n) = E_{\lambda_1}^1 \cdots E_{\lambda_n}^n$$
$$\{\lambda_1, \ldots, \lambda_n\} \in \sigma(A_1) \times \cdots \times \sigma(A_n)$$

とする．　$\mathfrak{K}(\lambda_1, \ldots, \lambda_n)$ も射影作用素で $\{\lambda_1, \ldots, \lambda_n\} \neq \{\lambda_1', \ldots, \lambda_n'\}$ ならば

$$\mathfrak{K}(\lambda_1, \ldots, \lambda_n)\mathfrak{H} \perp \mathfrak{K}(\lambda_1', \ldots, \lambda_n')\mathfrak{H}$$

がわかる. $\mathfrak{K}(\lambda_1,\ldots,\lambda_n)\mathfrak{H} \ni f$ は $A_i f = \lambda_i f$, $i = 1,\ldots n$, を満たす. つまり同時固有ベクトルである. ゼロでない $f \in \mathfrak{H}$ に対して, $E^1_{\lambda_1} f \neq 0$ となる λ_1 が存在する. なぜならば, A_1 は純粋に離散的なスペクトルしかもたないので, $E^1_\lambda f = 0$ が, 任意の $\lambda \in \sigma(A_1)$ でいえたら, $f = 0$ になってしまうからである. 同様に $E^2_{\lambda_2} E^1_{\lambda_1} f \neq 0$ となる λ_2 が存在する. 帰納的に $\mathfrak{K}(\lambda_1,\ldots,\lambda_n)f \neq 0$ となる $\{\lambda_1,\ldots,\lambda_n\}$ が少なくとも一つ存在するから $(g, \mathfrak{K}(\lambda_1,\ldots,\lambda_n)f) = 0$ が任意の $f \in \mathfrak{H}$, 任意の $\{\lambda_1,\ldots,\lambda_n\} \in \sigma(A_1) \times \cdots \times \sigma(A_n)$ に対して成り立てば $g = 0$ となる. 故に

$$\mathfrak{H} = \bigoplus_{\{\lambda_1,\ldots,\lambda_n\} \in \sigma(A_1) \times \cdots \times \sigma(A_n)} \mathfrak{K}(\lambda_1,\ldots,\lambda_n)\mathfrak{H}$$

となる. 部分空間 $\mathfrak{K}(\lambda_1,\ldots,\lambda_n)\mathfrak{H}$ の CONS として $\{e_m^{\lambda_1,\ldots,\lambda_n}\}_m$ を選ぶ. その次元は, 固有値の族 $\{\lambda_1,\ldots,\lambda_n\}$ に依存し,

$$A_i e_m^{\lambda_1,\ldots,\lambda_n} = \lambda_i e_m^{\lambda_1,\ldots,\lambda_n} \quad i = 1,\ldots,n$$

を満たす.

$$\left\{ e_m^{\lambda_1,\ldots,\lambda_n} \;\middle|\; \begin{array}{l} 1 \leq m \leq \dim\mathfrak{K}(\lambda_1,\ldots,\lambda_n)\mathfrak{H} \\ \{\lambda_1,\ldots,\lambda_n\} \in \sigma(A_1) \times \cdots \times \sigma(A_n) \end{array} \right\}$$

が $\mathfrak{H}$ の CONS で, 求めるものである.

($\Longleftarrow$) こちらは簡単. $\{e_n\}$ を同時固有ベクトルからなる CONS とする. 任意の $f \in \mathfrak{H}$ は $f = \sum_{n=1}^{\infty} a_n e_n$ と展開できるのだから

$$ABf - BAf = \sum_{n=1}^{\infty} a_n(AB - BA)e_n = 0 \text{ で, } [A, B] = 0. \text{ [終]}$$

この事実から離散スペクトルしかもたない有界な自己共役作用素の有限集合 $\mathfrak{M}_0$ は, 全ての元の同時固有ベクトルからなる CONS

をもつことが, 可換性の必要十分条件でることがわかる. さて, $\mathfrak{M}_0 = \{A_1, \ldots, A_n\}$ が上のような可換な有界自己共役作用素の集合で, 離散スペクトルしかもたないものとする. $\{e_m\}_m$ を同時固有ベクトルからなる CONS とし,

$$\sigma(A_j) = \{\lambda_m^j\}_m$$

とおこう. $A_j e_m = \lambda_m^j e_m$ である. $\mathfrak{M}_0$ の元を同時固有ベクトルの CONS で形式的に行列表示すれば同時に対角化できる. 任意の $A_i \in \mathfrak{M}_0$ は

$$A_i = \begin{pmatrix} \lambda_1^i & & 0 \\ & \lambda_2^i & \\ 0 & & \ddots \end{pmatrix} \quad i = 1, \ldots, n$$

と思ってもいい.

いま $(\kappa_j) \subset \mathbb{R}$ は有界な数列とする. この数列を一つ固定して $R : \mathfrak{H} \to \mathfrak{H}$ を次で定める. $x \in \mathfrak{H}$ に対して

$$Rx = \sum_m \kappa_m (e_m, x) e_m$$

そうすると

$$\|Rx\|^2 = \sum_m |(e_m, x)|^2 |\kappa_m|^2 \leq \sup_m |\kappa_m|^2 \|x\|^2$$

だから, R は有界な自己共役作用素になり, 離散スペクトルのみをもつ. 実際 $\sigma(R) = \{\kappa_j\}$. さらに, $P_{\{e_m\}}$ を e_m への射影作用素とすれば, R の単位の分解は

$$E_\lambda = \sum_{\substack{m \\ \text{ただし} \kappa_m \leq \lambda}} P_{\{e_m\}}$$

で与えられる. 実際

$$\int \lambda d(f, E_\lambda g) = (f, \sum_m \kappa_m (e_m, g) e_m) = (f, Rg)$$

となる. いま, $f_j : \mathbb{R} \to \mathbb{R}$ を次のように定める

$$f_j(\lambda) = \begin{cases} \lambda_m^j & \lambda = \kappa_m \\ \text{任意} & \text{その他} \end{cases}$$

そうすると $f_j(R) = A_j$ となる. 何故ならば

$$(f, f_j(R) e_m) = \int f_j(\lambda) d(f, E_\lambda e_m) = f_j(\kappa_m)(f, e_m)$$
$$= \lambda_m^j (f, e_m) = (f, A_j e_m)$$

以上より, 全ての $A_j \in \mathfrak{M}_0$ が

$$A_j = \int f_j(\lambda) dE_\lambda$$

と表せた. これは, 同時対角化のいい換えに過ぎないが, 一般の $\mathfrak{M}_0$ を考察するときには威力を発揮する. 一般の $\mathfrak{M}_0$ では, その元のスペクトルは一般には連続スペクトルを含み, 形式的な対角行列のような表現はあまり役立たない. そこでスペクトル分解の形が有用になるのである.

3 連続スペクトルをもつ作用素の同時対角化

  前節の議論を連続なスペクトルの場合に拡張しよう. まさにフォン・ノイマンの初期の数学を知る絶好な例であると思える. 連続と離散には大きな相違が存在する. フォン・ノイマンは [59, 61] で連続スペクトルをもつ自己共役作用素の同時対角化を巧みな方法で証明

している．ここでは主に『Zur Algebra der Funktionaloperationen und Theorie der normalen Operatoren』[59] から抜粋してフォン・ノイマンの議論を紹介する．

可換な実フォン・ノイマン代数 $\mathfrak{M}$ を考えよう．f, g は有界な関数とする．単位の分解 E_λ に対して $A = \int f(\lambda) dE_\lambda$ と $B = \int g(\lambda) dE_\lambda$ は可換である．つまり

$$AB = \int f(\lambda) g(\lambda) dE_\lambda = BA$$

逆に $\mathfrak{M}$ が可換なとき，ある単位の分解 E_λ が存在して $\forall T \in \mathfrak{M}$ は

$$T = \int f(\lambda) dE_\lambda$$

のように表せるのである．

純粋離散スペクトルをもつ場合に，E_λ は同時固有ベクトルへの射影作用素の和であったが，一般の場合は，連続と離散を繋ぐ何らかの操作が必要である．フォン・ノイマンはカントール集合を巧みに使ってそれを成し遂げた．目標は次である．$\mathfrak{M}$ を可分なヒルベルト空間 $\mathfrak{H}$ 上の可換な実フォン・ノイマン代数とする．このとき，$\mathfrak{M}$ の任意の元は一つの有界自己共役作用素 A の関数で表せることを示す．これを示すためにまず以下を示そう．

> **命題（$\mathfrak{M}$ の射影作用素による特徴づけ [59, 定理 1]）**
>
> A を有界な自己共役作用素とし，それに付随する単位の分解を E とする．このとき次が成立する．
>
> $$A \in \mathfrak{M} \iff \{ E((-\infty, \lambda]) \mid \lambda \in \mathbb{R} \} \subset \mathfrak{M}$$

フォン・ノイマンの論文 [59] では

$$A \in \mathfrak{M} \iff$$
$$\{E((-\infty, \lambda]) \mid \lambda < 0\} \cup \{\mathbb{1} - E((-\infty, \lambda]) \mid \lambda \geq 0\} \subset \mathfrak{M}$$

となっている.

証明. ($\impliedby$) $\|A\| < c$ とする. $\Delta : -c = \lambda_0 < \lambda_1 < \ldots < \lambda_n = c$ を区間 $[-c, c]$ の分割とする. 分割 Δ に対して $A_\Delta \in \mathfrak{M}$ を

$$A_\Delta = \sum_{j=0}^{n-1} \lambda_j E((\lambda_j, \lambda_{j+1}])$$

で定めると, $A_\Delta \in \mathfrak{M}$.

$$(f, A_\Delta g) = \int \sum_{j=0}^{n-1} \lambda_j \mathbb{1}_{(\lambda_j, \lambda_{j+1}]}(\lambda) d(f, E_\lambda g)$$

ここで,

$$\lim_{|\Delta| \to 0} \sum_{j=0}^{n-1} \lambda_j \mathbb{1}_{(\lambda_j, \lambda_{j+1}]}(\lambda) = \lambda$$

だからルベーグの優収束定理から

$$\lim_{|\Delta| \to 0} (f, A_\Delta g) = \int \lambda d(f, E_\lambda g) = (f, Ag)$$

となる. よって, A は A_Δ の弱極限だからフォン・ノイマン代数の定義から $A \in \mathfrak{M}$ である.

($\implies$) 各 $\mu \in \mathbb{R}$ に対して

$$E((-\infty, \mu]) = \int \mathbb{1}_{(-\infty, \mu]}(\lambda) dE_\lambda$$

を A の多項式の弱極限で表せばいい. ちなみに, $\mathfrak{M}$ は代数だから任意の多項式 P に対して $P(A) \in \mathfrak{M}$. ワイエルシュトラスの近似

定理により有界閉区間上の連続関数は多項式で一様に近似できることを思い出そう. 例えば, $C([-c, c]) \ni f$ に対して, 次を満たす多項式の列 P_n が存在する.

$$\sup_{x \in [-c, c]} |f(x) - P_n(x)| \to 0$$

$\mathbb{1}_{[-c, \mu]}(\lambda)$ を多項式で近似したいのだが, $\mathbb{1}_{[-c, \mu]}(\lambda)$ は連続関数ではない. ちょうど $\lambda = \mu$ で跳ね上がっている. 細かいことだが, フォン・ノイマンもこの部分に [59, 391-392 ページ] でこだわっている. そこで

$$q_\varepsilon(\lambda) = \begin{cases} 1 & -c \leq \lambda \leq \mu \\ \leq 1 & \mu < \lambda \leq \mu + \varepsilon \\ 0 & \lambda > \mu + \varepsilon \end{cases}$$

とすると $(f, q_\varepsilon(A)g) = \int q_\varepsilon(\lambda) d(f, E_\lambda g)$ だから, ルベーグの収束定理より

$$\lim_{\varepsilon \to 0} \int q_\varepsilon(\lambda) d(f, E_\lambda g) = \int \mathbb{1}_{[-c, \mu]}(\lambda) d(f, E_\lambda g)$$

故に $q_\varepsilon(A) \to \mathbb{1}_{[-c, \mu]}(A)$ に弱収束する. 一方

$$\lim_{n \to \infty} \sup_{x \in [-c, c]} |q_\varepsilon(x) - P_n(x)| = 0$$

となる多項式列 P_n が存在するから,

$$(f, E((-\infty, \mu])g) - (f, P_n(A)g)$$
$$= \int (\mathbb{1}_{[-c, \mu]}(\lambda) - q_\varepsilon(\lambda)) d(f, E_\lambda g) + \int (q_\varepsilon(\lambda) - P_n(\lambda)) d(f, E_\lambda g)$$

複素測度なので注意が必要だが, 三角不等式と第 2 巻第 9 章で紹介したスペクトル測度のシュワルツの不等式を使えば

$$\frac{1}{2}|(f, E((-\infty, \mu])g) - (f, P_n(A)g)|^2$$

$$\leq \int |\mathbb{1}_{[-c,\mu]}(\lambda) - q_\varepsilon(\lambda)| d\|E_\lambda f\|^2 \int |\mathbb{1}_{[-c,\mu]}(\lambda) - q_\varepsilon(\lambda)| d\|E_\lambda g\|^2$$

$$+ \int |q_\varepsilon(\lambda) - P_n(\lambda)| d\|E_\lambda f\|^2 \int |q_\varepsilon(\lambda) - P_n(\lambda)| d\|E_\lambda g\|^2$$

なので,

$$\lim_{n \to \infty} |(f, E((-\infty, \mu])g) - (f, P_n(A)g)| = 0$$

つまり, $P_n(A)$ は $E((-\infty, \mu])$ に弱収束するから $E((-\infty, \mu]) \in \mathfrak{M}$.
[終]

$B \subset B(\mathfrak{H})$ とする. $\mathfrak{R}(B)$ を B を含む最小の実フォン・ノイマン代数とする. A を有界な自己共役作用素とする. E をその単位の分解として $\mathcal{E}(A) = \{E((-\infty, \lambda]) \mid \lambda \in \mathbb{R}\}$ とする. このとき

$$\mathfrak{M} = \mathfrak{R}(\{\mathcal{E}(A) \mid A \in \mathfrak{M}\})$$

はすでに示した. これを離散近似したい.

ヒルベルト空間 $\mathfrak{H}$ 上の一様有界な有界作用素の集合 $\mathfrak{M}_b$ を

$$\mathfrak{M}_b = \{A \in B(\mathfrak{H}) \mid \|A\| \leq b\}$$

とする. 次の一般論が知られている.

命題 (フォン・ノイマンの稠密性定理) ─────────

ヒルベルト空間 $\mathfrak{H}$ は可分とし $\mathfrak{N} \subset \mathfrak{M}_b$ とする. このとき, 可算個の元からなる稠密な部分集合 $\{A_n\} \subset \mathfrak{N}$ が存在する. 特に, $\{\mathcal{E}(A) \mid A \in \mathfrak{M}\}$ に含まれる可算個の元からなる部分集合 $\{P_j\}$ で $\mathfrak{M} = \mathfrak{R}(\{P_j\})$ となるものが存在する.

ここで, P_j は全て射影作用素で互いに可換である. ここまでで $\mathfrak{M}$

は可算個の互いに可換な射影作用素から生成される実フォン・ノイマン代数であることがわかった.

　フォン・ノイマンは [59, 定理 10] で $\{P_j\}$ から単調な射影の列を構成している. やや複雑だがフォン・ノイマンのアイデアを体現するために概観しよう. 射影作用素の代数的な関係式を確認する. $P_j \mathfrak{H} = E_j$ とする.

(1) $\mathbb{1} - P_j = P_{E_j^c}$
(2) $P_i P_j = P_{E_i \cap E_j}$
(3) $P_i + P_j - P_i P_j = P_{E_i \cup E_j}$

が成り立つ. 最後の式がややこしいがよく考えればわかる. (1) は補集合, (2) は交わり, (3) は和集合への射影作用素を表している. $\{P_j\}$ には勿論全順序は入っていない. そこでフォン・ノイマンは帰納的に単調な射影作用素の列を以下のように構成する.

$$F_1 = P_1$$

とする. $F_1' = F_1$ とおく. 上の (1) (2) (3) を念頭において F_2, F_3 を次で定める.

$$F_2 = P_2 F_1'$$
$$F_3 = F_1' + P_2 (\mathbb{1} - F_1')$$

そうすると

$$F_2 \le F_1' \le F_3$$

の大小関係がすぐにわかるから, ダッシュを外して

$$F_2 \le F_1 \le F_3$$

となる. これを便宜的に小さい方から番号を付け直して

$$F_1' \leq F_2' \leq F_3'$$

とする. $F_4 \sim F_7$ を次のように定める.

$$F_4 = P_3 F_1'$$
$$F_5 = F_1' + P_3(F_2' - F_1')$$
$$F_6 = F_2' + P_3(F_3' - F_2')$$
$$F_7 = F_3' + P_3(\mathbb{1} - F_3')$$

構成の仕方から, $F_4 \sim F_7$ と $F_1' \sim F_3'$ の大小関係はすぐに

$$F_4 \leq F_1' \leq F_5 \leq F_2' \leq F_6 \leq F_3' \leq F_7$$

であることがわかる. ダッシュを外して

$$F_4 \leq F_2 \leq F_5 \leq F_1 \leq F_6 \leq F_3 \leq F_7$$

となる. 再度, 便宜的に小さい方から番号を付け直して,

$$F_1' \leq F_2' \leq F_3' \leq F_4' \leq F_5' \leq F_6' \leq F_7'$$

とする. 同様に $F_8 \sim F_{15}$ を次のように定める.

$$F_8 = P_4 F_1'$$
$$F_9 = F_1' + P_4(F_2' - F_1')$$
$$F_{10} = F_2' + P_4(F_3' - F_2')$$
$$F_{11} = F_3' + P_4(F_4' - F_3')$$
$$F_{12} = F_4' + P_4(F_5' - F_4')$$
$$F_{13} = F_5' + P_4(F_6' - F_5')$$
$$F_{14} = F_6' + P_4(F_7' - F_6')$$
$$F_{15} = F_7' + P_4(\mathbb{1} - F_7')$$

そうすると $F_8 \sim F_{15}$ と $F_1' \sim F_7'$ の大小関係はすぐに

$$F_8 \leq F_1' \leq F_9 \leq F_2' \leq F_{10} \leq F_3' \leq F_{11}$$
$$\leq F_4' \leq F_{12} \leq F_5' \leq F_{13} \leq F_6' \leq F_{14} \leq F_7' \leq F_{15}$$

となるから

$$F_8 \leq F_4 \leq F_9 \leq F_2 \leq F_{10} \leq F_5 \leq F_{11}$$
$$\leq F_1 \leq F_{12} \leq F_6 \leq F_{13} \leq F_3 \leq F_{14} \leq F_7 \leq F_{15}$$

これを繰り返す。一般の場合も示しておこう。$m-1$ 回目で便宜的に小さい方から番号をつけて

$$F_1' \leq \ldots \leq F_{2^{m-1}-1}'$$

となったとき $F_{2^{m-1}} \sim F_{2^m-1}$ を次で定める。

$$F_{2^{m-1}} = P_m F_1'$$
$$F_{2^{m-1}+1} = F_1' + P_m(F_2' - F_1')$$
$$F_{2^{m-1}+2} = F_2' + P_m(F_3' - F_2')$$
$$\cdots$$
$$F_{2^m-2} = F_{2^{m-1}-2}' + P_m(F_{2^{m-1}-1}' - F_{2^{m-1}-2}')$$
$$F_{2^m-1} = F_{2^{m-1}-1}' + P_m(\mathbb{1} - F_{2^{m-1}-1}')$$

そうすると $F_{2^{m-1}} \sim F_{2^m-1}$ と $F_1' \sim F_{2^{m-1}-1}'$ の大小関係はすぐに

$$F_{2^{m-1}} \leq F_1' \leq F_{2^{m-1}+1} \leq \ldots \leq F_{2^m-2} \leq F_{2^{m-1}-1}' \leq F_{2^m-1}$$

となる。ここで，ダッシュのついた F_j' をダッシュのついていなものに戻して，順序のついた射影作用素が構成できる。また P_m を F_j の線形和で表すこともできる。以下のようになる。

$$P_m = F_{2^{m-1}} + (F_{2^{m-1}+1} - F_1') + \cdots + (F_{2^m+1} - F_{2^{m-1}-1}')$$

さて，射影作用素の族 $\{F_n\}$ をこの順に実軸に割り振って単位の分解を構成しよう．$I = [0, 1]$ 上のカントール集合 C は次のように定義するのだった．I を 3 等分して中央の半開区間 $[1/3, 2/3)$ を I_1 とする．残った左右の区間をそれぞれ 3 等分して中央の半開区間に左から番号をつける $I_2 = [1/9, 2/9)$, $I_3 = [7/9, 8/9)$．つまり

$$I_2, I_1, I_3$$

と区間が並ぶ．これを続けると，次は区間が

$$I_4, I_2, I_5, I_1, I_6, I_3, I_7$$

と並ぶ．これを繰り返して

$$C = I \setminus \cup_{i=1}^{\infty} I_i$$

がカントール集合だった．そのルベーグ測度はゼロである．想像できるように I_i と F_i が同じ順番に並んでいる！ $E((-\infty, \lambda]) = E(\lambda)$ とかく．$\lambda \in \cup_{i=1}^{\infty} I_i$ に対して

$$E(\lambda) = F_i \quad \lambda \in I_i$$

と定める．このとき

$$E(\lambda) \leq E(\lambda') \qquad \text{ただし}, \lambda \leq \lambda'$$
$$E(\lambda) = E(\lambda + 0)$$

が示せる．$\lambda \in C$ に対しては $\mu_n \in \cup_{i=1}^{\infty} I_i$ で $\mu_n \downarrow \lambda$ なる列が存在するから

$$E(\lambda) = \lim_{n \to \infty} E(\mu_n)$$

と定める．また，$\lambda \in I^c$ に対しては次のように定める．

$$E(\lambda) = \begin{cases} 0 & \lambda \in (-\infty, 0) \\ 1 & \lambda \in (1, \infty) \end{cases}$$

これで, $E(\lambda)$ は単位の分解になる. ここで

$$\Lambda = \int_0^1 \lambda dE_\lambda$$

と定める. Λ の関数で F_i を表せるから $\mathfrak{M} = \mathfrak{R}(\Lambda)$ が示せたことになる.

次の命題を示すことができる.

> **命題 (可換な $\mathfrak{M}$ のスペクトル分解表現)**
>
> $\mathfrak{M}$ を可分な $\mathfrak{H}$ 上の可換な実フォン・ノイマン代数とする. このとき, $\mathfrak{M}$ の任意の元は上で構成した有界自己共役作用素 Λ の関数で表せる. つまり, 任意の $T \in \mathfrak{M}$ は, 適当な可測関数 f で $T = \int f(\lambda) dE_\lambda$ と表せる.

証明. 次の命題により $\mathfrak{M} = \mathfrak{R}(\Lambda) = \{\Lambda\}''$ が示せる. また, $T \in \{\Lambda\}''$ は, T が Λ の関数で表せるための必要十分条件であることも次の命題で示せる. 合わせると, $T \in \mathfrak{M}$ ならば, $T \in \{\Lambda\}''$ なので, T は Λ の関数で表せる. [終]

> **命題 (フォン・ノイマンの二重交換子定理)**
>
> $\mathfrak{H}$ は可分なヒルベルト空間とし, $A \in B(\mathfrak{H})$ は自己共役作用素とする. このとき次が成り立つ.
>
> (1) $\mathfrak{R}(A) = \{A\}''$
>
> (2) T が A の関数である $\iff T \in \{A\}''$

(1) の証明. ($\mathfrak{R}(A) \subset \{A\}''$) P を多項式として $\{A\}'' \ni P(A)$ はすぐにわかる. また $\{A\}'' \ni X$ ならば $[X, z] = 0$ が任意の

$z \in \{A\}'$ で成り立つ. $z \in \{A\}'$ ならば $z^* \in \{A\}'$ であること
に注意しよう. $[X, z^*] = 0$ の共役をとれば, $[X^*, z] = 0$ だか
ら, $X^* \in \{A\}''$ になる. つまり, $\{A\}''$ は $*$ で閉じた代数であ
る. 弱収束で閉じていれば, $\mathfrak{R}(A) \subset \{A\}''$ が示せたことになる.
$\{A\}'' \ni X_n$ は $X_n \to X$ に弱収束すると仮定する. このとき,
$B \in \{A\}'$ として, $(f, X_n Bg) \to (f, BXg)$. また $(f, BX_n g) \to$
(f, XBg). $(f, X_n Bg) - (f, BX_n g) = 0$ だから, $(f, [X, B]g) = 0$.
故に $[X, B] = 0$ となり $X \in \{A\}''$ となる.

　$(\mathfrak{R}(A) \supset \{A\}'')$ こちら向きの包含関係の証明はややマニアック
である. $T \in \{A\}''$ とする. $f \in \mathfrak{H}$ に対して巡回ベクトル空間を次
で定義する.
$$\mathfrak{N}_f = \overline{\mathscr{L}\{A^n f \mid n = 0, 1, 2, \ldots\}}$$

$P_{\mathfrak{N}_f} : \mathfrak{H} \to \mathfrak{N}_f$ を射影作用素とする. $[P_{\mathfrak{N}_f}, A]\mathfrak{N}_f = 0$ かつ
$[P_{\mathfrak{N}_f}, A]\mathfrak{N}_f^\perp = 0$ だから, $P_{\mathfrak{N}_f} \in \{A\}'$ になる. $T \in \{A\}''$ だか
ら $[T, P_{\mathfrak{N}_f}] = 0$. $Tf = TP_{\mathfrak{N}_f}f = P_{\mathfrak{N}_f}Tf \in \mathfrak{N}_f$ だから, Tf は
$\mathfrak{N}_f$ の元で近似できる. つまり, $K_n^f f \to Tf (n \to \infty)$ となる.
K_n^f は A の多項式であるが, f に依存している. 実は f に依存
しないように多項式を選ぶことができる. それを示そう. $\mathcal{H}$ のコ
ピーで無限直和空間 $\mathfrak{K} = \oplus^\infty \mathfrak{H}$ を考える. ここに内積を入れる.
$g_n > 0$ かつ $\sum_n g_n < \infty$ とする. $x = \{x_n\}, y = \{y_n\} \in \mathfrak{K}$ に対
して, $(x, y) = \sum_n g_n (x_n, y_n)_{\mathfrak{H}}$ と定める. そして, いつものように
$\|x\| = \sqrt{(x, x)}$ とおく. これはノルムになる.

$$\{x \in \mathfrak{K} \mid \|x\| < \infty\}$$

はヒルベルト空間になる. これも $\mathfrak{K}$ と表す. $\tilde{T} = \oplus^\infty T, \tilde{A} = \oplus^\infty A$
として, $\mathfrak{K}$ 上の有界作用素に拡張する. すなわち $\tilde{T}x = \oplus^\infty Tx_n$ の
ことである. $\tilde{A}$ も同様. そうすると $\tilde{T} \in \{\tilde{A}\}''$ だから, 上と同様の

議論で, $\tilde{T}x = \lim_m \tilde{K}_m^x x$ と表せる. ここで, $\tilde{K}_m^x$ は $\tilde{A}$ と x によった多項式で, $\tilde{K}_m^x = \oplus_n^\infty K_m^x$ と表わせる. 具体的にいうと $P(A)$ という多項式に対して, $\tilde{P}(A) = \oplus^\infty P(A)$ である. 成分でみると

$$\lim_m K_m^x x_n \to T x_n \quad \forall n$$

K_m^x は x_n に依存していない. そこで, $\{\varphi_n\}$ を $\mathfrak{H}$ の CONS として, $x = \{\varphi_n\} \in \mathfrak{K}$ とする. 実際 $\|x\| = \sum_n g_n \|\varphi_n\| = \sum_n g_n < \infty$ である. そうすると, 各 φ_n に対して $\lim_m K_m^x \varphi_n \to T \varphi_n$ だから, $D = \mathscr{L}\{\varphi_n \mid n \in \mathbb{N}\}$ とすれば $\lim_m K_m^x \to T$ が D 上で成り立つ. 極限操作で $\lim_m K_m^x \to T$ が $\mathfrak{H}$ 上で成り立つから, $T \in \mathfrak{R}$ となる.

　(2) の証明. ($\Longrightarrow$) $T = \int f(\lambda) dE_\lambda$ と表されていれば, 近似理論から $T \in \{A\} \subset \{A\}''$ が示せる.

($\Longleftarrow$) (1) の証明の多項式 K_m^x を考える. E_λ を A の単位の分解とする. スペクトル分解定理でかけば

$$\|(K_n^x - K_{n'}^x) f\|^2 = \int |K_n^x(\lambda) - K_{n'}^x(\lambda)|^2 d\|E_\lambda f\|^2 \to 0 \quad n, n' \to \infty$$

だから, $\{K_n^x(\lambda)\}$ はほとんど至る所の λ で各点収束する. それを f と表せば, $T = \int f(\lambda) dE_\lambda$ になる. [終]

第 7 章

可換な物理量と同時測定可能性

1 自己共役作用素と物理量

　自己共役作用素, 射影作用素, 状態関数などの物理的解釈と物理量の同時測定について, フォン・ノイマン [62, III.1-III.5] に従って紹介する.

　フォン・ノイマンは "測定" に関わる概念を数学的な命題の形で与えた. 基礎となるのはボルンとヨルダンの確率解釈 [7, 24] である. 詳細は第 1 巻 233 ページで紹介した. 状態関数 φ を以下で $\|\varphi\| = 1$ と規格化しておく. 量子力学では $|\varphi(x)|^2$ を確率密度と呼ぶ. そして

$$\int_A |\varphi(x)|^2 dx$$

は状態 φ の電子が $A \subset \mathbb{R}^3$ に存在する確率を与える.

　物理量 $\mathfrak{R}$ には対応する自己共役作用素 R が存在すると仮定する. 例えば, j 番目の座標という物理量 $\mathfrak{Q}_j$ に対応する自己共役作用素は

$$q_j = M_{x_j}$$

で与えられる. 状態 φ の j 番目の座標を観測したとき, その期待

物理量 $\mathfrak{R}$	自己共役作用素 R
エネルギー	ハミルトニアン H
第 j 番目の座標	$q_j = M_{x_j}$
第 j 番目の運動量	$p_j = \frac{h}{2\pi i}\frac{\partial}{\partial x_j}$
角運動量	$\frac{h}{2\pi i}x_i\frac{\partial}{\partial x_j} - \frac{h}{2\pi i}x_j\frac{\partial}{\partial x_i}$

物理量と自己共役作用素

値は

$$(\varphi, q_j\varphi)$$

で与えられると仮定する. ここで "観測したとき" と書いてしまったが, j 番目の座標の期待値が, $(\varphi, q_j\varphi)$ で与えられるように φ は存在しているというべきだろう. 第 j 方向の運動量 $\mathfrak{P}_j$ に対応する自己共役作用素は

$$p_j = \frac{h}{2\pi i}\frac{\partial}{\partial x_j}$$

で与えられる. 第 j 方向の運動量の期待値は

$$(\varphi, p_j\varphi)$$

で与えられると仮定する. さらに, 例えば第 j 方向の運動量の 2 乗という物理量には p_j^2 という作用素が対応することは容易に予想できる.

位置作用素 q_j の単位の分解は $E_j(A) = M_{\mathbb{1}_A}$ だから,

$$\|E_j(A)\varphi\|^2 = \int_A |\varphi(x)|^2 dx$$

は φ が A に存在する確率を表す. 物理量 $\mathfrak{R}$ と関数 f に対して $f(\mathfrak{R})$ を定めたい. 例えば $f(\lambda) = \lambda^2$ ならば, f (運動量) は運

動量の 2 乗という物理量である. フォン・ノイマンは次の仮定 $(W.), (E_1.), (E_2.), (F.)$ を [62, 104 ページ]([93, 161 ページ]) で導入した.

$(W.)$ n 個の物理量 $\mathfrak{R}_1, \ldots, \mathfrak{R}_n$ に付随する自己共役作用素を $R_1, \ldots, R_n$ とし, その単位の分解 $E_1, \ldots, E_n$ は, 互いに可換とする. このとき

$$\|E_1(I_1) \cdots E_n(I_n)\varphi\|^2$$

は状態 φ で, $\mathfrak{R}_j$ の測定値が I_j, $j = 1, \ldots, n$, に入る確率を与える.

$(E_1.)$ 物理量 $\mathfrak{R}$ に対応する自己共役作用素を R とする. f を任意の関数とする. このとき, 状態 φ における物理量 $f(\mathfrak{R})$ の期待値は $(\varphi, f(R)\varphi)$ で与えられる.

$(E_2.)$ 物理量 $\mathfrak{R}$ に対応する自己共役作用素を R とする. このとき, 状態 φ における物理量 $\mathfrak{R}$ の期待値は $(\varphi, R\varphi)$ で与えられる.

$(F.)$ 物理量 $\mathfrak{R}$ に対応する自己共役作用素を R とする. f を任意の関数として, 物理量 $f(\mathfrak{R})$ に対する自己共役作用素は $f(R)$ である.

"物理量" の定義が定かでないので, これらの仮定をどのように解釈していいか正確にはわからない. 直観的にいえることは, $(E_2.)$ は $(E_1.)$ の特別な場合である. $(W.)$ に関しては [62, III.1] の終わりで注意を与えている. つまり, $(W.)$ に現れる作用素 $R_1, \ldots, R_n$ は可換である必要がある. また, $(E_2.)$ と $(E_1.)$ から $(F.)$ を証明できるとフォン・ノイマンは語っている. その証明は以下である.

証明. $f(\mathfrak{R})$ に対する自己共役作用素を S とする. このとき, 期待値は $(\varphi, S\varphi)$ だから, $(E_1.)$ から, $(\varphi, S\varphi) = (\varphi, f(R)\varphi)$ が

わかる. $(\varphi, S\psi) = \frac{1}{4} \sum_{n=1}^{4} i^{-n}((\varphi + i^n\psi), S(\varphi + i^n\psi))$ だから,
$((\varphi + i^n\psi), S(\varphi + i^n\psi)) = ((\varphi + i^n\psi), f(R)(\varphi + i^n\psi))$ を代入して $(\varphi, S\psi) = (\varphi, f(R)\psi)$ が任意の $\varphi, \psi \in \mathfrak{H}$ で成り立つ. 故に $S = f(R)$ となる. [終]

　最終的に, ここにある 4 つの命題は同値であることが, このような調子で [62, III. 1] で証明されている.

2　反復可能性仮説

　量子力学で, 物理量の測定とは, 物理量の期待値が与えられるのみであり, 確定した量が与えられない. つまり, 量子力学は因果的ではなく統計的であるといわれる. アインシュタインは, この事実を揶揄して「He does not play dice」とボルン宛の手紙で書いているのは有名な事実である. 第 5 回ソルベイ会議では, この言葉が気に入ったらしく, 連呼していたことは第 1 巻第 7 章で紹介した.

　フォン・ノイマンは仮定 (W.) に対して不満を述べている. (W.) に現れる物理量 $\mathfrak{R}_1, \ldots, \mathfrak{R}_n$ に付随する自己共役作用素 $R_1, \ldots, R_n$ が可換であることが必要ということは, 物理量 $\mathfrak{R}_1, \ldots, \mathfrak{R}_n$ にも何らかの制約がかかる. これを仮定 (W.) の不完全性としている. 可換でない場合でも (W.) を包括するようなものがあるべきであるがそれは不可能であると結論づけている. フォン・ノイマンは量子力学は統計的で, 因果的ではないことを認めているが, 多くの物理量の統計の間にも相関があるべきだとして, 次の例を [62, III.3] で考察している. それは, 史上初めて光子の電子による散乱を観測したコンプトン・サイモンの実験 [10] である. コンプトンはこの実験で見事にアインシュタインの光量子が実在することを示した. この実験では光子を電子で散乱させ, その後, 光子と電子をつかまえて, そ

れらのエネルギーと運動量を測定し，この散乱過程を定量的に考察した．結局，コンプトンは散乱後の光子と電子を観測して弾性衝突が起きていることをみつけた．フォン・ノイマンは次のように述べている．衝突前の光子と電子の2つの軌道と衝突後の光子と電子の2つの軌道を全て測定する必要はない．コンプトンの実験結果を認めれば，衝突前の状態が知れているとすれば，衝突後の2つの軌道のうち，どちらかが分かれば，衝突後の光子と電子の運動の中心線がわかるという．

確かに，古典的な弾性衝突を考えれば，最初の2つの状態と，衝突後の状態の1つが分かれば，もう一つの状態もわかって中心線がわかる．物理量 $\mathfrak{R}$（いまの場合は中心線の方向）を決めるのに，衝突後の電子または光子の一方を測定すれば中心線がわかる．衝突後の電子を測定することを I_1，光子を測定することを I_2 とすれば，I_1 の前，$\mathfrak{R}$ は統計的であったが，I_1 後に $\mathfrak{R}$ は確定する．ここで，I_2 も同じ結果を導くことになる．従って，I_1, I_2 の前はどちらも統計的で不確定であるが，I_1 後は，I_2 がまだ行われなくても，I_2 は因果的に一意的に決まってしまう．

抽象的には，第1の測定の後に第2の測定をする場合に以下の3つの場合が考えられる．

(1) $\mathfrak{R}$ は第1の測定後も，第2の測定も統計的で不確定である．
(2) $\mathfrak{R}$ の第1の測定後，第2の測定は因果的であり，第1の測定と同じ結果をあたえる．
(3) $\mathfrak{R}$ ははじめから因果的に確定している．

コンプトンの実験は勿論 (2) の場合である．

具体的に図を眺めながらコンプトンの実験を説明しよう．簡単にするために電子は静止しているものとする．コンプトンは入射した

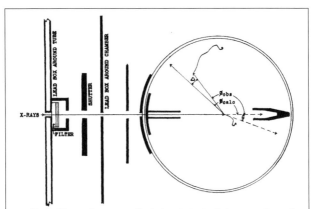

Fig. 1. Diagram of apparatus. On the hypothesis of radiation quanta, if a recoil electron is ejected at an angle θ, the scattered quantum must proceed in a definite direction ϕ_{calc}. In support of this view, many secondary β-ray tracks are found at angles ϕ_{obs} for which Δ is small.

フォン・ノイマンが参考にしたと思われるコンプトンの論文 [10] に現れる図

波長 λ の光子が，電子で散乱されて，散乱角 θ に応じて，波長が λ_θ になり，それは

$$\lambda_\theta - \lambda = 2\frac{h}{mc}\sin^2\frac{\theta}{2}$$

となることを見出した [9]．電子は静止しているから静止エネルギーは mc^2．入射光子は振動数 ν で $\mathbf{n}$ ベクトルの方向からやってくる．衝突後，電子のエネルギーは $E = \frac{mc^2}{\sqrt{1-v^2/c^2}}$，運動量は $\boldsymbol{p} = \frac{m\mathbf{v}}{\sqrt{1-v^2/c^2}}$ で，光子は振動数 ν_θ で $\mathbf{n}'$ ベクトルの方向に散乱したとする．光子の運動量を h/λ と仮定する．ここで，$\nu = c/\lambda$ である．弾性散乱だと仮定すれば，エネルギー保存則と運動量保存則は

$$E + h\nu_\theta = mc^2 + h\nu$$

$$\boldsymbol{p} + \frac{h}{\lambda_\theta}\mathbf{n}' = \frac{h}{\lambda}\mathbf{n}$$

となる. E と $\boldsymbol{p}$ を消去するためにアインシュタインの公式

$$E^2 - c^2|\boldsymbol{p}|^2 = m^2c^4$$

を使う. そうすると

$$(mc^2 + h(\nu - \nu_\theta))^2 - c^2\left|\frac{h}{\lambda}\mathbf{n} - \frac{h}{\lambda_\theta}\mathbf{n}'\right|^2 = m^2c^4$$

これを計算すると,

$$\nu - \nu_\theta = \frac{h}{mc^2}\nu\nu_\theta(1 - \mathbf{n}' \cdot \mathbf{n})$$

だから, $\mathbf{n}' \cdot \mathbf{n} = \cos\theta$ を代入すれば

$$\lambda_\theta - \lambda = 2\frac{h}{mc}\sin^2\frac{\theta}{2}$$

が導かれる. ここで $\frac{h}{mc}$ を計算してみよう.

$$\frac{h}{mc} = \frac{6.626 \times 10^{-34} J\ \text{秒}}{9.109 \times 10^{-31} kg \times 2.998 \times 10^5 km/\text{秒}} = 2.426 \times 10^{-12} m$$

で, h/mc はコンプトン波長といわれている.

$\theta = \pi/2$ のとき,

$$\lambda_{\pi/2} - \lambda = \frac{h}{mc}$$

になる. 図は, モリブデン（静止した電子）の皮膜に X 線を照射して X 線の散乱角と波長のずれを表している. 波線が光子の入射波長, 実線が散乱波長を表す. 実線が右にずれていて波長が長くなっていることがわかるだろう. 特に, 波線と実線のピークが, 僅かにずれていることがわかるだろう. このズレが $\lambda_{\pi/2} - \lambda = h/mc$ に対

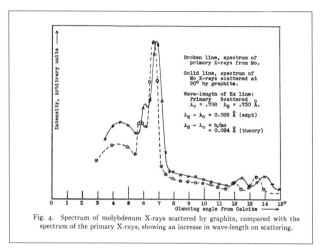

Fig. 4. Spectrum of molybdenum X-rays scattered by graphite, compared with the spectrum of the primary X-rays, showing an increase in wave-length on scattering.

波線が光子の入射波長, 実線が散乱波長を表す [9]

応している. 理論では $2.4 \times 10^{-12}m$ で, 実験では $2.2 \times 10^{-12}m$ であることがコンプトンによって示された.

　フォン・ノイマンに戻ろう. 上の計算から, 電子が静止していて, 入射光子のエネルギーと運動量 $h\nu$, $(h/\lambda)\mathbf{n}$ がわかっているとする. このとき, 散乱した光子または電子のどちらか一方のエネルギーと運動量が分かれば, 他方のエネルギーと運動量を容易に導くことができる. そして, 散乱の中心線である, $\mathbf{n}' + \boldsymbol{p}'$ を求めることができる. 例えば, 散乱後の光子を測定してエネルギーと運動量が $h\nu'$, $(h/\lambda')\mathbf{n}'$ であれば, 電子のエネルギーと運動量は

$$E = mc^2 + h\nu - h\nu'$$

$$\boldsymbol{p} = \frac{h}{\lambda}\mathbf{n} - \frac{h}{\lambda'}\mathbf{n}'$$

と因果的に予想され, 実際, 電子を測定すればこれと一致するはず

である．光子の測定で状態が決まってしまい，2 度目の測定（今の場合は電子の測定）は因果的で状態を不変にする．そして，フォン・ノイマンはコンプトンの実験から次のような原理を [62, IV.3] で採用する．

(M.) 1 つの系 S で物理量 $\mathfrak{R}$ を 2 回すぐ続けて観測すれば，2 回とも同じ値がえられる．このことは，例え $\mathfrak{R}$ が S の最初の状態において分散をもち，その上 $\mathfrak{R}$ の観測が S の状態を変化させても成り立つ．

今日，これは反復可能性仮説と呼ばれている．シュレディンガー [46] も，ディラック [15, 36 ページ] も反復可能性仮説を支持している．

3 フォン・ノイマンによる可換性の証明

フォン・ノイマンは 2 つの物理量 $\mathfrak{R}$ と $\mathfrak{S}$ が同時測定可能なときに対応する自己共役作用素 R と S の単位の分解が可換であることを [62, III.3] で示している．それを紹介しよう．状態 φ の物理量 $\mathfrak{R}$ の期待値を

$$\mathrm{E}(\mathfrak{R}, \varphi)$$

と表そう．$\mathfrak{R}$ と $\mathfrak{S}$ が同時測定可能なとき，$\mathfrak{R}$ と $\mathfrak{S}$ の同時測定は $\mathfrak{R} + \mathfrak{S}$ の測定でもある．なぜならば，$\mathfrak{R}$ と $\mathfrak{S}$ の同時に測定した結果を加えることができるからである．従って，$\mathfrak{R} + \mathfrak{S}$ の期待値は $\mathfrak{R}$ と $\mathfrak{S}$ の期待値の和になる．つまり

$$\mathrm{E}(\mathfrak{R} + \mathfrak{S}, \varphi) = \mathrm{E}(\mathfrak{R}, \varphi) + \mathrm{E}(\mathfrak{S}, \varphi)$$

で与えられる．物理量

$$\mathfrak{R} + \mathfrak{S} = \mathfrak{T}$$

とおく. 同時測定可能な場合は $\mathfrak{T}$ に対応する作用素 T は

$$T = R + S$$

になる. なぜならば,

$$\mathrm{E}(\mathfrak{T}, \varphi) = \mathrm{E}(\mathfrak{R}, \varphi) + \mathrm{E}(\mathfrak{S}, \varphi)$$

だった. $\mathrm{E}(\mathfrak{R} + \mathfrak{S}, \varphi) = (\varphi, R\varphi) + (\varphi, S\varphi)$ だから

$$(\varphi, T\varphi) = (\varphi, (R + S)\varphi)$$

これから,

$$(\varphi, T\psi) = (\varphi, (R + S)\psi)$$

が示せて, $T = R + S$ が従う. もっと一般に $a\mathfrak{R} + b\mathfrak{S}$ に対応する作用素は $aR + bS$ である. また, 物理量 $\mathfrak{T}$ に対して $f(\mathfrak{T})$ に対する作用素は $f(T)$ であった. まとめると, $\mathfrak{R}$ と $\mathfrak{S}$ の線形和に付随する自己共役作用素と, 線形和の関数 $f(a\mathfrak{R} + b\mathfrak{S})$ に付随する自己共役作用素はわかる. この状況で $\mathfrak{R} \cdot \mathfrak{S}$ に付随する自己共役作用素を求めることができるか? フォン・ノイマンは次のように考えた.

命題（同時測定可能な物理量に付随した作用素の可換性）

$\mathfrak{R}$ と $\mathfrak{S}$ は同時測定可能な物理量とする. $\mathfrak{R}$ と $\mathfrak{S}$ に付随する自己共役作用素を R, S とする. このとき R と S は可換である.

証明. 証明は [62, 119 ページ], [93, 183 ページ] による. 物理量

$$\frac{\mathfrak{R} + \mathfrak{S}}{2}, \quad \left(\frac{\mathfrak{R} + \mathfrak{S}}{2}\right)^2, \quad \frac{\mathfrak{R} - \mathfrak{S}}{2}$$

$$\left(\frac{\mathfrak{R} - \mathfrak{S}}{2}\right)^2, \quad \left(\frac{\mathfrak{R} + \mathfrak{S}}{2}\right)^2 - \left(\frac{\mathfrak{R} - \mathfrak{S}}{2}\right)^2$$

に対応する作用素は

$$\frac{R+S}{2}, \quad \left(\frac{R+S}{2}\right)^2 = \frac{R^2 + S^2 + RS + SR}{4}$$

$$\frac{R-S}{2}, \quad \left(\frac{R-S}{2}\right)^2 = \frac{R^2 + S^2 - RS - SR}{4}$$

$$\left(\frac{R+S}{2}\right)^2 - \left(\frac{R-S}{2}\right)^2 = \frac{RS + SR}{2}$$

ここで,

$$\left(\frac{\mathfrak{R}+\mathfrak{S}}{2}\right)^2 - \left(\frac{\mathfrak{R}-\mathfrak{S}}{2}\right)^2 = \mathfrak{R}\cdot\mathfrak{S}$$

に気をつけて, 物理量 $\mathfrak{R}\cdot\mathfrak{S}$ に対する作用素は

$$\frac{RS + SR}{2}$$

であることがわかる. よって一般に $f(\mathfrak{R})\cdot g(\mathfrak{S})$ に対応する作用素は

$$\frac{f(R)g(S) + g(S)f(R)}{2}$$

である. 特に $f = \mathbb{1}_{(-\infty,\lambda]}$, $g = \mathbb{1}_{(-\infty,\mu]}$ とすれば, $f(R) = E((-\infty,\lambda]) = E$, $g(S) = F((-\infty,\mu]) = F$ となる. それぞれ, R と S の単位の分解である. $f(\mathfrak{R})\cdot g(\mathfrak{S})$ に対応する作用素は

$$\frac{EF + FE}{2}$$

である. $EF = FE$ を示せば, R と S の可換性が従う. ここからの証明が素晴らしい. $f(\mathfrak{R}) = 1, 0$ より $f(\mathfrak{R})\cdot f(\mathfrak{R}) = f(\mathfrak{R})$ だから

$$f(\mathfrak{R})\cdot f(\mathfrak{R})\cdot g(\mathfrak{S}) = f(\mathfrak{R})\cdot g(\mathfrak{S})$$

左辺は

$$\frac{E\frac{EF+FE}{2} + \frac{EF+FE}{2}E}{2} = \frac{E^2F + 2EFE + FE^2}{4}$$
$$= \frac{EF + FE + 2EFE}{4}$$

右辺は

$$\frac{EF + FE}{2}$$

故に

$$EF + FE = 2EFE$$

を得る. 左から E をかけて $E^2 = E$ に注意すると $EF = EFE$. また右から E をかけると $FE = EFE$. 最終的に

$$EF = FE$$

になり, E, F の可換性が分かった. [終]

物理量がたくさんある場合を考える. 例えば, $\mathfrak{Q}_1, \dots, \mathfrak{Q}_n,$ $\mathfrak{P}_1, \dots, \mathfrak{P}_n$ など. そして, 多変数関数 f に対して物理量

$$f \, (\text{同時測定可能な物理量})$$

を考える. 例えば, $f(t_1, \dots, t_n) = \frac{1}{2m}\sum_{j=1}^{n} t_j^2$ などとすれば $f(\mathfrak{R}_1, \dots, \mathfrak{R}_n)$ は各物理量 $\mathfrak{R}_j, \, j = 1, \dots, n,$ の2乗和である. 上の命題から, フォン・ノイマンは次の仮定を [62, III.5] で導入した.

(L.) 同時測定可能な物理量 $\mathfrak{R}$ と $\mathfrak{S}$ に対する自己共役作用素を R, S とすれば $a\mathfrak{R} + b\mathfrak{S}$ に対する自己共役作用素は $aR + bS$ である.

(F*.) 同時測定可能な物理量 $\mathfrak{R}_1, \dots, \mathfrak{R}_n$ に対する自己共役作用素を $R_1, \dots, R_n$ とすれば物理量 $f(\mathfrak{R}_1, \dots, \mathfrak{R}_n)$ に対応する自己共役作用素は $f(R_1, \dots, R_n)$ である.

$(F^{*}.)$ は, 勿論 $(F.)$ の多粒子への拡張になっている.

4 射影作用素と物理量

　フォン・ノイマンは [62, III.5] で物理量の他に Eigenschft（＝プロパティー）という概念も考察する. 物理量には適当な自己共役作用素が対応するが, プロパティーには射影作用素が対応する. プロパティーの例は（1）物理量 $\mathfrak{R}$ を測定したときに, 測定値は λ になるのか？ または, > 0 か？ （2）'同時測定可能' な 2 つの物理量 $\mathfrak{R}$ と $\mathfrak{S}$ の値が各々 λ と μ になるのか？ または, これらの平方の和が > 1 か？ などである. フォン・ノイマンは物理量を $\mathfrak{R}, \mathfrak{S}$ のような記号で表すが, 上述のようなプロパティーを $\mathfrak{G}, \mathfrak{F}$ で表す. プロパティーの測定結果がイエスまたはノーなので, イエスには測定値 1 を, ノーには測定値 0 を対応させると, プロパティー $\mathfrak{G}$ に対応する作用素は射影作用素 E であると主張する. その理由をフォン・ノイマンは次のように示している. $\mathfrak{G}$ に付随する作用素を E とする. いま, 関数 $f(t) = t^2 - t$ を考える. $\mathfrak{G}$ の取り得る値は 1 または 0 だから, $f(\mathfrak{G}) = 0$ となる. 故に $f(E) = 0$ だから, $E^2 - E = 0$ で, $E^2 = E$ となるから E は射影作用素になる. ここでも, $\mathfrak{G}$ や $f(\mathfrak{G})$ の厳密な定義が不明なので, コメントしずらい.

　$\mathfrak{M} = E\mathfrak{H}$ として, プロパティー, 射影作用素, 部分空間の 3 つ組

$$(\mathfrak{G}, E, \mathfrak{M})$$

を考える. $P_{\mathfrak{M}} : \mathfrak{H} \to \mathfrak{M}$ を射影作用素とする. 次のことが示される.

　（1）状態 φ に対してプロパティー $\mathfrak{G}$ は

$$(\varphi, E\varphi) = \|E\varphi\|^2 = \|P_{\mathfrak{M}}\varphi\|^2$$

の確率で存在し,

$$(\varphi, (\mathbb{1} - E)\varphi) = \|(\mathbb{1} - E)\varphi\|^2 = \|(\mathbb{1} - P_{\mathfrak{M}})\varphi\|^2$$

の確率で存在しない.

(2) プロパティー $\mathfrak{G}$ は $\varphi \in \mathfrak{M}$ では確率 1 で存在し, $\varphi \in \mathfrak{H} \setminus \mathfrak{M}$ では確率 1 で存在しない.

(3) プロパティー $\mathfrak{G}_1, \ldots, \mathfrak{G}_n$ が同時決定可能なプロパティーならば付随する射影作用素 $E_1, \ldots, E_n$ は可換.

(4) プロパティー $\mathfrak{G}$ をもつもの全体を $\mathfrak{M}$ とすれば, 非 $\mathfrak{G}$ をもつもの全体は $\mathfrak{H} \setminus \mathfrak{M}$.

(5) プロパティー $\mathfrak{G}$ に $\mathfrak{M}$ が属し, プロパティー $\mathfrak{F}$ に $\mathfrak{N}$ が属し, $\mathfrak{G}, \mathfrak{F}$ が同時決定可能であれば, $\mathfrak{G}$ および $\mathfrak{F}$ には $\mathfrak{M} \cap \mathfrak{N} = EF\mathfrak{H}$ が属し, $\mathfrak{G}$ または $\mathfrak{F}$ には $\mathfrak{M} \cup \mathfrak{N} = (E + F - EF)\mathfrak{H}$ が属す.

(6) $E = \mathbb{1}$ のとき $\mathfrak{G}$ は常に成り立つ. $E = 0$ のとき $\mathfrak{G}$ は決して成り立たない.

(7) $\mathfrak{M} \perp \mathfrak{N}$ のとき $\mathfrak{G}$ と $\mathfrak{F}$ は両立しない.

(8) 物理量 $\mathfrak{R}$ に付随する自己共役作用素を R とする. その単位の分解を E とする. $\mathfrak{R}$ の測定の値が $I \subset \mathbb{R}$ にあるというプロパティーに対応する射影作用素は $E(I)$ である. つまり, $\varphi \in E(I)\mathfrak{H}$ なら, 確率 1 で, $\mathfrak{R}$ の測定値は I に入る.

上記 (1)-(8) は, [62] では $\alpha) - \zeta)$ と表記されている.

第8章

不確定性原理

1 ハイゼンベルクの不確定性原理

ハイゼンベルクの不確定性原理は, 量子力学で発見された古典力学を翻す様々な現象（反粒子の存在, スピンの存在, 確率解釈など）の中でも, 最もインパクトの大きなものであることは間違いない. 量子力学, 物理学を超えて, 哲学や文学や精神世界にも影響を与えた. ここでは主に [90, 第3章] と [102, 第10章] を参照にした.

Von W. Heisenberg in Kopenhagen.

Mit 2 Abbildungen. (Eingegangen am 23. März 1927.)

In der vorliegenden Arbeit werden zunächst exakte Definitionen der Worte: Ort, Geschwindigkeit, Energie usw. (z. B. des Elektrons) aufgestellt, die auch in der Quantenmechanik Gültigkeit behalten, und es wird gezeigt, daß kanonisch konjugierte Größen simultan nur mit einer charakteristischen Ungenauigkeit bestimmt werden können (§ 1). Diese Ungenauigkeit ist der eigentliche Grund für das

---

[21] の最初の部分に "Ungenauigkeit"（不確か）の文字が見られる

これは, ハイゼンベルクの論文『Über den anschaulichen Inhalt der quantentheoretischen Kinematik und Mechanik』[21] にはじまる. この論文は 1927 年 3 月 23 日に提出されている. ハイゼンベルクは当時コペンハーゲンに滞在しており, 弱冠 25 歳であった.

effekt, so stehen nach elementaren Formeln des Comptoneffekts p_1
und q_1 in der Beziehung

$$p_1 q_1 \sim h. \tag{1}$$

Daß diese Beziehung (1) in direkter mathematischer Verbindung
mit der Vertauschungsrelation $pq - qp = \dfrac{h}{2\pi i}$ steht, wird später ge-
zeigt werden. Hier sei darauf hingewiesen, daß Gleichung (1) der präzise

$\Delta P = p_1, \Delta Q = q_1$. [21, 175 ページ] に現れたハイゼンベルクの不確定性関係.
不等式ではなく "das Gleichung (1)"(等式 (1)) となっている

ハイゼンベルクはこの論文を発表する直前の, 1927 年 2 月 23 日に
14 ページの長い手紙に不確定性原理をまとめてパウリに送ってい
る. パウリからの返事は, 「量子論の夜は明けつつある」だった. ハ
イゼンベルクはこれで自信をもった. ハイゼンベルクの不確定性関
係とは, 運動量 P の測定誤差 ΔP と位置の測定誤差 ΔQ の積には
下限が存在するというものである. それは, [21] の 175 ページに現
れる. それは, 次のように表現される式である.

命題 （ハイゼンベルクの不確定性関係 [21]）

$$\Delta P \cdot \Delta Q \geq \frac{h}{4\pi}$$

不確定性関係には様々な解釈が存在する. 何かを測定する際にはそ
の系をかき乱してしまうことは古典論でも起こりうる. 原子の位置
を厳密に測定するには原子に光を当てる必要がある. すると明らか
に原子は光の影響を受ける.

古典力学ではこの問題を解決するために次の方法がとられる.

（1）光の強度を下げる.
（2）光の影響を修正する.

(2) について注意を与えよう. 古典論では全てが因果的なので, 照射する光の強度と測定結果から, 真の原子の位置を完璧に類推することができる. ハイゼンベルクの独創的な貢献は,「測定は測定対象に影響を及ぼすから気をつけろ」といったことではない. エネルギー量子 h のおかげで測定には根本的な制限が加わることを指摘したことにある.

(1) 古典論では, ゼロにはできないだろうが測定が系に与える影響をいくらでも小さくできる. しかし, 量子論ではそれができない.

(2) 量子論では, 測定が与える影響を測定する側がコントロールできない. つまり, 測定が与える影響を補正できない.

ハイゼンベルクの与えた不確定性関係では ΔP と ΔQ はそれぞれ運動量と位置の測定誤差といわれるものであるが, その厳密な定義は, 当初から明確なものではなかったようである.

厳密性が欠如していたから尚更, 量子力学を超えていろいろな分野に影響を与えた可能性がある. 例えば, 哲学者の西田幾多郎は [108, 41 ページ] に次のように書いている.

「所謂巨視的物理学では, 測定作用そのものが測定せられるものに何等の影響をも与えないと考へられていた. 然るに今日の如き粒子的物理学に於ては, 然考へることはできない.（中略）斯くして所謂空間時間的座標的に, 粒子の位置を定めることはできない. 量子力学の如きものに移り行く所以である. 併しそれは物理学が真に経験の事実そのものに還つたことに外ならない. 従来の古典物理学の世界は, 対象論理的に推論せられた世界である. 連続的世界は理想の世界である. 実在的世界は, 何処までも我々の経験の事実を離れたものであつてはならない.」

　しかし，科学的な結論は，一刀両断のような短い論説だけでは生まれない．単なる新しい認識論とか自然観というものではない．古典論との違いを把握し，理解することは困難を伴う作業である．

2　ケナードとロバートソン

E・H・ケナード

　　　　　　ΔP と ΔQ に数学的な定義を与えたのは，アメリカ人のイール・H・ケナードである．ケナードは 1885 年にアメリカ・オハイオ州に生まれている．1913 年にコーネル大学で学位を取得し，1926 年，40 歳の頃，サバチカルでゲッチンゲン大学に滞在した．当時のゲッチンゲンには，ハイゼンベルクが在籍していた．1925 年にハイゼンベルクは量子力学の定式化への革命的な第一歩を踏み出している．ケナードはこの地でハイゼンベルクと遭遇し論文 [26] を出版し，不確定性関係に数学的な解釈を与え，ケナードの不等式を導いた．[26] でケナードの所属はコペンハーゲンになっていて，ボーアとハイゼンベルクに丁重な謝辞が述べられている．また，不確定性関係は "der Heisenbergschen Unbestimmtheitsrelation"（ハイゼンベルクの不確定性関係）と書かれている．論文が提出されたのは 1927 年 7 月 17 日となっているから，ハイゼンベルクの論文の僅か 4 ヶ月後ということになる．ケナードはその後，コーネルに戻り流体力学の研究をしている．

　ハイゼンベルクの不確定性関係は，1929 年にハワード・ロバートソンによって，一般の非可換な作用素に拡張された．それは "ロバートソンの不等式" と呼ばれている．ロバートソンは 1903 年生まれのアメリカ人で，当時はプリンストン大学に所属していた．後

> Daraus gewinnt man (ich verdanke diese Bemerkung Herrn *W. Pauli*) leicht die allgemein gültige Ungleichung
>
> $$\varDelta p \cdot \varDelta x \geqq \frac{1}{2} h :$$

ワイルの教科書 [84] に現れた不確定性関係とパウリへの謝辞

にカリフォルニア工科大学教授になる．写真から漂う風貌はどことなくフォン・ノイマンを思い出させる．

H・ロバートソン

　1936 年にはアインシュタインとローゼンが "Physical Review 誌" に投稿した重力波に関する論文を批判的に審査して，アインシュタインを怒らせるとい事件を起こしている．ロバートソンの論文 [42] のタイトルは，ズバリ『The uncertainty principle』である．論文中では，ワイルの教科書に現れる不確定性関係を引用しているが，ケナードの論文は引用していない．僅か 2 ページの論文であるが完全に数学で読みやすい．

　上述したように 1928 年に出版されたワイルの教科書『Gruppentheorie und Quantenmechanik』[84] の 63 ページでも不確定性関係の数学的定義が与えられている．その証明は，教科書の終わりに補償として与えられている．ワイルは，この関係式の導出に関して，書中でパウリに謝辞を述べている．ただし，"不確定性関係" という言葉はどこにも現れていない．

　面白いことを発見した．[84] の英訳版 [85] が 1931 年に出版されている．原書には存在しないにもかかわらず，その索引には "uncertainty principle" が存在しているのである．英訳したのは，なんとロバートソンであった．彼が索引をつけた．"uncertainty

principle" を索引につけたくなる気持ちも理解できないわけでは
ない.

3 ロバートソンの不等式

正準交換関係 $[P, Q] = \frac{h}{2\pi i}$ から導かれるロバートソンの不等式
はハイゼンベルクの不確定性関係の数学的な対応物の一つと考えら
る. 多くの量子力学の教科書でロバートソンの不等式が解説されて
いる. ロバートソンの不等式をフォン・ノイマンが [62, III.4] で紹
介している. 自己共役作用素 A に対して次のようにおく.

$$\Delta_\psi A = \| \{A - (\psi, A\psi)\} \psi\|$$

命題 (ロバートソンの不等式)

$a \in \mathbb{C}$ を純虚数とする. 自己共役作用素 A, B は

$$[A, B] = a\mathbb{1}$$

を満たすとする. このとき, $\psi \in \mathrm{D}(AB) \cap \mathrm{D}(BA)$ に対して次
が成り立つ.

$$\Delta_\psi A \cdot \Delta_\psi B \geq \frac{|a|}{2} \|\psi\|^2$$

証明. 記法を簡単にするため

$$\bar{A}\psi = A\psi - (\psi, A\psi)\mathbb{1}$$
$$\bar{B}\psi = B\psi - (\psi, B\psi)\mathbb{1}$$

とする. ψ の条件 $\psi \in \mathrm{D}(A) \cap \mathrm{D}(B), B\psi \in \mathrm{D}(A), A\psi \in \mathrm{D}(B)$ よ
り, $\bar{A}\psi, \bar{B}\psi, \bar{A}\bar{B}\psi, \bar{B}\bar{A}\psi$ がいずれも定義可能である. シュワルツ
の不等式により,

$$(\Delta_\psi A)^2 (\Delta_\psi B)^2 = \|\bar{A}\psi\|^2 \|\bar{B}\psi\|^2 \geq |(\bar{A}\psi, \bar{B}\psi)|^2$$
$$\geq |\operatorname{Im}(\bar{A}\psi, \bar{B}\psi)|^2$$
$$\geq \frac{1}{4}|(\bar{A}\psi, \bar{B}\psi) - (\bar{B}\psi, \bar{A}\psi)|^2$$

$\bar{A}\bar{B}\psi, \bar{B}\bar{A}\psi$ が定義可能であったので,

$$(\bar{A}\psi, \bar{B}\psi) - (\bar{B}\psi, \bar{A}\psi) = (\psi, [\bar{A}, \bar{B}]\psi) = (\psi, [A, B]\psi) = a\|\psi\|^2$$

故に $(\Delta_\psi A)^2 (\Delta_\psi B)^2 \geq |a|^2 \|\psi\|^2$ だからロバートソンの不等式が証明された. [終]

1 次元の運動量作用素 P と位置作用素 Q に対するロバートソンの不等式

$$\Delta_\psi P \cdot \Delta_\psi Q \geq \frac{h}{4\pi}$$

で等号が成立する φ を求めよう. それは $(\varphi, P\varphi) = \rho, (\varphi, Q\varphi) = \sigma$ として

$$\bar{P}\varphi = (P - \rho\mathbb{1})\varphi = i\gamma(Q - \sigma\mathbb{1})\varphi = i\gamma\bar{Q}\varphi$$

を満たせばいい. ここで, $\gamma > 0$ である. そうすると

$$\frac{d}{dx}\varphi = (-\frac{2\pi}{h}\gamma x + \frac{2\pi}{h}\gamma\sigma + \frac{2\pi i}{h}\rho)\varphi$$

なので

$$\varphi(x) = \exp\left(\int^x (-\frac{2\pi}{h}\gamma x + \frac{2\pi}{h}\gamma\sigma + \frac{2\pi i}{h}\rho)dx\right)$$
$$= C\exp(-\frac{\pi}{h}\gamma(x - \sigma)^2 + \frac{2\pi i}{h}\rho x)$$

$\|\varphi\| = 1$ だから

$$\|\varphi\|^2 = |C|^2 \int_\mathbb{R} e^{-\frac{2\pi}{h}\gamma(x-\sigma)^2}dx = |C|^2 \sqrt{\frac{h}{2\gamma}} = 1$$

だから $C = \left(\frac{2\gamma}{h}\right)^{1/4}$. 最終的に

$$\varphi(x) = \left(\frac{2\gamma}{h}\right)^{1/4} \exp(-\frac{\pi}{h}\gamma(x-\sigma)^2 + \frac{2\pi i}{h}\rho x)$$

その結果

$$\Delta_\varphi Q = \sqrt{\frac{h}{4\pi\gamma}}, \ \Delta_\varphi P = \sqrt{\frac{\gamma h}{4\pi}}$$

となり,

$$\Delta_\varphi P \cdot \Delta_\varphi Q = \frac{h}{4\pi}$$

になる. 不確定性関係で等号が成立した.

　最後に一言. ロバートソンの不等式で $A = \frac{h}{2\pi i}\frac{d}{dx}$, $B = M_x$ とし
たものがケナードの不等式である.

4　時間とエネルギーに関する不確定性原理

　ハイゼンベルクは [21] で時間とエネルギーに関する不確定性関
係も示している. それは形式的に

$$\Delta E \cdot \Delta T \geq \frac{h}{4\pi}$$

と書かれるものだが, ここでも, ΔE と ΔT の解釈がはっきりしな
い. にもかかわらず, この関係式は量子力学の至る所に現れる. 紹
介しよう.

　フォン・ノイマンは時間とエネルギーに関する不確定性関係に関
して [62, V.I] で言及している. ここでは, 量子測定について語ら
れ, 因果的な変化と非因果的な変化について説明している. 測定さ

れる側の状態は統計作用素 U によって特徴付けられるのだが, 測定後に, U は $U \to U'$ と変化する. この変化の仕方を 2 通り定義し, 一方が因果的な変化で, 他方が非因果的な変化である. 特に非因果的な変化は「瞬時に」起きるとし, 時間とエネルギーに関する不確定性関係に抵触する.「瞬間的な測定というわれわれの仮定は, いかにして正当化されるであろうか?」と述べている.

1927 年にフレデリック・フントが, 井戸型ポテンシャルのシュレディンガー方程式の基底状態を計算していて "トンネル効果" という現象を発見する. これは, 今日, 多くの量子力学の教科書で解説されている. そして, トンネル効果が, 時間とエネルギーに関する不確定性関係を基礎に語られる. つまり, ΔT の間であれば,

$$\Delta E \sim \frac{h}{4\pi \Delta T}$$

程度のエネルギー保存則は破れてもいいという議論である.

1930 年開催の第 6 回ソルベー会議で, アインシュタインが不確定性原理に噛み付き, アインシュタイン・ボーア論争が起こった. それは, アインシュタインが時間とエネルギーの不確定性関係を批判したことに始まる. しかし, これも, ΔE や ΔT の定義が明白ではないので, 議論に答えが存在するとは思えない. 最後は, ボーアが動く物質の時間が遅れることをもち出してアインシュタインを論破したようなオチになっているが, 一般相対性理論は数学だが, 時間とエネルギーの不確定性関係が数学的議論にのるのかどうか?甚だ疑問である. こんな状況を察知し, パウリなどは冷ややかな視線で老人たちの議論を傍観するだけだったといわれている.

ロバートソンの不等式やケナードの不等式のような解釈ができないだろうか. エネルギーに付随した自己共役作用素をハミルトニアン H と思うことにする. しかし, パウリは 1933 年に [38, 63 ペー

ジ] で次のようななことを語った. ハミルトニアン H は離散スペクトルだけをもつとき,

$$[H, T] = \frac{h}{2\pi i} \mathbb{1}$$

を満たすような T は存在しない. その結果, ΔE や ΔT に対するロバートソンやケナードのような解釈ができなくなった. 時間に付随した自己共役作用素の問題である.

湯川秀樹の中間子論の論文原稿

　1934 年, 湯川秀樹は陽子と中性子の間の力を媒介する素粒子が存在すると仮定した. 所謂, 中間子理論である. そのとき中間子の質量 m_U を次のように導いている. 原子核の直径を f とする. 速度が c の中間子がこの原子核を通過するのに f/c の時間がかかる. そこで, $\Delta E \cdot \Delta T = \frac{h}{4\pi}$ に, $\Delta E = m_U c^2$ と $\Delta T = f/c$ を代入する. その結果,

$$m_U = \frac{\lambda \hbar}{c} \quad (\hbar = \frac{h}{2\pi}, \ \lambda = \frac{2}{f})$$

を得ている. m_U がおおよそ電子の質量の 200 倍になった. これもどのように解釈するべきなのか. f/c くらいの時間ならば, 無の状態からエネルギーが $\frac{ch}{4\pi f}$ 程度のものが突然現れてもいいと思うのか. 量子力学というより, この世の成り立ちに無限の疑問が湧いてきそうになる.

第9章

量子力学における状態の理論

1 古典力学における状態

古典力学において N 粒子系の状態は，時刻 t において位置座標 $r_i(t) \in \mathbb{R}^3$ と運動量 $p_i(t) \in \mathbb{R}^3$ の組み

$$\Phi(t) = \{r_1(t), r_2(t), \ldots, r_N(t), p_1(t), \ldots, p_N(t)\} \in \mathbb{R}^{6N}$$

で与えられる．$\mathbb{R}^{6N}$ の中の一点と時刻 t の状態が対応していると思える．状態の時間発展は $\mathbb{R}^{6N}$ の中の点 $\Phi(t)$ の軌跡 $t \mapsto \Phi(t)$ として捉えられるだろう．例えば $\mathbb{R}^{6N}$ の中の等エネルギー面

$$\mathfrak{E} = \{(x, y) \in \mathbb{R}^{3N} \times \mathbb{R}^{3N} \mid \frac{1}{2m}|y|^2 + V(x) = E\}$$

を考える．$\Phi(t) \in \mathfrak{E}$ のとき，$\Phi(t)$ はエネルギーが E の状態にあるといえる．$\mathbb{R}^{6N}$ を相空間と呼ぶ．さて，$\mathbb{R}^{6N}$ の点を表現する仕方は無数に存在する．$\mathbb{R}^{6N}$ の他の座標系を考えれば，同じ点 $\Phi(t) \in \mathbb{R}^{6N}$ でも異なる表現になる．例えば $N = 1$ として $\Phi(t) = (r(t), p(t)) \in \mathbb{R}^6$ と表してもいいし，

$$\Phi(t) = \{r(t)^2 + p(t)^2, \arctan p(t)/r(t)\}$$

のように球面座標で表してもいい. 兎に角どんな表現をとろうが古典力学では表現の差は座標系のとり方の差に帰着できる.

しかし, 量子力学においては, 位置と運動量の同時測定が不可能と考えられるので, 古典力学のように時刻 t の状態を相空間の一点として表すことはできない. これは $N = 1$ のときでさえも不可能である. 一般に, 量子力学では位置と運動量にかかわらず, このようなことは起こりうる. そこで量子力学的な状態はどのように表現すればいいのか？ という疑問が起きる.

この章では [54] および [62, IV] に従って量子力学における状態について紹介する.

2 トレースクラスとヒルベルト・シュミットクラス

第 4 章で既に説明したが, トレースクラスとヒルベルト・シュミットクラスについて, 改めて紹介しよう. $\mathfrak{H}$ は可分なヒルベルト空間とする. $\{e_n\}$ を $\mathfrak{H}$ の CONS としよう. T を非負で有界な自己共役作用素とする. $(e_n, Te_n) \geq 0$ なので無限大も込めて

$$\mathrm{Spur}(T) = \sum_{n=1}^{\infty} (e_n, Te_n)$$

が定義できる. 今日では Spur の代わりに記号 Tr や tr が使われることが多い. フォン・ノイマン に敬意を表してこの章では Spur を使う. $0 \leq (e_n, Te_n)$ の仮定を外すと $\sum_{n=1}^{\infty} (-1)^n$ のような例もあるように極限が存在しないことが起こりうる.

命題（Spur の正当性）

Spur$|T|$ の値は CONS の選び方によらない.

証明. $\{f_n\}$ を CONS とすると

$$(e_n, |T|e_n) = \||T|^{1/2}e_n\|^2 = \sum_m |(f_m, |T|^{1/2}e_n)|^2 = \sum_m |(|T|^{1/2}f_m, e_n)|^2$$

だから

$$\sum_n |(e_n, |T|e_n)| = \sum_{n,m} |(|T|^{1/2}f_m, e_n)|^2$$
$$= \sum_m \||T|^{1/2}f_m\|^2 = \sum_m (f_m, |T|f_m)$$

これで命題が証明できた. [終]

トレースノルムの定義

T が有界な自己共役作用素で

$$\|T\|_1 = \mathrm{Spur}|T| < \infty$$

のとき T をトレースクラスの作用素といい, $\|T\|_1$ をトレースノルムという.

重要なトレースクラスを紹介しよう. $\psi \in \mathfrak{H}$ とする. 射影作用素 $P_{\{\psi\}}$ を考える. そうすると $P_{\{\psi\}}f = (\psi, f)\psi$ で, $(f, P_{\{\psi\}}f) = |(\psi, f)|^2 \geq 0$ なので正の自己共役作用素で, しかも

$$\mathrm{Spur}P_{\{\psi\}} = \|\psi\|^2$$

である.

トレースノルム $\|\cdot\|_1$ と作用素ノルム $\|\cdot\|$ の大小関係に関しては次が示せる.

┌─ **命題（トレースノルムと作用素ノルムの大小関係）** ─────────

次が成り立つ.
$$\|T\| \leq \|T\|_1$$
└─────────────────────────────────────

証明. $\psi \in \mathfrak{H}$ に対して $(\psi, |T|\psi) \leq \|T\|_1$ は自明である. 一方 $\||T\|| = \sup_{\|\psi\|=1}(\psi, |T|\psi)$ だから $\||T\|| \leq \|T\|_1$ が成り立つ. $\||T|f\|^2 = (|T|f, |T|f) = (f, T^*Tf) = \|Tf\|^2$ なので $\|T\| \leq \|T\|_1$ が成り立つ. [終]

　もう一つ. 次が知られている.

┌─ **命題（絶対収束性）** ─────────────────

T はトレースクラスとしよう. このとき, $\sum_n (e_n, Te_n)$ は絶対収束して次が成り立つ.

$$\sum_{n=1}^{\infty} |(e_n, Te_n)| \leq \|T\|_1$$

また, $\mathrm{Spur}(T)$ は CONS の選び方によらない.
└─────────────────────────────────────

証明. 証明は少しややこしい. T を極分解する. $T = U|T|$ とする. ここで U は部分等長作用素で $\mathfrak{N}U = \mathfrak{N}T$ を満たす. そうすると $|(e_n, Te_n)| = |(|T|^{1/2}U^*e_n, |T|^{1/2}e_n)| \leq \||T|^{1/2}U^*e_n\|\||T|^{1/2}e_n\|$ だから

$$\sum_n |(e_n, Te_n)| \leq \left(\sum_n \||T|^{1/2}U^*e_n\|^2 \right)^{1/2} \|T\|_1^{1/2}$$

ここで, $\mathfrak{H} = \mathfrak{N}U^* \oplus (\mathfrak{N}U^*)^\perp$ なので $\{e_n\}$ を $e_n \in \mathfrak{N}U^*$ または $e_n \in (\mathfrak{N}U^*)^\perp$ となるようにとれる. このとき, $\{U^*e_n \mid e_n \in (\mathfrak{N}U^*)^\perp\}$ も CONS になるから, $\sum_n |(e_n, Te_n)| \leq \|T\|_1$ になる. また, $\mathrm{Spur}T$ が CONS の選び方によらないことも, 分解 $T = U|T|$

を使えば非負な自己共役作用素の場合と同様に示せる. [終]

$$\mathfrak{C} = \{T \in B(\mathfrak{H}) \mid \|T\|_1 < \infty\}$$

とする. 以下が知られている.

> **命題 (バナッハ空間性)**
>
> $(\mathfrak{C}, \|\cdot\|_1)$ はバナッハ空間である.

$\mathfrak{C}$ の重要な性質について説明しよう.

> **命題 (両側 *-イデアル性)**
>
> $\mathfrak{C}$ は $B(\mathfrak{H})$ の両側イデアル. つまり, $\mathfrak{C} \ni T$, $B(\mathfrak{H}) \ni S$ ならば, $ST, TS \in \mathfrak{C}$ である. また, $T \in \mathfrak{C}$ ならば $T^* \in \mathfrak{C}$ である.

証明.

$$T = \frac{1}{2}(T + T^*) + i\frac{1}{2i}(T - T^*)$$

とみなせば, $\frac{1}{2}(T + T^*)$ も $\frac{1}{2i}(T - T^*)$ も有界な自己共役作用素である. 一般に S を有界な自己共役作用素とする. $\|S\| \le 1$ の場合 $U_\pm = S \pm i\sqrt{\mathbb{1} - S^2}$ はユニタリー作用素になるから, $S = \frac{1}{2}(U_+ + U_-)$ のようにユニタリー作用素の線形結合でかける. また $\|S\| > 1$ のときは $S/\|S\| = \frac{1}{2}(U_+ + U_-)$ とかけるから, $S = \frac{1}{2}\|S\|(U_+ + U_-)$ なので, ユニタリー作用素の線形結合でかけた. 結局 T は 4 つのユニタリー作用素の線形結合で表せる.

$S \in B(\mathfrak{H})$, $T \in \mathfrak{C}$ のとき $ST, TS \in \mathfrak{C}$ を示す. S はユニタリー作用素と仮定すれば十分. $T = U|T|$, $TS = V|TS|$ のように部分等長作用素 U, V で分解する. $\{e_n\}$ が CONS のとき S, V はユニタリーなので $\{Se_n\}$, $\{Ve_n\}$, $\{U^*Ve_n\}$ も CONS. 故に

$$\sum_n (e_n, |TS|e_n) = \sum_n (e_n, V^*TSe_n)$$

$$= \sum_n (|T|^{1/2}U^*Ve_n, |T|^{1/2}Se_n)$$

$$\leq \left(\sum_n \||T|^{1/2}U^*Ve_n\|^2\right)^{1/2} \left(\sum_n \||T|^{1/2}Se_n\|^2\right)^{1/2}$$

$$\leq \|T\|_1^{1/2}\|T\|_1^{1/2} = \|T\|_1$$

よって, $TS \in \mathfrak{C}$. $ST \in \mathfrak{C}$ も同様に示せる. $T^* = Y|T^*|$ と分解する. そうすると $|T^*| = Y^*T^* = Y^*|T|U^*$ だから, $|T|U^* \in \mathfrak{C}$. そして $Y^*|T|U^* \in \mathfrak{C}$ だから $T^* \in \mathfrak{C}$. 最後に $\mathrm{Spur}(Y^*|T|U^*) \leq \|T\|_1$ だから $\|T^*\|_1 \leq \|T\|_1$. T を T^* に入れ替えれば $\|T\|_1 \leq \|T^*\|_1$ なので $\|T^*\|_=\|T\|_1$ となる. [終]

次にヒルベルト・シュミットクラスの作用素をみよう. フォン・ノイマンは [52] で作用素の絶対値について言及している. ただし, ここでいう絶対値は現代でいう作用素の絶対値とは異なり, ヒルベルト・シュミットクラスの作用素に定義されるノルムである. $\mathfrak{H}$ の CONS を $\{\psi_n\}$, $\{\phi_n\}$ として $[A : \psi_m, \phi_m] = \sum_n |(\psi_n, A\phi_n)|^2$ とおく. 無限大になることも許す. もし, 有限になれば, 他の CONS に対しても同じ値になる. さらに

$$[A : \psi_m, \phi_m] = \sum_n \|A\phi_n\|^2$$

が示せる. その値を $[A]$ とフォン・ノイマンは [52] で表している. また $\sqrt{[A]}$ を作用素 A の絶対値と名付ける. 現代のいい方では, $\sqrt{[A]}$ は A のヒルベルト・シュミットノルムであり $\|A\|_2$ と表される.

$$\|A\|_2 = \sqrt{\sum_n \|A\phi_n\|^2}$$

これが, ノルムであることはすぐにわかる. また, ヒルベルト・シュ
ミット作用素の集合は線型空間であり, かつ, 作用素の積で閉じて
いる. 以下にそれをまとめる.

命題 ($\sqrt{|A|}$ の性質)

(1) $\sqrt{[A]} = 0 \iff A = 0$

(2) $\sqrt{[aA]} = |a|\sqrt{[A]} \quad \forall a \in \mathbb{C}$

(3) $\sqrt{[A+B]} \leq \sqrt{[A]} + \sqrt{[B]}$

(4) $\sqrt{[AB]} \leq \sqrt{[A]}\sqrt{[B]}$

$AB^* = 0, A^*B = 0, B^*A = 0, BA^* = 0$ の一つが成り立てば (3)
で等式が成立する. トレースクラスと同様に次が示せる.

命題 (ヒルベルト・シュミットノルムの大小関係)

次が成り立つ.
$$\|T\| \leq \|T\|_2$$

証明. トレースノルムの性質から $\|T^*T\| \leq \|T^*T\|_1 =\leq \|T\|_2^2$.
また, $\|T^*T\| = \|T\|^2$ なので, 不等式が従う. [終]

$$\mathfrak{I} = \{T \in B(\mathfrak{H}) \mid \|T\|_2 < \infty\}$$

とする. $\mathfrak{H}$ の CONS を $\{e_n\}$ とする. $S, T \in \mathfrak{I}$ に対して, 次を定義
する.
$$(S, T)_2 = \sum_n (Se_n, Te_n)$$

これは, $\mathfrak{I}$ 上の内積になる.

命題 (ヒルベルト空間性)

$(\mathfrak{I}, (\cdot, \cdot)_2)$ はヒルベルト空間である.

T はトレースクラスまたはヒルベルト・シュミットクラスとする. T^*T は正の自己共役作用素になる. しかも, スペクトルは純粋に離散的である. $\sigma(T) = \{\lambda_n\}$ とすれば $\sigma(T^*T) = \{|\lambda_n|^2\}_n$ となる.

$$T^*T = \sum_n |\lambda_n|^2 (\phi_n, \cdot)\phi_n$$

と表すことができる. ここで, $|T|\phi_n = |\lambda_n|\phi_n$ である. ただし, $\lambda_n \neq 0$ なので $\{\phi_n\}$ は ONS ではあるが CONS とは限らない. T に対しても同様の表現が存在する. $T = U|T|$ と極分解する. U は $\mathfrak{R}|T|$ から $\mathfrak{R}T$ の上への等長作用素だった. よって, $|T|$ のスペクトルは $\{|\lambda_n|\}$ で, $|T| = \sum_n |\lambda_n|(\psi_n, \cdot)\psi_n$ と表すことができる. ここで, $|T|\psi_n = |\lambda_n|\psi_n$ である. そうすると

$$T = U|T| = \sum_n |\lambda_n|(\psi_n, \cdot)U\psi_n$$

と表すことができる. ここで, $U\psi_n = \chi_n$ とおけば次のようになる.

$$T = \sum_n |\lambda_n|(\psi_n, \cdot)\chi_n$$

構成の仕方から, $\{\psi_n\}$, $\{\chi_n\}$ は ONS である.

命題（トレースまたはヒルベルト・シュミットクラスの表現）

T をトレースまたはヒルベルト・シュミットクラスの作用素とする. このとき, 次のように表すことができる.

$$T = \sum_n |\lambda_n|(\psi_n, \cdot)\chi_n$$

ここで, $\{\psi_n\}$, $\{\chi_n\}$ は ONS, $|\lambda_n|$ は $|T|$ の正の固有値である.

上の命題は "コンパクト作用素" というクラス全体に対して成り立

つ命題である．トレースクラスもヒルベルト・シュミットクラスも
コンパクト作用素の一つである．

　例をあげよう．$\mathfrak{H} = L^2(\mathbb{R}^d)$ として積分作用素 A を次で定める．

$$Af(x) = \int \phi(x,y)f(y)dy$$

積分作用素 A がヒルベルト・シュミットクラスであるための必要
十分条件は

$$\int |\phi(x,y)|^2 dxdy < \infty$$

である．さらに，A がヒルベルト・シュミットクラスになるとき

$$\|A\|_2 = \sqrt{\int |\phi(x,y)|^2 dxdy}$$

になる．ϕ が実関数のとき，A は自己共役作用素になり，そのスペク
トルは 0 を除いて，離散スペクトルになる．0 は集積点である可能
性がある．この意味で，積分作用素は有限次元の線形作用素に近い
無限次元空間上の作用素である．

3 量子力学における状態

3.1 状態

　フォン・ノイマンは "期待値汎関数" $\mathrm{E}(\cdot)$ による "状態" の表現を
考えた．物理量 $\mathfrak{R}$ に付随する自己共役作用素 R に対して $\mathrm{E}(R)$ を
対応させる．そこで E に対して次の公理を [62, IV.1] で導入する．

状態 E の公理

(1) $\mathrm{E}(\mathbb{1}) = 1$
(2) $\mathrm{E}(aR) = a\mathrm{E}(R),\ a \in \mathbb{C}$
(3) $R \geq 0 \Longrightarrow \mathrm{E}(R) \geq 0$
(4) $\mathrm{E}(R + S) = \mathrm{E}(R) + \mathrm{E}(S)$

物理量を $\mathfrak{R},\ \mathfrak{S}$ と書いて [62, IV.1] では, これらは次のよう説明されている

A) $\mathrm{E}(\mathbb{1}) = 1$
B) $\mathrm{E}(a\mathfrak{R}) = a\mathrm{E}(\mathfrak{R}),\ a \in \mathbb{C}$
C) $\mathrm{E}(\mathfrak{R}) \geq 0$
D) $\mathfrak{R}$ と $\mathfrak{S}$ か同時測定可能なとき $\mathrm{E}(\mathfrak{R} + \mathfrak{S}) = \mathrm{E}(\mathfrak{R}) + \mathrm{E}(\mathfrak{S})$

しかし, D) の "同時測定可能なとき" は極めて限定的である. 実際, $\mathfrak{R} + \mathfrak{S}$ は同時測定可能でなければ定義できないのだが, 一方で付随する自己共役作用素 R と S の和は可換でなくても定義可能である. さらに, $R + S$ が自己共役作用素になることもある. そこで, フォン・ノイマンは, 同時測定可能とは限らない $\mathfrak{R}$ と $\mathfrak{S}$ の和 $\mathfrak{R} + \mathfrak{S}$ を $R + S$ が自己共役作用素となるとき, $R + S$ に対応する物理量として定義している. それも, 同じ記号 $\mathfrak{R} + \mathfrak{S}$ と書いている. そして, 以下を仮定する. ここで $\mathfrak{R} + \mathfrak{S}$ は上述の意味である.

E) $\mathrm{E}(\mathfrak{R} + \mathfrak{S}) = \mathrm{E}(\mathfrak{R}) + \mathrm{E}(\mathfrak{S})$

本書では, A)—E) を仮定する. 例をあげよう.

(例1) $\varphi \in \mathfrak{H}$ は規格化されているとする. $R \in B(\mathfrak{H})$ に対して

$$\mathrm{E}(R) = (\varphi, A\varphi)$$

は状態である. 実は, $\mathfrak{R}$ 上の E が純粋状態であれば, あるヒルベル

ト空間 $\mathfrak{H}$, 規格化されたベクトル $\Omega \in \mathfrak{H}$, 写像 $\pi : \mathfrak{R} \to \mathfrak{H}$ が存在して

$$\mathrm{E}(A) = (\Omega, \pi(A)\Omega)$$

とできる. これを, GNS 構成 (Gelfand-Naimark-Segal の頭文字) といわれる.

(例 2) $\rho \in \mathfrak{C}$ とする. さらに $\mathrm{Spur}\rho = 1$ と仮定する. このとき,

$$E(R) = \mathrm{Spur}(\rho R)$$

は状態である. 実際, $\mathfrak{C}$ は $B(\mathfrak{H})$ の両側イデアルなので, $R \in \mathcal{B}(\mathfrak{H})$ に対して $R\rho \in \mathfrak{C}$ になり, $\mathrm{E}(R) = \mathrm{Spur}(\rho R)$ は有界である. $B(\mathfrak{H}) \ni R \mapsto E(R)$ の線形性もすぐにわかる. また, $E(\mathbb{1}) = \mathrm{Spur}\rho = 1$ となる.

状態 $\mathrm{E}(R)$ について考える. フォン・ノイマンは, これを Spur で表す. つまり,

$$\mathrm{E}(R) = \mathrm{Spur}(UR)$$

が任意の R で成り立つように U を求めている. それを紹介しよう. アイデアは R を無限行列で表すことにある. $\{\varphi_n\}$ を $\mathfrak{H}$ の CONS とする.

$$\varphi_\mu = \sum_n (\varphi_n, \varphi_\mu)\varphi_n$$

を上に代入して $s_{mn} = (\varphi_m, R\varphi_n)$ とすれば

$$
\begin{aligned}
&(\varphi_\mu, R\varphi_\nu) \\
&= \sum_{n,m} (\varphi_\mu, \varphi_m) s_{mn} (\varphi_n, \varphi_\nu) \\
&= \sum_n (\varphi_\mu, \varphi_n) s_{nn} (\varphi_n, \varphi_\nu) \\
&\quad + \sum_{m>n} (\varphi_\mu, \varphi_m) s_{mn} (\varphi_n, \varphi_\nu) + \sum_{m>n} (\varphi_\mu, \varphi_n) s_{nm} (\varphi_m, \varphi_\nu)
\end{aligned}
$$

すぐに $\bar{s}_{nm} = s_{mn}$ がわかる.

$$s_{mn} = \mathrm{Re}\,s_{mn} + i\,\mathrm{Im}\,s_{mn} = X^{mn} + iY^{mn}$$

とおけば

$$(\varphi_\mu, \varphi_m)s_{mn}(\varphi_n, \varphi_\nu) + (\varphi_\mu, \varphi_n)s_{nm}(\varphi_m, \varphi_\nu)$$
$$= \{(\varphi_\mu, \varphi_m)(\varphi_n, \varphi_\nu) + (\varphi_\mu, \varphi_n)(\varphi_m, \varphi_\nu)\} X^{mn}$$
$$\quad + i\{(\varphi_\mu, \varphi_m)(\varphi_n, \varphi_\nu) - (\varphi_\mu, \varphi_n)(\varphi_m, \varphi_\nu)\} Y^{mn}$$
$$= f_{\mu\nu}^{mn} X^{mn} + g_{\mu\nu}^{mn} Y^{mn}$$

故に

$$(\varphi_\mu, R\varphi_\nu) = \sum_{n=1}^{\infty} s_{nn} e_{\mu\nu}^n + \sum_{m<n} X^{mn} f_{\mu\nu}^{mn} + \sum_{m<n} Y^{mn} g_{\mu\nu}^{mn}$$

ゆっくり考えると

$$e_{\mu\nu}^n = (\varphi_\mu, P_{\{\varphi_n\}}\varphi_\nu)$$
$$f_{\mu\nu}^{mn} = (\varphi_\mu, (P_{\{\frac{\varphi_m+\varphi_n}{\sqrt{2}}\}} - P_{\{\frac{\varphi_m-\varphi_n}{\sqrt{2}}\}})\varphi_\nu)$$
$$g_{\mu\nu}^{mn} = (\varphi_\mu, (P_{\{\frac{\varphi_m+i\varphi_n}{\sqrt{2}}\}} - P_{\{\frac{\varphi_m-i\varphi_n}{\sqrt{2}}\}})\varphi_\nu)$$

がわかる. 実際, 例えば

$$(\varphi_\mu, (P_{\{\frac{\varphi_m+\varphi_n}{\sqrt{2}}\}} - P_{\{\frac{\varphi_m-\varphi_n}{\sqrt{2}}\}})\varphi_\nu)$$
$$= (\varphi_\mu, P_{\{\frac{\varphi_m+\varphi_n}{\sqrt{2}}\}}\varphi_\nu) - (\varphi_\mu, P_{\{\frac{\varphi_m-\varphi_n}{\sqrt{2}}\}})\varphi_\nu)$$
$$= (\varphi_\mu, \frac{\varphi_m+\varphi_n}{\sqrt{2}})(\frac{\varphi_m+\varphi_n}{\sqrt{2}}, \varphi_\nu) - (\varphi_\nu, \frac{\varphi_m-\varphi_n}{\sqrt{2}})(\frac{\varphi_m-\varphi_n}{\sqrt{2}}, \varphi_\mu)$$
$$= \frac{1}{2}(\delta_{\mu m} + \delta_{\mu n})(\delta_{\nu m} + \delta_{\nu n}) - \frac{1}{2}(\delta_{\nu m} - \delta_{\nu n})(\delta_{\mu m} - \delta_{\mu n})$$
$$= \begin{cases} 1 & \mu = m, \nu = n \\ 1 & \mu = n, \nu = m \\ 0 & それ以外 \end{cases}$$

となる. 結局 P_{φ_n}, $P_{\{\frac{\varphi_m+\varphi_n}{\sqrt{2}}\}} - P_{\{\frac{\varphi_m-\varphi_n}{\sqrt{2}}\}}$, $P_{\{\frac{\varphi_m+i\varphi_n}{\sqrt{2}}\}} - P_{\{\frac{\varphi_m-i\varphi_n}{\sqrt{2}}\}}$
に対応するプロパティーをそれぞれ, $\mathfrak{A}^n$, $\mathfrak{B}^{mn}$, $\mathfrak{C}^{mn}$ とすると

$$\mathfrak{R} = \sum_{n=1}^{\infty} s_{nn}\mathfrak{A}^n + \sum_{m<n} \mathrm{Res}_{mn}\mathfrak{B}^{mn} + \sum_{m<n} \mathrm{Im}s_{mn}\mathfrak{C}^{mn}$$

さて, $\mathfrak{A}^n$, $\mathfrak{B}^{mn}$, $\mathfrak{C}^{mn}$ に対応する射影作用素をそれぞれ, 次のよう
におく.

$$A^n = P_{\varphi_n}$$
$$B^{mn} = P_{\{\frac{\varphi_m+\varphi_n}{\sqrt{2}}\}} - P_{\{\frac{\varphi_m-\varphi_n}{\sqrt{2}}\}}$$
$$C^{mn} = P_{\{\frac{\varphi_m+i\varphi_n}{\sqrt{2}}\}} - P_{\{\frac{\varphi_m-i\varphi_n}{\sqrt{2}}\}}$$

このとき, R の行列表示は

$$R = \sum_{n=1}^{\infty} s_{nn}A^n + \sum_{m<n} \mathrm{Res}_{mn}B^{mn} + \sum_{m<n} \mathrm{Im}s_{mn}C^{mn}$$

となり, R の情報は全て, s_{mn} に入っていて, A^n, B^{mn}, C^{mn} は R
と無関係である. 故に, 状態の公理から

$$\mathrm{E}(R) = \sum_{n=1}^{\infty} s_{nn}\mathrm{E}(A^n) + \sum_{m<n} \mathrm{Res}_{mn}\mathrm{E}(B^{mn}) + \sum_{m<n} \mathrm{Im}s_{mn}\mathrm{E}(C^{mn})$$

あともう一息. フォン・ノイマンは

$$u_{nm} = \begin{cases} \mathrm{E}(A^n) & n=m \\ \frac{1}{2}\mathrm{E}(B^{mn}) + \frac{i}{2}\mathrm{E}(C^{mn}) & m<n \\ \frac{1}{2}\mathrm{E}(B^{nm}) - \frac{i}{2}\mathrm{E}(C^{nm}) & m>n \end{cases}$$

とおいて

$$\mathrm{E}(R) = \sum_{mn} u_{nm} s_{mn}$$

と表す. $\bar{u}_{mn} = u_{nm}$ に注意して,

$$U\varphi_m = \sum_{n=1}^{\infty} \bar{u}_{mn}\varphi_n$$

によって自己共役作用素 U を定義する. ここで, フォン・ノイマンは

$$\sum_n |u_{nm}|^2 \leq 1$$

を次のように示している. 紹介しよう. $x = (x_n) \in \ell_2$ とし, $\|x\| = 1$ とする. $\varphi = \sum x_n \varphi_n$ としよう. 勿論 $\|\varphi\|^2 = \sum_n |x_n|^2 = 1$ となる. $R = P_{\{\varphi\}}$ とする. そうすると $E(R) = \sum_{nm} u_{nm}\bar{x}_m x_n$ となるが, これが有界かどうか分からない. そこで, $x_m = 0$, $m > N$ としておこう. $R = R^2$ だから $E(R) = E(R^2) \geq 0$. また, $(\mathbb{1}-R)^2 = \mathbb{1}-R$ だから, $1-E(R) = E(\mathbb{1}-R) = E((\mathbb{1}-R)^2) \geq 0$. よって

$$0 \leq E(R) \leq 1$$

が従う. $x = (x_n)$ で非零な x_n は有限個だから $E(R) = \sum_{nm} u_{nm}\bar{x}_m x_n = (x, Ux)$ とかける. ここで U は $N \times N$ 行列と思える. これは, $0 \leq (x, Ux) \leq 1$ だったから, U の任意の固有値 λ は $0 \leq \lambda \leq 1$ となっている. 特に, $\|Ux\| \leq \|x\| = 1$ がわかる.

$$x_m = \begin{cases} 1 & m = \bar{m} \\ 0 & \text{それ以外} \end{cases}$$

とすれば, $(Ux)_m = u_{m\bar{m}}$ になる. まとめると

$$1 = \sum_{m}^{N} |x_m|^2 \geq \sum_{m}^{N} |(Ux)_m|^2 = \sum_{m}^{N} |u_{m\bar{m}}|^2$$

が任意の N で成り立つから, $N \to \infty$ とすれば,

$$\sum_{m}^{\infty} |u_{m\bar{m}}|^2 \leq 1$$

となる. [終]

上の証明から $U \in B(\mathfrak{H})$ で, $\|U\| \leq 1$ がわかる. 実は $\mathrm{Spur}U = 1$ である. 次のようになる.

$$\begin{aligned}
\mathrm{Spur}(UR) &= \sum_{n} (\varphi_n, UR\varphi_n) = \sum_{n} (U\varphi_n, R\varphi_n) \\
&= \sum_{n} \sum_{m} (\bar{u}_{nm}\varphi_m, R\varphi_n) = \sum_{n} \sum_{m} u_{nm} s_{mn} \\
&= \mathrm{E}(R)
\end{aligned}$$

ここで, 細かな注意を与える. 実は R は有界作用素とは仮定していない. 物理量 $\mathfrak{R}$ に付随している自己共役作用素は一般に非有界である. つまり R ごとに定義域が異なる. そうなると CONS $\{\varphi_n\}$ も $\mathrm{D}(R) \supset \{\varphi_n\}$ である必要があり, U は R に依らないと述べたのは勇み足である. フォン・ノイマンもここら辺りはこだわっている. しかし, $\mathrm{E}(R) = \mathrm{Spur}(UR)$ と表したとき U は R に依存しないようにとれる. 証明しよう. $\mathrm{Spur}(UR) = \mathrm{Spur}(VR)$ とする. $R = P_{\{\varphi\}}$ とすれば, $(\varphi, U\varphi) = (\varphi, V\varphi)$ となる. φ は任意だから $U = V$ となる. [終]

見事フォン・ノイマンは次を示した [62, 168 ページ][93, 252 ページ].

命題（E(R) の Spur による表現）

次が任意の R で成り立つ.

$$\mathrm{Spur}(UR) = \mathrm{E}(R)$$

作用素 U を統計作用素と呼ぶ. U の性質を調べよう. $\|U\| \leq 1$ だった. $R = P_{\{\psi\}}$ とすれば $\mathrm{E}(R) = (\phi, R\phi) = (\phi, R^2\phi) \geq 0$. 従って

$$E(R) = \mathrm{Spur}(UR) = (U\psi, \psi) \geq 0$$

ψ は任意なので $U \geq 0$ がわかる.

3.2 純粋状態と混合状態

フォン・ノイマンは分散が

$$\mathrm{E}((R - \mathrm{E}(R))^2) = 0 \qquad \forall R$$

となる場合を考察している. つまり, 因果的な状態が存在するための U の条件を調べている.

命題（フォン・ノイマン [62, IV.2]）

分散が零の状態 E は存在しない.

証明. $\mathrm{E}((R - \mathrm{E}(R))^2) = 0$ と仮定する. そうすると

$$\mathrm{E}(R^2) = \mathrm{E}(R)^2$$

これは, 命題により

$$\mathrm{Spur}(UR^2) = \mathrm{Spur}(UR)^2$$

を意味する. ここで $R = P_{\{\psi\}}$ とすれば

$$(U\psi, \psi) = (U\psi, \psi)^2$$

になるから $(U\psi, \psi) = 0$, または $(U\psi, \psi) = 1$ である. $(U\psi, \psi) = 0\ \forall\psi \in \mathfrak{H}$ ならば $(Uf, g) = 0$ になるから, $U = 0$. また $(U\psi, \psi) = 1\ \forall\psi \in \mathfrak{H}$ ならば $(Uf, g) = (f, g)$ が示せるから $U = \mathbb{1}$ になる. この場合,

$$\mathrm{E}(\mathbb{1}) = \mathrm{Spur}(U) = \infty$$

になってしまう. よって, $U \neq 0$ のとき, E の分散は非零である. [終]

最後に, 純粋状態と混合状態について説明しよう.

純粋状態と混合状態の定義

状態が n 個の状態 $\mathrm{E}^j,\ j = 1, \ldots, n$ によって

$$\mathrm{E}(A) = \sum_j a_j \mathrm{E}^j(A) \quad (a_j > 0, \sum_j a_j = 1)$$

のように表されるとき, 混合状態といい, このように分解できないものを純粋状態という.

混合状態では $\sum_j a_j = 1$ なので, $E(\mathbb{1}) = 1$ になっていることに注意しよう. $E(R) = \mathrm{Spur}(UR)$ の表現を使うと純粋状態であるための必要十分条件を得ることができる [62, 170 ページ],[93, 258 ページ].

命題 (純粋状態であるための必要十分条件)

$$\mathrm{E}(R) = \mathrm{Spur}(UR)\ \text{が純粋} \iff U = P_{\{\psi\}}$$

証明. ($\Longrightarrow$) $(g, Ug) > 0$ とする.

$$Vf = \frac{(Ug, f)}{(g, Ug)}Ug, \quad Wf = Uf - Vf$$

としよう. そうすると

$$(f, Vf) = \frac{|(f, Ug)|^2}{(g, Ug)} \geq 0$$

$$(f, Wf) = \frac{(f, Uf)(g, Ug) - |(f, Ug)|^2}{(g, Ug)} \geq 0$$

よって, $V, W \geq 0$ かつ $U = V + W$. E は純粋状態だから $U = cV$ または $U = cW$. ところが $Ug = Vg$ だから, $V = cU$ で $c = 1$. よって $U = V$. そうすると $Ug/\|Ug\| = \psi$, $c = \|Ug\|^2/(g, Ug)$ とすれば

$$Uf = Vf = c(\psi, f)\psi = cP_{\{\psi\}}f$$

$(\Longleftarrow)$ $U = P_{\{\psi\}}$ としよう. $U = V + W$ で, $V, W \geq 0$ とする. $Uf = 0$ ならば $Vf = 0$. 特に $(f, \psi) = 0$ ならば $Uf = P_{\{\psi\}}f = 0$ だから $Vf = 0$. $(f, Vg) = (Vf, g) = 0$ だから, $Vg \perp f$. これは $Vg = c_g\psi$ となる. 特に $V\psi = c\psi$ となる. 任意の $h \in \mathfrak{H}$ に対して $h = (\psi, h)\psi + h'$, $\psi \perp h'$, と書き表す. そうすると

$$Vh = (\psi, h)c\psi = cP_{\{\psi\}}h = cUh$$

従って $V = cU$, $W = (1 - c)U$ なので U は純粋状態. [終]

この命題から, $E(R)$ が純粋状態であれば, 規格化された $\psi \in \mathfrak{H}$ が存在して次のようになる.

$$E(R) = (\psi, R\psi)$$

4　測定から導かれる状態

統計作用素 U が与えられているとする. つまり, $U \geq 0$ で $\mathrm{Spur}(U) = 1$. これから決まる状態 $E(\cdot) = \mathrm{Spur}(U\cdot)$ を考える. 物

理量 $\mathfrak{R}$ に付随する自己共役作用素を R とし，その単位の分解を E_R としよう．$\Delta \in \mathcal{B}(\mathbb{R})$ をボレル可測集合とする．

$$\mathrm{Spur}(U E_R(\Delta))$$

はこの状態の物理量 $\mathfrak{R}$ を測定したときに，測定値が Δ に含まれる確率を与えると解釈される．同時測定可能な物理量 $\mathfrak{R}_1, \ldots, \mathfrak{R}_n$ に対しては，付随する自己共役作用素 $R_1, \ldots, R_n$ が可換だった．つまり，その単位の分解 $E_1, \ldots E_n$ が可換だった．

同時測定可能な物理量の測定値

状態 $\mathrm{Spur}(U\cdot)$ において，n 個の同時測定可能な物理量 $\mathfrak{R}_j, j = 1, \ldots, n$ の測定値が $\Delta_j \in \mathcal{B}(\mathbb{R}), j = 1, \ldots n$ に存在する確率は次で与えられる．

$$\mathrm{Spur}(U E_1(\Delta_1) \cdots E_n(\Delta_n))$$

プロパティー $\mathfrak{G}$ を考えよう．それは，イエスとノーで答えられる測定であった．それに付随する射影作用素を E とする．このとき

$$\mathrm{Spur}(UE)$$

が $\mathfrak{G}$ を測定したときにイエスとなる確率を与え，

$$\mathrm{Spur}(U(\mathbb{1} - E))$$

がノーとなる確率を与える．

測定後の状態を考えよう．[62, IV.3] に従って説明する．測定を 2 回続けて行う．反復可能性仮説によれば，1 回目の測定は直後の 2 回目の測定で不変である．2 回目の測定結果が $\mathrm{Spur}(U(\mathbb{1}-E)) = 0$ とする．$0 \leq U(\mathbb{1} - E)$ だから，$\mathrm{Spur}(U(\mathbb{1} - E)) = 0$ ならば

$U(\mathbb{1} - E) = 0$ になる. つまり,

$$U = UE$$

この U を求めよう. $\mathfrak{M} = E\mathfrak{H}$ とする. $\mathfrak{M}$ の CONS を $\{\varphi_n\}$, $\mathfrak{M}^{\perp}$ の CONS を $\{\psi_m\}$ とする. そうすると

$$U = \sum_n (\varphi_n, U\varphi_n) P_{\{\varphi_n\}}$$

と表せる. $\lambda_1, \lambda_2, \ldots, \mu_1, \mu_2, \ldots$ は互いに異なる実数とし, $R : \mathfrak{H} \to \mathfrak{H}$ を

$$R(\sum_n x_n\varphi_n + \sum_m y_m\psi_m) = \sum_n \lambda_n x_n\varphi_n + \sum_m \mu_m y_m\psi_m$$

と定める. このとき, $R\varphi_n = \lambda_n\varphi_n$ となる. 上のように定義した任意の R に対して $[R, U] = 0$ が示せる. なぜならば $UR\varphi_n = \lambda_n U\varphi_n = \lambda(\varphi_n, U\varphi_n)\varphi_n$. また $RU\varphi_n = (\varphi_n, U\varphi_n)R\varphi_n = \lambda_n(\varphi_n, U\varphi_n)R$ なので. これから, $U\varphi_n$ も固有値 λ_n の R の固有ベクトルになるから, $U\varphi_n = a_n\varphi_n$ となる. 実は, 全ての n で a_n が等しいことが示せる.

証明. $U\varphi_n = a\varphi_n$, $U\varphi_m = b\varphi_m$ で $a \neq b$ と仮定する. このとき, $(\varphi_n, \varphi_m) = 0$ になる. $\Phi_1 = \frac{1}{\sqrt{2}}(\varphi_n + \varphi_m)$ とする. $\mathfrak{M}$ の CONS $\{\Phi_1, \Phi_2, \ldots\}$ を考える. $R' : \mathfrak{H} \to \mathfrak{H}$ を

$$R'(\sum_n x_n\Phi_n + \sum_m y_m\psi_m) = \sum_n \lambda_n x_n\Phi_n + \sum_m \mu_m y_m\psi_m$$

と定める. U は $U = \sum_n (\Phi_n, U\Phi_n) P_{\{\Phi_n\}}$ とも表せるから, $[R', U] = 0$ で, Φ は U の固有ベクトルになる. つまり, $\varphi_n, \varphi_m, \Phi$ は全て U の固有ベクトルになる. 固有値が異なっていれば直交することに注意しよう. $(\Phi, \varphi_n) = 1/\sqrt{2}$ かつ $(\Phi, \varphi_m) = 1/\sqrt{2}$ だか

ら, Φ と φ_m の固有値は等しい. また Φ と φ_n の固有値も等しい. しかし $a \neq b$ なので, これは矛盾する. 故に $a = b$. [終]

　$Uf = af$ が任意の $f \in \mathfrak{M}$ で示せる. 故に $UEg = aEg$. $UE = U$ だから $U = aE$. a は本質的ではなく $a = 1$ とおいても構わない. 故に次がわかった.

$$U = E$$

命題（プロパーティーの統計作用素）

プロパーティー $\mathfrak{G}$ の測定後, 統計作用素は $U = E$ に変化する.

5　隠れた変数

5.1 因果的 vs 非因果的

　"隠れた変数" という概念はド・ブロイの [11] によって導入された. フォン・ノイマンの量子力学への貢献として "隠れた変数の非存在" が上げられる. 隠れた変数の存在非存在は, 量子力学は完全か不完全か, または, 因果的か非因果的かという文脈で語られる. 因果的という言葉は既に何度も登場してきた. 中性子 n は寿命が尽きると

$$n \to p + e_- + \bar{\nu}$$

のように, 陽子 p と電子 e_- と反ニュートリノ $\bar{\nu}$ に崩壊する. 中性子の寿命は 886.7 ± 1.9 秒である. とはいっても, 個々の中性子には寿命のばらつきがある. このばらつきを追求することが因果的な考え方である. 例えば, 日本人の平均寿命が 82 歳といっても, 90 歳まで生きる人や, 60 歳で亡くなる人もいる. 90 歳まで生きた理由, 60 歳で亡くなった理由を追求するのが因果的な考え方であろう. しか

し,量子論が発見された頃は,中性子の崩壊過程とは因果的に説明できない過程で,全てが確率に支配されているとし,個々の崩壊時間の理由を追求しなかった.これが非因果的な考え方である.

　因果的な考え方を主張したのは,アインシュタイン,プランク,ド・ブロイ等であり,彼らには量子力学が非因果的であり不完全なものにみえた.一方,量子力学の確率解釈を支持して,非因果的な考えを強調したのはボーア,ボルン,パウリ,ハイゼンベルク,ヨルダン等である.彼等はこれから紹介する,フォン・ノイマンの "隠れた変数の非存在" を強く支持した.絶対時間の概念を打ち破ったアインシュタインが,因果性の概念に固執したのは興味深い.パウリは,このようなアインシュタインの姿勢を「保守的な部分がある」と [100, アインシュタインの量子論への寄与] で語っている.アインシュタインも人間であろう.一回いってしまったことを取り下げることもできなかったろうし,年齢も 50 歳目前で柔軟にはいかなかったのではなかろうか.

　ボーアとフォン・ノイマンは 1938 年 6 月 30 日–7 月 3 日にワルシャワで開催された学会 "New Theories in Physics" に参加している.フォン・ノイマンの "隠れた変数" の講演を聞いたボーアはその数学的厳密さに驚いたという.また,ボルンは著書『Natural Philosophy of Cause and Chance』[8]（邦訳 『原因と偶然の自然哲学』[101]）の [101, 107 ページ] で,次のように述べている.

　「この問題に対するもっとも具体的な寄与はあの有名な『量子力学の数学的基礎』でフォン・ノイマンによってなされた.その中で彼は "期待値" の性質及びそれ等を数学的記号で表示するのに非常にもっともらしく,かつ一般な特性をもつ二,三の仮定から理論を導くことによって理論を一つの公理的基礎におこうとしている.結果はこうである.量子力学の定式化はこれらの公理により一義的に

決められるというのである. 特に, 非決定論的な記述はある決定論的なそれに変換できることの助けを借りるならば, かくされたパラメーターなどは入りえないとういことである」.

続けて, 決定論的な形に量子力学が書き換えられるならば, それは現在の理論の修正ではなく本質的な変更が必要だろうという趣旨のことも述べている.

5.2 古典力学と量子力学における隠れた変数

古典力学はニュートン力学からもわかるように因果的な理論であり, 考察している k 個の粒子からなる系の状態, つまり位置 ($3k$ 個) と運動量 ($3k$ 個) を完全に知ってしまえば, エネルギー, 角運動量, 重心などの物理量を紙上では正確に決定できる. しかし, 現実の物理現象はどうであろうか? 古典論は因果的なのだろうか. 実際, k は巨大な数になるために統計的なとり扱いをする. つまり, 全ての位置と運動量を知るのではなく, それらの一部を知るとき, または全く知らなくても, 物理量について主張できる. 1 モルが 10^{23} 個であることを考えれば全ての位置と運動量を完璧に知ることは不可能である. そのために統計という概念でその大きな系の状態を把握する. 巨視的な世界の法則であるニュートン力学では, 初期値がわかれば時刻 t での状態を おおよそ 知ることができるのである. つまり, 大数の法則 [93, 261 ページ] により, 自由度が大きくなれば分散が限りなく小さくなり, 物理現象が因果的にみえることを我々は知っている.

ここで, フォン・ノイマンは大数の法則といっているが, 復習しよう. $(\Omega, \mathcal{B}, \mu)$ を確率空間とする. 確率変数の族 $X_n : \Omega \to \mathbb{R}$ が独立で同分布と仮定する. $E[\ldots] = \int_\Omega \ldots d\mu$ は期待値を表す. 同分布なので, 期待値 $E[X_n] = m$ や分散 $E[(X_n - E[X_n])^2] = \sigma^2$ は n

に依存せず全て等しい. 標本平均を

$$Y_n = \frac{1}{n} \sum_{j}^{n} X_j$$

とする. 期待値は $E[Y_n] = m$ で分散は

$$E[(Y_n - m)^2] = \frac{\sigma^2}{n}$$

になる. $n \to \infty$ の極限で分散が消えることがわかる. 実際

$$\lim_{n \to \infty} Y_n \to m \text{ a.e.}$$

となる. これが大数の強法則といわれるものである. 証明は初等的ではない. 感覚的には確率変数 $Y_n : \Omega \to \mathbb{R}$ が定数 m に収束する. 定数を確率変数とみなせば, 勿論分散は消えていて, $E[m]^2 = E[m^2]$ である.

古典力学にもどろう. k 個の粒子の古典力学的な系で, $l(\ll 6k)$ 自由度の情報しかわからないときでも, 統計的な処置により全体を知ることができる. つまり $6k - l$ 個の自由度が決定要素になる. この決定要素を "隠れた変数" と呼ぶ. この場合, 隠れた変数 λ は $\lambda \in \mathbb{R}^{6k-l}$ である.

例えば, 物理量 $\mathfrak{R}$ を測定するとき, $\lambda \in \mathbb{R}^{6k-l}$ が与えられれば, 粒子が弾性衝突するとでも仮定しておけば, 残りの l 個を知ることによって, その測定値は完全に決定できる. 一方, 隠れた変数 $\lambda \in \mathbb{R}^{6k-l}$ が知られていなければ, l 個の情報が確定していても $6k - l$ 個の隠れた変数の情報によって測定値は揺らぐ. ただし, その揺らぎは統計理論によって制御できる.

しかし, ボルン, ヨルダンの量子力学の確率解釈以来, 量子力学で見出される統計的命題は古典的なものとは本質的に異なる. 波動関

数 φ と物理量との非因果的な関係を古典力学的に解釈しようとする動きがあった. それは以下のような方法である. 物理量の値を古典力学のように完璧に知るためには波動関数だけでは不十分で何か他の決定要素があるに違いなく, その決定要素がわかれば物理量の値を正確にかつ確定的に知ることができて, 確率解釈を避けることができる. この決定要素が隠れた変数である. この場合の隠れた変数の正体は筆者にはよくわからない. 隠れた変数がどこの元なのか? $\mathbb{R}^n$ なのか, 波動関数の集合なのか, 超関数の集合なのか.....

　前述の中性子の崩壊でいえば, 中性子の内部に隠れた変数が存在するという立場と, 中性子の存在領域の近傍に隠れた変数が存在するという立場がある. 前者を "内部の隠れた変数", 後者を "外部の隠れた変数" という. 古典論で説明した $\lambda \in \mathbb{R}^{6k-l}$ は外部の隠れた変数である.

5.3 フォン・ノイマンの証明

　フォン・ノイマンは量子力学における隠れた変数が非存在であることを示した. それを外観しよう.

　物理量 $\mathfrak{R}$ を考えて, 付随する自己共役作用素を R とする. ある同一の物理系を N 回測定して, 観測値 $r_1, \ldots, r_N$ を得たとする. 量子力学では, これらの測定値は確率によって非因果的に決められている. ここで, 隠れた変数 $\lambda \in \Lambda$ を導入する. ここでは, 抽象的に Λ の正体は考えないことにする. 次のように解釈する. 測定直前の λ の値で r_j が決まる. つまり, $r_j = r_j(\lambda_j)$ である. $\lambda_j = \lambda_i$ ならば $r_j = r_i$ になるとする. 例えば, n 個の隠れた変数が全て等しいとき, $\lambda_1 = \ldots = \lambda_n = \lambda$. このとき, $r_1 = \ldots = r_n$ となる. そうすると,

$$E(R) = \frac{1}{N} \sum_j r_j = r(\lambda)$$

になる. 一方

$$E(R^2) = \frac{1}{N} \sum_j r_j^2 = r(\lambda)^2$$

になるから, $E(R)^2 = E(R^2)$ となり分散は消える. フォン・ノイマンの状態の公理を認めると隠れた変数の存在は矛盾を導く.

次の例は [96, II.4] による.

$$\sigma_x = \begin{pmatrix} 0 & 1 \\ 1 & 0 \end{pmatrix} \quad \sigma_y = \begin{pmatrix} 0 & i \\ -i & 0 \end{pmatrix} \quad \sigma_z = \begin{pmatrix} 1 & 0 \\ 0 & -1 \end{pmatrix}$$

としよう. どの行列の固有値も $\{1, -1\}$ である. 物理量 $\mathfrak{R}$ に対応する自己共役作用素が $R = \sigma_x$, $\mathfrak{S}$ に対応する自己共役作用素が $S = \sigma_y$ とする. $\mathfrak{R} + \mathfrak{S}$ は $\mathfrak{R}$ と $\mathfrak{S}$ が同時測定可能ではないが定義できて, 付随する自己共役作用素は

$$T = R + S = \begin{pmatrix} 0 & 1+i \\ 1-i & 0 \end{pmatrix}$$

となる. 隠れた変数 λ が存在して, $\mathfrak{R}$ は常に R の固有値 $r(\lambda)$ を測定値にもち, $\mathfrak{S}$ は常に S の固有値 $s(\lambda)$ を測定値にもち, $\mathfrak{T}$ は常に T の固有値 $t(\lambda)$ を測定値にもつとしよう. このとき, その期待値は $E(R) = r(\lambda)$, $E(S) = s(\lambda)$, $E(T) = t(\lambda)$ となる. フォン・ノイマンの公理によると

$$r(\lambda) + s(\lambda) = t(\lambda)$$

である. しかし, $r(\lambda) = \pm 1$, $s(\lambda) = \pm 1$ であるから, $r(\lambda) + s(\lambda) = -2, 0, +2$ のどれかである. 一方 $t(\lambda) = \pm 1/\sqrt{2}$ であり,

$$r(\lambda) + s(\lambda) \neq t(\lambda)$$

であるから矛盾する. つまり, 隠れた変数を導入して決定論的にすれば, 期待値の線形性が壊れるというのである.

　この例からも想像できるように, 厳密な議論を無視すれば, $\mathfrak{R}$ と $\mathfrak{S}$ が同時測定可能であれば, R と S は同時対角化できるので, ともに対角行列と思ってもいい. よって, 隠れた変数 λ の存在を仮定しても $r(\lambda) + s(\lambda) = t(\lambda)$ であるからフォン・ノイマンの公理に矛盾しない. つまり, 同時測定が不可能であることが隠れた変数の非存在の必要条件になっている.

5.4 誰が因果性を見たか

　フォン・ノイマン は次のように結論づける. 巨視的な物理学では因果性を支持する経験はないし, あり得ない. なぜなら, 巨視的な世界の因果的秩序は大数の法則に支配されていて, 素過程を支配している自然法則が因果的であるかどうかに依っていない. 巨視的に等しい対象が巨視的に等しく振る舞うことは素過程の因果性に関係がない. 自由度の数が大変大きいために, 分散が小さくなって同じようにみえるのである. 故に, 原子などの微視的な世界で初めて因果性の問題を調べることになる. しかし, 微視的な世界を記述する唯一の処方である量子力学は因果的ではない. 量子力学が誤りである可能性も言及しながら, 現実の理論と経験の一致をみればそのようなことはないと語っている.

　フォン・ノイマン は強く次を主張する. 自然界における因果性を語る動機も口実もない. なぜなら, 前述したように巨視的世界では因果律は無用だし, 量子力学は非因果的であるから. つまり, 人類は因果性を支持するような経験をしていないというのだ. 問題なのは先入観であり, 思惟の必然性ではない. 先入観による古い考えに固執し, 合理的な物理学の理論を根拠も経験もない古くからの考えの犠牲にするという動機が存在するのだろうか.

第10章

フォン・ノイマンのエルゴード定理

1 エルゴード性とワイルの玉突き

エルゴード理論（Ergodic theory）の語源はギリシア語の ergon（仕事量）と hodos（経路）である．1884 年にボルツマンが論文 [6] で導入した．この論文にはエルゴードの他に，訳するのに窮する言葉，"Monode, Orthode, Holode, Planode, Isodic" が出てくる．19 世紀，熱力学，分子運動論，統計力学が非常に進歩した．その立役者はマクスウエルとボルツマンであった．熱力学は巨視的な現象で非可逆的な現象である．一方で分子運動論は微視的な世界で可逆的にみえる．これらの矛盾の解決を試みたパイオニアがマクスウエルとボルツマンである．その巨視的世界と微視的世界をつなげるためにエルゴード仮説が導入された．

フォン・ノイマンは 1932 年に [64] で平均エルゴード定理を数学的に証明した．フォン・ノイマンの業績の中でも，このエルゴード定理はインパクトの大きな仕事と考えられている．エルゴード仮説という言葉は，"空間平均と時間平均が一致する" と標語的に語られることもあって，物理学の専門家以外にも広まっている．確固たる定義もないままにエルゴード的やエルゴード性という言葉が一人歩

きして玉虫色の議論を展開しているような社会科学系の文献をみることもある. 空間平均と時間平均が一致するという概念は統計力学において語られるものであるが, それを認めて“エルゴード仮説”といい表される. 筆者が調べた限りでは, エルゴード仮設そのものが無用であったり, 正しくないとする統計力学の教科書も存在する. 例えば, [103, 15 ページ] など. そのためか, エルゴード仮設について詳細な記述のある統計力学の教科書は多くない. 一方で, これから紹介するフォン・ノイマンの平均エルゴード定理は, 数学の定理であり仮説とは異なる. それはヒルベルト空間論と確率論が美しく調和した理論である. 数学の世界では, 統計力学を離れて, エルゴード性という概念が語られることが多い.

エルゴード性の例として“ワイルの玉突き”が例としてあげられることが多い. 以下は 1932 年にゲッチンゲンに滞在した高木貞治の『数学雑談』(28 ページ) を参照した. ちなみに, 高木は 1932 年 10 月 8 日にヒルベルト邸をエミー・ネーターと一緒に訪ねている. ICM に参加した折によったらしい. この当時の様子は [104] に詳しい. すでに, フォン・ノイマンはベルリン大学へ, ワイルは ETH に移ってしまってゲッチンゲンにはいない. 高木は当時 57 歳で, これが最後の洋行となった. ネーターは, 高木一人ではヒルベルト先生と話が途切れたときに困るだろうということで同行したらしい. 齢 70 を超えたヒルベルト先生は同じ話を繰り返すことが多く, ネーターが辟易していたそうだ. 高木は, 『数学雑談』(194 ページ) で, お客が来るのにヒルベルトが正装していないことに気がついたケーテ夫人の様子を紹介している. 高木は次のように書いている.

「“オー, ダービットよ. 汝は汝のネクタイを取り替えねばならない. 早く早く”と言うて, 先生を二階に追い立てたそうです」
現代の感覚で読むと, 妻が夫のことを“汝”と表現するのには非常

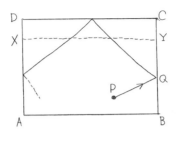

ワイルの玉突き

に違和感を感じるのだが. 高木はそのような視線でヒルベルト夫妻を見ていたのだろうか. 僅か 90 年前の出来事である.

　話をワイルの玉突きに戻そう. 矩形の玉突き台 $ABCD$ 内部の任意の点 P から, 任意の方向 PQ に向かって玉をつく. 球の通路が周期的になるのはいかなる場合であろうか? それは簡単で, AB を x 軸, AD を y 軸と思って, PQ を $y = mx + b$ と表したとき m が有理数になるときに限り周期的になる. もし, m が無理数であれば玉の通路は周期的にならない. さらに, もう一歩進んで玉が等速度で運動していていると仮定して, 時刻 0 に玉が P を出発したとする. 時刻 T までに $ABCD$ の部分集合 V に玉が滞在する総時間を $V(T)$ とする. V の面積を $|V|$ とする. m が無理数のとき, ワイルは次を示した.

$$\lim_{T \to \infty} \frac{V(T)}{T} = \frac{|V|}{|ABCD|}$$

つまり, $ABCD$ の内部を偏ることなく満遍に玉は通過する. これは, 時間平均が空間平均に等しいと読める. 直観的に, そうなることは予想できるがどうやって証明すればいいのか. ワイルは次の定理 [81] を示した.

命題（ワイルの一様分布定理）

m を無理数とする．このとき，数列 $\{[nm]\}_n$ は $[0,1]$ に一様分布する．ここで $[nm]$ は，nm の少数部分を表す．

この定理は，無理数の整数倍の少数部分を $[0,1]$ 区間に永遠にプロットし続ければ，$[0,1]$ 区間が等密度でプロットした点で稠密に覆われることを示している．これを使うと，例えば，$\sin n = \sin([n/2\pi]2\pi)$ で，ワイルの一様分布定理より $[n/2\pi]$ は $n \in \mathbb{N}$ を動くとき $[0,1]$ を稠密に覆うから，数列 $\{\sin n\}_n$ の集積点が $[-1,1]$ であることが示せる．ワイルの玉突きの例では，AB に平行な任意の線 XY をひけばワイルの一様分布定理より，XY が玉の経路で稠密に覆われることになる．XY は任意だったので，$ABCD$ が稠密に覆われることがわかる．稠密なので擬エルゴード性（quasi-ergodic）といわれることもある．実は，これから紹介するフォン・ノイマンの平均エルゴード定理からワイルの一様分布定理も示せる．

フォン・ノイマンは 1929 年に "エルゴード" がタイトルに入る論文『Beweis des Ergodensatzes und des H-Theorems in der neuen Mechanik』[56]（新しい力学におけるエルゴード定理と H 定理の証明）を出版している．これは，この章で紹介する平均エルゴード定理とは異なる．邦訳 [94, 解説 2.] にその詳しい解説がある．

2 可測力学系

フォン・ノイマンの平均エルゴード定理の主張と証明をできる限り厳密に与える．とはいっても過剰な抽象化や一般化を避けて説明を試みる．

$(X, \mathcal{B}, \mu)$ を確率空間とする．確率空間を復習しておこう．X

は集合で，$\mathcal{B}$ はシグマ代数といわれる X の部分集合族である．$\mu : \mathcal{B} \to [0, 1]$ は測度で，$\mu(X) = 1$ になっている．そのため確率空間といわれるのだった．$T : X \to X$ を可測写像とする．可測写像とは，$T^{-1}(A) \in \mathcal{B}$ が任意の $A \in \mathcal{B}$ で成立する写像である．可測性があれば，可測関数 $f : X \to \mathbb{R}$ に対して $\int f(T(x))d\mu(x)$ のような積分が定義できた．さて，

$$\mu(T^{-1}A) = \mu(A) \quad A \in \mathcal{B}$$

が成り立つとき T を測度不変写像という．A の大きさ（＝測度）と $T^{-1}(A)$ の大きさが等しいからこういう名前がついている．$^{-1}$ を外して $\mu(TA) = \mu(A)$ とした方がわかりやすいという読者もいることだろう．しかし，上のようにして測度不変写像を定義しておくと，後で表記がカッコよくなる．

┌─ 可測力学系の定義 ───────────────

　確率空間と測度不変写像の 4 つ組 $(X, \mathcal{B}, \mu, T)$ を可測力学系という．

└─────────────────────────────

（例 1） $\alpha \in [0, 2\pi)$ とする．単位円周 $S^1 = \{e^{i\theta} \mid \theta \in \mathbb{R}\}$ 上に，確率測度 $d\mu = \frac{1}{2\pi}d\theta$ を定める．$Te^{i\theta} = e^{i(\theta+\alpha)}$ とすれば，T は測度不変写像になる．

（例 2） $\rho(x) \geq 0$ で，$\int \rho(x)dx = 1$ となる関数を考える．例えば，$\rho(x) = \frac{1}{\sqrt{\pi}}e^{-|x|^2}$ としてみよう．確かに $\mu(A) = \int_A \rho(x)dx$ とすれば，$\mu(\mathbb{R}) = 1$ となる確率測度になる．$Tx = x + 1$ とする．しかし，一般に $\mu([a, b]) \neq \mu([a+1, b+1])$ となるから T は測度不変写像ではない．

　平均エルゴード定理を理解するためには測度の等式を関数の等式にいい換えることが大事である．

> **命題（測度不変写像）**
>
> T が測度不変写像であることは，任意の有界可測関数 $f : X \to \mathbb{R}$ に対して次が成り立つことと同値である．
>
> $$\int f(Tx)d\mu(x) = \int f(x)d\mu(x)$$

測度論に馴染みがない読者は，測度不変写像を上のように定義する方がわかりやすいかもしれない．

　証明. ($\Longrightarrow$) $\mathbb{1}_A(Tx) = \mathbb{1}_{T^{-1}A}(x)$ に注意すれば

$$\int \mathbb{1}_A(Tx)d\mu(x) = \int \mathbb{1}_A(x)d\mu(X)$$

が成立する．故に，階段関数 f に対しても上の等式が成り立つ．極限操作で，任意の有界可測関数 f でも成立することがわかる．

　($\Longleftarrow$) こちらは簡単．$f = \mathbb{1}_A$ とすればいい. [終]

　この命題からわかるように，測度不変写像であることを逆写像 T^{-1} を用いて $\mu(T^{-1}A) = \mu(A)$ のように定義すれば，T による積分の不変性 $\int f(Tx)d\mu(x) = \int f(x)d\mu(x)$ が導かれる．

3　条件付き期待値

　$\mathcal{G} \subset \mathcal{B}$ を部分シグマ代数とする．$\mathcal{B}$ 可測関数 f に対して，$\mathcal{G}$ に関する条件付き期待値を定義しよう．条件付き期待値 $E[f|\mathcal{G}]$ は名前から想像するのとは裏腹に，$\mathcal{G}$ 可測な関数であって，古典的な確率論の期待値のような数ではない．また，$A \in \mathcal{B}$ に対して，$\mu(A) = \int \mathbb{1}_A(x)d\mu(x)$ は A の確率を与えるが，$E[\mathbb{1}_A|\mathcal{G}]$ は条件付き確率と呼ばれ，古典的な確率論の条件付き確率の拡張になっている．本書ではふれない．次のように定義する．

┌─ 条件付き期待値 $E[f|\mathcal{G}]$ の定義 ─────────────

任意の $A \in \mathcal{G}$ に対して

$$\int \mathbb{1}_A(x) f(x) d\mu(x) = \int \mathbb{1}_A(x) \tilde{f}(x) d\mu(x)$$

となる $\mathcal{G}$ 可測な関数 $\tilde{f}$ を $E[f|\mathcal{G}]$ と表して, f の $\mathcal{G}$ に関する条件付き期待値という.

└──────────────────────────────────

条件付き期待値は一意的である. 定義から, f が $\mathcal{G}$ 可測ならば, $E[f|\mathcal{G}] = f$ である. f が $\mathcal{G}$ 可測ならば $E[fg|\mathcal{G}] = fE[g|\mathcal{G}]$ となる. また,

$$\int E[f|\mathcal{G}](x) d\mu(x) = \int f(x) d\mu(x)$$

例えば, $\mathcal{G} = \{\emptyset, X\}$ とする. このとき

$$E[f|\mathcal{G}] = \int f(x) d\mu(x) \mathbb{1}$$

という定数関数になる. なぜならば, この場合 $\mathcal{G}$ 可測関数は定数関数 $a\mathbb{1}_X$ である. よって

$$\int \mathbb{1}_X(x) f(x) d\mu(x) = \int \mathbb{1}_X(x) F[f|\mathcal{G}](x) d\mu(x) = a \int d\mu(x)$$

から, $E[f|\mathcal{G}] = \int f(x) d\mu(x) \mathbb{1}$ となる.

ヒルベルト空間 $L^2(X)$ で考えると次のようになる.

$$P : f \mapsto E[f|\mathcal{G}]$$

とすれば, $P^2 f = Pf$ で, P は射影作用素になる. 正確に述べると

$$P : L^2(X, \mathcal{B}, \mu) \to L^2(X, \mathcal{G}, \mu)$$

となる射影作用素になる. 細かいが $L^2(X, \mathcal{G}, \mu)$ は $\mathcal{G}$ 可測な L^2 関数の集合である. 条件付き期待値は f の $L^2(X, \mathcal{G}, \mu)$ への射影である.

4 可測性と不変性

$T : X \to X$ を測度不変写像とする. $\mathcal{E} \subset \mathcal{B}$ を次で定めよう.

$$\mathcal{E} = \{A \in \mathcal{B} \mid \mu(A \triangle T^{-1}A) = 0\}$$

ここで, $A \triangle B$ は A と B の対称差を表す. $A \triangle B = \emptyset$ であれば $A = B$ であるから, $\mu(A \triangle T^{-1}A) = 0$ は A と $T^{-1}A$ がほとんど等しいといっている.

つまり, T^{-1} でほとんど不変な集合 A の全体が $\mathcal{E}$ である. $\mathcal{E}$ が部分シグマ代数であることもわかる. 例えば $A_n \in \mathcal{E}$ のとき $\cup_n A_n \in \mathcal{E}$ である. $\mathcal{E}$ が部分シグマ代数であるから, $\mathcal{E}$ 可測な関数や, $E[f|\mathcal{E}]$ を考えることができる. 次の命題は数学として非常に重要なことを語っている. 不変関数の集合と $\mathcal{E}$ 可測な関数の集

影の部分が A と B の対称差 $A \triangle B$

合が等しいといっている. 例えば, $E[f|\mathcal{E}]$ は $\mathcal{E}$ 可測なので不変関数になる.

> **命題（$\mathcal{E}$ 可測性と不変性）**
>
> f が $\mathcal{E}$ 可測関数 $\iff$ $f(Tx) = f(x)$ $a.e.x$

証明. （$\implies$) 一般に $\mu(A \triangle B) = 0$ のとき $A = (A \cap B) \cup N$, $B = (A \cap B) \cup N'$ と表せて, $\mu(N) = \mu(N') = 0$ なので, $\mathbb{1}_A(x) = \mathbb{1}_B(x)$ a.e. となる. $f \geq 0$ とする. f は $\mathcal{E}$ 可測な階段関数で

近似できる. つまり $f_n(x) \uparrow f(x)$ $(n \to \infty)$ となる階段関数列 f_n が存在する. f_n は $a \mathbb{1}_A$, $a \geq 0$, $A \in \mathcal{E}$, の和で表せる. 故に $\mathbb{1}_A(x) = \mathbb{1}_{T^{-1}A}(x) = \mathbb{1}_A(Tx)$ a.e. これから, $f_n(Tx) = f_n(x)$ a.e. がわかる. よって, $f(Tx) = f(x)$ a.e. になる.

($\Longleftarrow$) $f : X \to \mathbb{R}$ が可測とは, $O \in \mathcal{B}(\mathbb{R})$ に対して $f^{-1}(O) \in \mathcal{E}$ のことだった. $O \in \mathcal{B}(\mathbb{R})$ とする. $f^{-1}(O) \in \mathcal{E}$ を示せばいい. $A = f^{-1}(O) = \{x | f(x) \in O\}$ とする. $T^{-1}A = \{T^{-1}x | f(x) \in O\} = \{y | f(Ty) \in O\}$. $f(Tx) = f(x)$ a.e. だから $\mu(A \triangle T^{-1}A) = 0$ になる. [終]

> **エルゴード的測度の定義**
>
> $A \in \mathcal{E}$ ならば $\mu(A) = 0$ または $\mu(X \setminus A) = 0$ となるとき, μ をエルゴード的測度という.

μ がエルゴード的とは T^{-1} でほぼ不変になる集合が X に近い集合くらいしかないということだ.

エルゴード的測度の例をあげよう. (**例1**) で, 単位円周 S^1 上に, 確率測度 $d\mu = \frac{1}{2\pi} d\theta$ を定めた. α を無理数として $Te^{i\theta} = e^{i(\theta+\alpha)}$ とすれば, μ はエルゴード的測度になる.

μ がエルゴード的測度とすれば $E[f|\mathcal{E}]$ はどうなるだろうか. $A \in \mathcal{E}$ としよう. このとき

$$\int \mathbb{1}_A(x) f(x) d\mu(x) = \int \mathbb{1}_A(x) E[f|\mathcal{E}] d\mu(x)$$

だから, $\mu(A) = 1$

$$\int f(x) d\mu(x) = \int E[f|\mathcal{E}] d\mu(x)$$

で, 条件付き期待値は一意的だから

$$E[f|\mathcal{E}] = \int f(x)d\mu(x)\mathbb{1}$$

という定数関数になる.

> **命題（エルゴード的測度の場合の条件付き期待値）**
>
> μ はエルゴード的測度とする. このとき, $E[f|\mathcal{E}]$ は定数関数に
> なる. $E[f|\mathcal{E}] = a\mathbb{1}$. ここで $a = \int f(x)d\mu(x)$ である.

5 フォン・ノイマンの平均エルゴード定理

フォン・ノイマンの平均エルゴード定理を述べよう. $(X, \mathcal{B}, \mu, T)$ を可測力学系とする. $f \in L^2(X)$ としよう. 離散時間平均を

$$\frac{1}{n}\sum_{j=0}^{n-1} f(T^j x)$$

とする. $n \to \infty$ の極限の様子が知りたい.

$$L^2(X) = L^2(X, \mathcal{E}, \mu) \oplus L^2(X, \mathcal{E}, \mu)^{\perp}$$

と直和に分解した場合,

$$f = E[f|\mathcal{E}] + (f - E[f|\mathcal{E}])$$

とみなせば, これは直和分解と解釈できる. $f \mapsto E[f|\mathcal{E}]$ は $L^2(X, \mathcal{E}, \mu)$ への射影だった. フォン・ノイマンの平均エルゴード定理というのは, 直観的には $\frac{1}{n}\sum_{j=0}^{n-1} f(T^j x)$ の $n \to \infty$ の極限では, $E[f|\mathcal{E}]$ が生き残って $f - E[f|\mathcal{E}]$ が消えるということである. 厳密には次のようになる.

命題（フォン・ノイマンの平均エルゴード定理）

$(X, \mathcal{B}, \mu, T)$ を可測力学系, $f \in L^2(X)$ としよう. このとき

$$\frac{1}{n} \sum_{j=0}^{n-1} f(T^j x) \to E[f|\mathcal{E}] \quad (n \to \infty)$$

が $L^2(X)$ の意味で成り立つ. 特に, μ がエルゴード的測度のとき, $L^2(X)$ の意味で次が成り立つ.

$$\frac{1}{n} \sum_{j=0}^{n-1} f(T^j x) \to \int f(x)d\mu(x) \quad (n \to \infty)$$

すぐにわかるように, エルゴード的測度が $\mu(X) < \infty$ のときは

$$\frac{1}{n} \sum_{j=0}^{n-1} f(T^j x) \to \frac{1}{\mu(X)} \int f(x)d\mu(x) \quad (n \to \infty)$$

となる. そのため, 時間平均が空間平均と等しくなるといわれる. 左辺は勿論 x の関数で, 右辺は数なので, 一瞬, 理解し難い式に見えるが, 右辺は定数関数と理解するのがフォン・ノイマンの平均エルゴード定理である. これでスッキリした.

作用素の言葉で平均エルゴード定理を表現すると次のようになる. $U : f(x) \mapsto f(Tx)$ は $L^2(X)$ のユニタリー作用素になり,

$$\frac{1}{n} \sum_{j=0}^{n-1} U^j \to P_{\mathcal{E}}$$

ここで, $P_{\mathcal{E}}$ は $\mathcal{E}$ 可測な L^2 関数空間 $L^2(X, \mathcal{E}, \mu)$ への射影作用素である. 大雑把にいえば, f が U の固有値 1 の固有空間 $\mathfrak{M}$ に直交していれば

$$\lim_{n\to\infty} \frac{1}{n} \frac{1 \!\! 1 - U^n}{1 - U} f = 0$$

であるから, f を $f = f_0 + f_1 \in \mathfrak{M}^\perp + \mathfrak{M}$ と分解すれば, f_1 だけが極限で生き残る. これは $U f_1 = f_1$ だから不変関数. つまり $\mathcal{E}$ 可測. よって, $f_1 = E[f|\mathcal{E}]$ となる.

それでは, 平均エルゴード定理の厳密な証明を与えよう. これは [47, Theorem 2.6.7] を参照した.

$$Y = \{f + g - g(T\cdot) \in L^2(X) \mid f, g \in L^\infty(X), f(Tx) = f(x)\}$$

を考える.

命題 (稠密性)

$(X, \mathcal{B}, \mu, T)$ を可測力学系とする. このとき Y は $L^2(X)$ で稠密である.

証明. $h \in L^2(X) \setminus \bar{Y}$ を $(h, f) = 0, \forall f \in Y$ とする. このとき, $h = 0$ となれば, $\bar{Y} = L^2(X)$ が示たことになる. さて,

$$\int h(x) g(x) d\mu(x) = \int h(x) g(Tx) d\mu(x)$$

が $g \in L^\infty$ で成り立つ. 極限操作で $g \in L^2$ としてもいい. 特に $g = \bar{h}$ とすれば

$$\int |h(x)|^2 d\mu(x) = \int |h(Tx)|^2 d\mu(x) = \int h(x) \bar{h}(Tx) d\mu(x)$$

なので

$$\int |h(x) - h(Tx)|^2 d\mu(x) = 0$$

が従う. 故に $h(x) = h(Tx)$ a.e. がわかる. さらに $\int h(x) f(x) d\mu(x) = 0$ が任意の $f \in L^\infty$ かつ $f(x) = f(Tx)$

を満たすもので成り立つから, 極限操作で, $\int h(x)f(x)d\mu(x) = 0$
が任意の $f \in L^2$ で $f(x) = f(Tx)$ を満たすもので成り立つ. そう
すると $f = \bar{h}$ としてもいいから,

$$\int |h(x)|^2 d\mu(x) = 0$$

となる. 故に $h = 0$. 結局 $\bar{Y} = L^2(X)$ となる. [終]

Y の稠密性を使うとフォン・ノイマンの平均エルゴード定理の証
明は容易である. 概略を述べると $h \in L^2(X)$ は $h \sim f + g - g(T\cdot)$
のように分解できる. f は T で不変な関数で, $g - g(T\cdot)$ は時間平
均がゼロに収束するような関数なので,

$$\frac{1}{n}\sum_{j=0}^{n-1} h(T^j x) \to f = E[f|\mathcal{E}] \quad (n \to \infty)$$

と思えるのが直観的なアイデアである.

フォン・ノイマンの平均エルゴード定理の証明.

$$B_n(f) = \frac{1}{n}\sum_{j=0}^{n-1} f(T^j x)$$

とおく.

$$\|B_n(f) - E[f|\mathcal{E}]\| \to 0 \quad (n \to \infty)$$

を示す. $f \in L^2(X)$ に対して $f_\varepsilon \in Y$ で, $f_\varepsilon = f_{\varepsilon 1} + g_\varepsilon - g_\varepsilon(T\cdot)$
かつ

$$\|f - f_\varepsilon\| \to 0 \quad (n \to \infty)$$

という近似列がとれる.

$B_n(f) - E[f|\mathcal{E}]$
$= B_n(f) - B_n(f_\varepsilon) + B_n(f_\varepsilon) - E[f_\varepsilon|\mathcal{E}] + E[f_\varepsilon|\mathcal{E}] - E[f|\mathcal{E}]$

と分解して，それぞれを評価する．

まずは $B_n(f) - B_n(f_\varepsilon)$ の評価をする．これは，簡単に

$$\|B_n(f) - B_n(f_\varepsilon)\| \le \|f - f_\varepsilon\|$$

になるから，n に無関係に $\varepsilon \downarrow 0$ でゼロに収束する．

次に $B_n(f_\varepsilon) - E[f_\varepsilon|\mathcal{E}]$ を評価をする．$f_\varepsilon = f_{\varepsilon 1} + g_\varepsilon - g_\varepsilon(T\cdot)$ と分解する．ここで注意を一つ与える．

$$E[f_{\varepsilon 1}|\mathcal{E}] = f_{\varepsilon 1}$$

である．なぜならば，$f_{\varepsilon 1}$ は不変関数なので $\mathcal{E}$ 可測．一方，$E[g_\varepsilon - g_\varepsilon(T\cdot)|\mathcal{E}]$ は，$A \in \mathcal{E}$ に対して，

$$\int \mathbb{1}_A(x)(g_\varepsilon(x) - g_\varepsilon(Tx))d\mu(x)$$

$$= \int \mathbb{1}_A(x)g_\varepsilon(x)d\mu(x) - \int \mathbb{1}_{T^{-1}A}(x)g_\varepsilon(x)d\mu(x)$$

$$= \int \mathbb{1}_A(x)g_\varepsilon(x)d\mu(x) - \int \mathbb{1}_A(x)g_\varepsilon(x)d\mu(x) = 0$$

だから，$E[g_\varepsilon - g_\varepsilon(T\cdot)|\mathcal{E}] = 0$．$f_{\varepsilon 1}(x) = f_{\varepsilon 1}(Tx)$ だから次は自明な等式である．

$$B_n(f_{\varepsilon 1}) = f_{\varepsilon 1}$$

一方，

$$B_n(g_\varepsilon - g_\varepsilon(T\cdot)) = \frac{1}{n}(g_\varepsilon - g_\varepsilon(T^n\cdot))$$

であるから，

$$\|B_n(g_\varepsilon - g_\varepsilon(T\cdot))\| = \frac{1}{2n}\|g_\varepsilon\|_\infty$$

$\varepsilon > 0$ を止めて，$n \to \infty$ とすれば

$$\|B_n(g_\varepsilon - g_\varepsilon(T\cdot))\| \to 0$$

になる. 結局

$$\lim_{n \to \infty} B_n(f_\varepsilon) - E[f_\varepsilon | \mathcal{E}] = 0$$

最後に $E[f_\varepsilon | \mathcal{E}] - E[f | \mathcal{E}]$ を評価する.

$$\int |E[f_\varepsilon | \mathcal{E}] - E[f | \mathcal{E}]| d\mu(x) \le \int E[|f_\varepsilon - f| | \mathcal{E}] d\mu(x)$$
$$= \int |f_\varepsilon - f| d\mu(x) \le \|f_\varepsilon - f\|$$

なので, ε の部分列 ε' をとれば, $E[f_{\varepsilon'} | \mathcal{E}] - E[f | \mathcal{E}] \to 0$ a.e. これから, $\|E[f_\varepsilon | \mathcal{E}] - E[f | \mathcal{E}]\| \to 0$ がわかる. 以上まとめると,

$$\lim_{n \to \infty} \|B_n(f) - E[f | \mathcal{E}]\| \le 2\|f_{\varepsilon'} - f\|$$

になる. これは,

$$\lim_{n \to \infty} \|B_n(f) - E[f | \mathcal{E}]\| = 0$$

を意味する. [終]

　離散的な平均エルゴード定理は連続な場合に拡張できる. 概略を説明しよう. 可測力学系の 4 つ組で測度不変写像 T を半群 $\{T_s\}_s$ にかえる. $T_s : X \to X$ は次を満たす. $(x, s) \mapsto T_s(x)$ は $X \times [0, \infty)$ から X への可測写像で $T_0 = \mathbb{1}$ かつ $T_s T_t = T_{s+t}$. 第 3 章で紹介したように, 可測性からフォン・ノイマンによって, $t \mapsto T_t$ の強連続性が証明されている. 任意の s で T_s が測度不変写像のとき, 4 つ組

$$(X, \mathcal{B}, \mu, \{T_s\}_s)$$

を可測フローと呼ぶ. $(1/n) \sum_{j=0}^{n-1} f(T^j x)$ を $(1/T) \int_0^T f(T_s x) ds$ に変えたものがエルゴード定理の連続版である. 証明は離散的な場合に簡単に帰着できる.

> **命題（フォン・ノイマンの平均エルゴード定理（連続））**
>
> $(X, \mathcal{B}, \mu, \{T_s\}_s)$ を可測フロー, $f \in L^2(X)$ とする. このとき,
> 次が成り立つ.
>
> $$\lim_{T \to \infty} \frac{1}{T} \int_0^T f(T_s x) ds = E[f | \mathcal{E}]$$
>
> 特に, μ がエルゴード的測度ならば次が成り立つ.
>
> $$\lim_{T \to \infty} \frac{1}{T} \int_0^T f(T_s x) ds = \int f(x) d\mu(x)$$

証明. $\varepsilon > 0$ を十分小さな数とする. $T = n\varepsilon$, $[\frac{s}{\varepsilon}]$ は $\frac{s}{\varepsilon}$ の整数部分とする. このとき

$$\frac{1}{T} \int_0^T f(T_{\varepsilon[\frac{s}{\varepsilon}]} x) ds = \frac{1}{T} \int_0^T f(T_\varepsilon^{[\frac{s}{\varepsilon}]} x) ds = \frac{1}{n} \sum_{j=0}^{n-1} f(T^j x)$$

になる. ここで $T = T_\varepsilon$. このとき

$$\lim_{n \to \infty} \frac{1}{n\varepsilon} \int_0^{n\varepsilon} f(T_{\varepsilon[\frac{s}{\varepsilon}]} x) ds = E[f | \mathcal{E}]$$

$n = [T/\varepsilon]$ として,

$$\frac{1}{T} \int_0^T f(T_s x) ds - E[f | \mathcal{E}] = \frac{1}{T} \int_0^T f(T_s x) ds - \frac{1}{n\varepsilon} \int_0^{n\varepsilon} f(T_{\varepsilon[\frac{s}{\varepsilon}]} x) ds$$
$$+ \frac{1}{n\varepsilon} \int_0^{n\varepsilon} f(T_{\varepsilon[\frac{s}{\varepsilon}]} x) ds - E[f | \mathcal{E}]$$

と分解する. 上で示したように, 右辺の最後の 2 項は $T \to \infty$ のとき $L^2(X)$ の意味でゼロに収束して, 右辺の最初の 2 項も, $s \mapsto T_s$ の強連続性を使うと $T \to \infty$ のとき $L^2(X)$ の意味でゼロに収束することが示せる. [終]

6　エルゴード定理の優先権争い

6.1 フォン・ノイマンとジョージ・デービット・バーコフ

G・D・バーコフ

エルゴード定理のもう一人の立役者ジョージ・デービット・バーコフは, すでに登場したマーシャル・ストーンの先生である. よく混乱されるのが束論のガレット・バーコフはジョージ・デービット・バーコフの息子である. 父親のジョージ・デービット・バーコフは 1884 年生まれのアメリカ人で, 息子のバーコフと同様に 1912 年から生涯ハーバード大学の教授であった. バーコフの最大の業績の一つはエルゴード定理の証明であろう. それは 1931 年 [3] に発表されている.

　しかし, エルゴード定理の優先権をめぐって 1931 年にバトルがあった. フォン・ノイマンが H・ロバートソンに残した手紙が近年発見され, その様子の詳細が明るみに出た. ロバートソンの娘が所持していたこの手紙を J・D・Zund が発見し [87] に公表している.

6.2 フォン・ノイマンがロバートソンに宛てた手紙

　フォン・ノイマンがロバートソンに宛てた手紙の要点のみを紹介しよう.

　1931 年にベルナード・コープマン (B・Koopman) が短い論文 [29] を書いて Proc. Natl. Acad. Sci. (PNAS) から出版した. そこではユニタリー群 U_t をフォン・ノイマンの単位の分解を使って定義し, 測度不変性が議論されている. つまり, $f : \Omega \to \mathbb{R}$ の関数とユニタリー群 $U_t : \Omega \to \Omega$ を考えて, $T_t : f(\omega) \mapsto f(U_t\omega)$ を定義

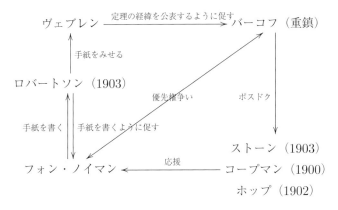

エルゴード定理の優先権争い

する．T_t が $L^2(\Omega, d\mu)$ の作用素としてユニタリー群になる場合を
考えたい．つまり，

$$\int |f(U_t\omega)|^2 d\mu = \int |f(\omega)|^2 d\mu$$

これは，前節で説明した測度の不変性 $\mu(U_{-t}A) = \mu(A)$ を意味す
る．これには，コープマンが，ユニタリー群が大好きなストーンの同
僚であることが背景にある．ストーンの定理を使って，

$$T_t = e^{itP}$$

と表して，自己共役作用素 P を研究したいのだ．しかし，この事実
は，フォン・ノイマンにユニタリー群ではなくエルゴード仮説を連
想させた．さらに，エルゴード仮説を解くために，アンドレ・ヴェイ
ユもコープマンと独立に同じアイデアをもっていたと伝えられてい
る [32, 29 ページ]．

　コープマンはこの結果を前年の 1930 年 5 月にフォン・ノイマン

に伝えている. さらに, コープマンはエルゴード仮説を証明したいとフォン・ノイマンに語った. 1931 年 7 月にはアンドレ・ヴェイユがベルリンに滞在しフォン・ノイマンを訪れ, この問題に挑んでいることを告げている. しかし, ヴェイユも成功しなかった. 1931 年 8, 9 月頃, フォン・ノイマンは見事に平均エルゴード定理の証明に成功する. しかしながら, フォン・ノイマンはコープマンが既に解いているかもしれないと思い公表はしなかった. 10 月にコープマンにニューヨークで会い, フォン・ノイマンは自身の結果をコープマンに語ると, PNAS への投稿を勧められる. ニューヨークの会合ではストーンとエバハード・ホップ (E・Hopf) にも会い, フォン・ノイマンは自身の原稿を彼らに見せている.

　ここで, 登場人物の確認をしよう. コープマン, ストーン, ホップは全てバーコフの学生またはポスドクで, フォン・ノイマンと同年代である. コープマンは 1900 年生まれ, ホップは 1902 年生まれ, ストーンとフォン・ノイマンは 1903 年生まれである. ホップはオーストリア・ハンガリー帝国のザルツブルクに生まれ, 1929 年にベルリン大学で教授資格を取り, バーコフのいるハーバード大学に移ってきた. Wiener-Hopf 法, 分岐理論, Cole -Hopf 変換で有名である.

　同年 10 月に, プリンストンにコープマンとバーコフがやってきた. そこで, バーコフにコープマンの手法を使って解いたことを伝える. 1931 年の 11 月にはバーコフから手紙をもらい, エルゴード定理の別バージョンの証明を試みていることを知る. そして, 12 月 4/5 日にはケンブリッジの理論物理の研究会にフォン・ノイマンとバーコフが参加し, バーコフはフォン・ノイマンよりも強い結果を証明したことを伝える. つまり, フォン・ノイマンのノルム収束を各点収束に拡張した. ハーバードクラブの夕食でフォン・ノイマン

はバーコフに「私の論文は PNAS の 1932 年の 1 月号に掲載される」と伝える.しかし,バーコフは「私の論文は 1931 年の 12 月号に掲載されるように努力しているところだ」と答えたのだ.フォン・ノイマンは,当然,優先権を主張して出版を保留するように要求したがバーコフはこれを拒否した.それどころか,「12 月に出るかどうかまだわからない」と的外れなことをいう始末である.結局,フォン・ノイマンはこだわらなかった.そしてバーコフは,論文中で優先権はフォン・ノイマンにあることを言及する約束をする.実際は,フォン・ノイマンの論文はコープマンとストーンがいろいろコメントしてくれたこともあり,遅れて 12 月 9 日に PNAS に送られ,12 月号の掲載には間に合わなかった.

しかし,1931 年 12 月号に掲載されたバーコフの論文 [3] におけるフォン・ノイマンへのコメントは酷いものだった."嘘じゃないからいいだろう"的な文章である.これに対して,5 名(Eisenhart, Alexander, Lefschetz, Koopman, Stone)が直ぐに,フォン・ノイマンの優先権に対するバーコフ先生の [3] にあるコメントは全く不十分であるとフォン・ノイマンに語った.

> The important recent work of von Neumann (not yet published) shows only that there is convergence *in the mean*, so that (1) is not proved by him to hold for any point P, and the time-probability is not established in the usual sense for any trajectory. A *direct* proof of von Neumann's results (not yet published) has been obtained by E. Hopf.

(和訳 最近のフォン・ノイマンの重要な仕事(未発表)は平均で収束を証明しただけ.その結果(1)はどのような点 P に対しても彼によって証明されていないし,時間-確率もどんな軌道に対しても通常の意味で示されていない.フォン・ノイマンの結果のダイレクトな証明(未発表)が E・ホップによって得られている)

フォン・ノイマンが不十分と手紙に書いたバーコフのフォン・ノイマンの仕事に対する言及 [3]

以上が手紙の内容である.

6.3 バトルの背景

バーコフはエルゴードという神秘的なネーミングから, なんとして も優先権を手中に収めたかったのだろう. こういうことが堂々とできたのは, バーコフが当時 47 歳の重鎮で, プリンストンにフォン・ノイマンを呼んだヴェブレン以外では, アメリカ数学会でバーコフが最も権力をもっていて, ナショナル・アカデミーの会員で, さらに反ユダヤ主義者だったことが背景にある. さらに, PNAS の編集長 E・B・Wilson はハーバードの化学者でバーコフの熱烈なファンだったようだ.

しかも, Wilosn はこの職に 50 年も就いている! 一方, 当時のフォン・ノイマンは 27,8 歳の青二才で, 全く力のないポスドクで, 外国人でユダヤ人である. まだ, 名著『量子力学の数学的基礎』は刊行されていない.

同じ世代のホップやコープマンはフォン・ノイマンとバトルすることはなかったようである. ホップは彼の論文を同じく PNAS に投稿予定だがフォン・ノイマンより早くには出版しないと約束している [23]. さらに, フォン・ノイマンはコープマンと [29] の続きのような論文 [30] を共著で書いている.

右はフォン・ノイマンの手紙 3 ページ目である. "absobutely insufficient"（全く不十分）の文字も読み取れる. 「12 月号は 1932 年の 1 月に出版された. バーコフの論文は 17 号である. 彼の私の結果に対する言及は, Eisenhart, Alexander, Lefschetz, Koopman, Stone の判断によれば, 全く不十分である. (私はこの 5 名の名前だけを挙げた. その理由は彼らは即座に, どれだけ彼ら自身が不満なのかを, 私のことにお構いなく話してくれたので)」と書いている.

3./

quick-publishing, I only gave up this subject of talk.)
Some days before I went to Cambridge, E. Hopf
informed me, that he had a new proof of the
g.E.H., simpler than mine. When I met him in
Cambridge, he told me, that his first attempt
contained an error. He had another proof-variant,
but this essentially followed my line of argu-
ment, only avoiding the use of the „spectral reso-
lution" for Koopmans operators U_t. He wanted
to publish it in the Proc. Nat. Ac. too, and had
given his manuscript to Birkhoff, he naturally
agreed with me in that it should not come
out earlier than mine.

(My paper was delayed to some extent
by the fact, that Koopman discussed it with M.
Stone, who advised some technical changes,
which are very interesting, and of one of which
I made use. So the manuscript was only sent
in on December 9, too late for the December-
-number.)

The December number appeared in January
1932, and Birkhoff's article was in it. His quotation
of my result is, according to the
judgement of Eisenhart, Alexander, Lefschetz,
Koopman, Stone, absolutely insufficient. (I men-
tion only these 5 names, because they all
spontaneously told me, how dissatisfied they are,
without any attempt on my side, to talk
about this matter.) The reason they give is, that
it does not show to any person, uninformed about
the real history of these things, who of Birkhoff
and myself got the other started;
that which one of us attacked the unsolved g.E.H.,
and which one found an independent
new proof, after he knew that it was solved, and
what the necessary and sufficient conditions for
its truth are.

Excuse me, for boring you with the

6.4 優先権争いの幕引き

　話はここで終わらない. シカゴ大でバーコフが大学院生だった頃,
ヴェブレンはポスドクだった. E・H・Moore のもとで研究してい
る. 1930 年当時, 2 人はともにアメリカ数学会の重鎮であった.

　バーコフもヴェブレンもアメリカ数学会会長を歴任している. い
わゆる仲良しである. 手紙の発見者 Zund は, 多分, ロバートソン
がフォン・ノイマンに顛末の手紙を書かせ, そしてヴェブレンにこ
の手紙を見せたと予想している. ヴェブレンがバーコフにエルゴー
ド定理の歴史とフォン・ノイマンの優先権を明確に書くように促し
て, コープマンと共著で [4] が出版された. この論文では, III. に
フォン・ノイマンの仕事が記述されている. バーコフの仕事は IV.
日付 (1931 年 10 月 22 日) 入りで, フォン・ノイマンから平均エル
ゴード定理を教えてもらったと書き綴っている.

> III.   *The Mean Ergodic Theorem.*—The first one actually to establish
> a general theorem bearing fundamentally on the Quasi-Ergodic Hypothesis
> was J. v. Neumann,[13] who, with the aid of the above theory of the U_t-
> operator, proved what we will call the Mean Ergodic Theorem, to the
> following effect:

(和訳 III. 平均エルゴード定理.–擬エルゴード仮説の根幹をなす一
般的定理をはじめて確立したのは J・フォン・ノイマンである. 彼
は, U_t 作用素の上述の定理を使って, いわゆる平均エルゴード定理
を証明した.)
　　　　　　　　　　　改心したようにみえるバーコフの論文 [4]

　最後にバーコフのエルゴード理論を紹介しよう. フォン・ノイマ
ンは L^2 での収束を示し, 平均エルゴード定理と呼ばれている. 一
方で, バーコフは各点での収束を示した. これは個別エルゴード定
理と呼ばれている.

命題（バーコフの個別エルゴード定理）

$(X, \mathcal{B}, \mu, T)$ を可測力学系, $f \in L^1(X)$ としよう. このとき

$$\frac{1}{n} \sum_{j=0}^{n-1} f(T^j x) \to E[f|\mathcal{E}](x) \quad a.e.$$

特に, μ がエルゴード的測度のとき, 次が成り立つ.

$$\frac{1}{n} \sum_{j=0}^{n-1} f(T^j x) \to \int f(x) d\mu(x) \quad a.e.$$

各点収束は平均収束より一般には主張が強い（数学的に）のだが, フォン・ノイマンは負けていなかった. 平均エルゴード定理にはバーコフのエルゴード理論よりもいいところがあることを [63] で発表している.

フォン・ノイマンとバーコフのエルゴード定理に関する論文は [62] の脚注 205）で紹介されているが, 発表年が 1929 年になっていて誤植である. しかし, 英訳版 [74] では, フォン・ノイマンの論文は 1932 年に, バーコフの論文は 1931 年に発表されたと訂正されている.

第11章

量子測定の理論

1　問題の定式化

　人間が物理量を測定する過程について，フォン・ノイマンは [93, VI. 1 の 303 ページ] で次のように記している．「Prinzip von psycho-physicalishen Parallelismus（精神-物理の並立性原理）が科学的世界観にとって基本的要請である」．測定している物理現象の外にいる観測者の主観的な知覚過程を物理現象のように記述・思考することが可能であるに違いないという原理である．観測者の主観的な知覚過程は物理現象の一部に加えられる．

　この章は，主に [62, VI.] に沿ってフォン・ノイマンの測定理論の解説を試みる．しかし，[62, II.] のような非有界作用素のスペクトル解析を，数学の論理を使って地道に築き上げる章とは異なり，[62, VI.] を数学的に読み解くことは極めて難しい．フォン・ノイマンの測定理論は，現在，公理化され，測定に関わる小澤の不等式などが導かれている．これは，ハイゼンベルクの不等式の数学的な定式化とされる．詳しい経緯が [109] にある．

　フォン・ノイマンは "温度を測定する" という観測を [62, VI.1] で次のように説明する．

(1) 温度計の水銀だめの周りの温度が得られるところまで辿っていって, 温度計によってこれこれの温度が測定される.

(2) 分子運動論的に明らかにすることができる水銀の性質から, それの温度上昇, 膨張およびその結果生じた水銀柱の長さを計算してこれこれの長さが観測者によって見られる.

(3) 光源を考慮に入れて, 不透明な水銀柱のところでの光量子の反射, その後の光量子の目に入るまでの進路, そしてレンズによる屈折と網膜上での像の形成を確かめてのちにはじめて, これこれの像が観測者の網膜によってとらえられる.

(4) 生理学上の知識が今日より一層正確になれば, 像が網膜, 神経路, および脳の中に引き起こす化学反応を追求し, 最後に観測者の脳細胞の化学変化が知覚される.

我々が問題にするのは, 水銀の器までか, 温度計のメモリまでか, 網膜までか, 脳までか, のように, 世界を測定される系と観測者に分けることができるが, その境界をどこに置くかには任意性がある. Prinzip von psycho-physicalishen Parallelismus では, この境界はいくらでも観測者側に近く移すことができる. しかし, 移動しても測定量が不変であることが示されなければならない. これを論ずるために世界を 3 つの部分 I, II, III に分ける.

I	測定される系
II	測定装置
III	観測者

境界をどこに置くのか? I と II + III の間か I + II と III の間に置くことができる. 上の温度計のメモリを測定する例では, I, II, III の候補は次の図のようになる.

	(例 1)	**(例 2)**	**(例 3)**
I	被観測系	被観測系 + 温度計	被観測系 + 温度計 + 光
II	温度計	光 + 観測者の目	網膜 + 神経路 + 脳
III	光 + 観測者	観測者の網膜から先	観測者の自我

I, II, III の例

2　因果的測定と非因果的測定

　統計作用素 U をもつ状態 $E(A) = \mathrm{Spur}(UA)$ で物理量 $\mathfrak{R}$ を測定する. $\mathfrak{R}$ に付随する自己共役作用素を R とする. 測定の結果によって統計作用素は変化すると考えられる. フォン・ノイマンは [62, V.1] で因果的な測定と非因果定な測定を定める.

　R が純粋に点スペクトル $\{\lambda_n\}$ をもち $R\phi_n = \lambda_n\phi_n$ として, λ は縮退していないときは, $\mathfrak{R}$ の測定後, $U \to U'$ と変化する. U' は次で与えられる統計作用素をもつ状態になる.

$$U' = \sum_n (\phi_n, U\phi_n) P_{\{\phi_n\}}$$

縮退がある場合も同様な統計作用素が現れるが, それは一意的には決まらない. つまり, λ_n が m_n 重に縮退しているとする. このとき, 固有値 λ_n の固有ベクトルの張る線型空間 $\mathfrak{M}_{\lambda_n}$ の CONS の選び方は一意的ではない. 仮に $\mathfrak{M}_{\lambda_n}$ の CONS を $\{\phi_n^1, \ldots, \phi_n^{m_n}\}$ とすれば, それに対応する統計作用素は次のようになる.

$$U' = \sum_n \sum_{k=1}^{m^n} (\phi_n^k, U\phi_n^k) P_{\{\phi_n^k\}}$$

以上を非因果的な測定という.

瞬間的で不連続な非因果的測定とは異なって，因果的な測定は時間に依存する．

$$-\frac{h}{2\pi i}\frac{d}{dt}\varphi_t = H\varphi_t$$

とする．例えば，統計作用素 $U = P_{\{\phi\}}$ は $U_t = P_{\{\varphi_t\}}$ に変化する．U_t の満たす方程式を導こう．

$$\frac{d}{dt}U_t f = \frac{d}{dt}(\varphi_t, f)\varphi_t = (\frac{d}{dt}\varphi_t, f)\varphi_t + (\varphi_t, f)\frac{d}{dt}\varphi_t$$
$$= \frac{2\pi i}{h}(U_t H - H U_t)f$$

だから，

$$\frac{d}{dt}U_t = \frac{2\pi i}{h}[U_t, H]$$

が導かれた．つまり

$$U_t = e^{-\frac{2\pi i}{h}tH} U e^{\frac{2\pi i}{h}tH}$$

因果的測定と非因果的測定の定義

（非因果的測定）　$U \to U' = \displaystyle\sum_{n=1}^{\infty}(\phi_n, U\phi_n)P_{\{\phi_n\}}$

（因果的測定）　$U \to U_t = e^{-\frac{2\pi i}{h}tH} U e^{\frac{2\pi i}{h}tH}$

フォン・ノイマンはこれらの測定について注意を与えている．測定の際に測定される系 S だけを考察するのであれば，(2) だけで十分だが，実際は，測定装置 M との相互作用がなければ測定はできない．ここで，観測者は M に含まれる．このとき $S + M$ という系を考えることになる．そして S と M がどのように関わっているかを規定するのが (1) である．(1) は瞬時に起き，　(2) は時間をパラメーターとみなして絶対的なものとしていることは非相対論的であ

る. これは量子力学の弱点であるとも述べている. さらに, 時間と
エネルギーの不確定性原理に関しても [62, 188 ページ] で言及して
いる. (1) は非可逆的であるが, (2) はユニタリー作用素 $e^{-i\frac{2\pi}{h}tH}$
によって時間発展しているので可逆的である. しかし, フォン・ノ
イマンは, [93, 286 ページ] で「現実の世界の最も本質的で著しい性
質, すなわち, その不可逆性, あるいは時間方向の "未来" と "過去"
の根本的な違いを再現していない」と強く語っている.

3 合成系

3.1 合成系の存在と一意性

　量子測定を考えるときには, 測定される系, 観測装置, 観測者の系
を考える. どこかに, 境界線をひいて, 2 つの系の相互作用を考える.
2 つの物理系 I と II の合成系を定義しよう. I, II, I + II の系の物
理量 $\mathfrak{R}_\mathrm{I}, \mathfrak{R}_\mathrm{II}, \mathfrak{R}_\mathrm{I+II}$ には, ヒルベルト空間 $\mathfrak{H}_\mathrm{I}, \mathfrak{H}_\mathrm{II}, \mathfrak{H}_\mathrm{III}$ 上の自己共
役作用素 $R_\mathrm{I}, R_\mathrm{II}, R_\mathrm{I+II}$ が対応している. フォン・ノイマンは [62,
VI.] ではテンソル積という概念を使わずに自己共役作用素の形式的
な行列表示で全てを記述しているが, ここでは, 記号を簡単にする
ためにテンソル積を使っていい換えることにする. 簡単に $\mathfrak{H}_\mathrm{I} = \mathfrak{H}$,
$\mathfrak{H}_\mathrm{II} = \mathfrak{K}$ とおく. 合成系のヒルベルト空間は

$$\mathfrak{H}_\mathrm{III} = \mathfrak{H} \otimes \mathfrak{K}$$

で定義する. また, $R_\mathrm{I} = A$, $R_\mathrm{II} = B$ とおく. A は I + II の系では
$A \otimes \mathbb{1}$, B は $\mathbb{1} \otimes B$ で表される. 実際, $f \otimes g$ の線形和は $\mathfrak{H} \otimes \mathfrak{K}$ で
稠密で

$$(f \otimes g, (A \otimes \mathbb{1})f' \otimes g') = (f, Af')(g, g')$$

となる. 物理系 I の状態は統計作用素 U_I によって

$$E_\text{I}(A) = \mathrm{Spur}(AU_\text{I})$$

物理系 II の状態は統計作用素 U_II によって

$$E_\text{II}(B) = \mathrm{Spur}(BU_\text{II})$$

と表せると仮定する. Spur は, 定義からすぐに次を満たすことがわかる.

$$\mathrm{Spur}(X \otimes Y) = \mathrm{Spur}X \cdot \mathrm{Spur}Y$$

故に

$$(A \otimes \mathbb{1})(U_\text{I} \otimes U_\text{II}) = AU_\text{I} \otimes U_\text{II}$$
$$(\mathbb{1} \otimes B)(U_\text{I} \otimes U_\text{II}) = U_\text{I} \otimes BU_\text{II}$$

だから, $U = U_\text{I} \otimes U_\text{II}$ は $\mathfrak{H} \otimes \mathfrak{K}$ 上の状態を定義し

$$E(A \otimes \mathbb{1}) = \mathrm{Spur}((A \otimes \mathbb{1})U) = E_\text{I}(A)$$
$$E(\mathbb{1} \otimes B) = \mathrm{Spur}((\mathbb{1} \otimes B)U) = E_\text{II}(B)$$

となる. 一般の統計作用素 U に対して, 上の等式が任意の A, B で成り立つ必要十分条件をフォン・ノイマンは考察している. $\mathfrak{H}$ の CONS を $\{\phi_i\}$, $\mathfrak{K}$ の CONS を $\{\psi_j\}$ とする. このとき $\mathfrak{H} \otimes \mathfrak{K}$ の CONS は $\{\phi_i \otimes \psi_j\}$ となる.

$$\sum_j (f \otimes \psi_j, Ug \otimes \psi_j) = (f, [U]_\text{I}g)$$

となる $[U]_\text{I}$ を部分トレースまたは $\mathfrak{H}$ への射影という. 同様に

$$\sum_i (\phi_i \otimes f, U\phi_i \otimes g) = (f, [U]_\text{II}g)$$

とする. $[U]_{\mathrm{II}}$ を $\mathfrak{K}$ への射影という. $[U]_i$ は有界作用素になる. 直接代入すると

$$E(A \otimes \mathbb{1}) = \mathrm{Spur}((A \otimes \mathbb{1})U) = \sum_{ij}(\phi_i \otimes \psi_j, (A \otimes \mathbb{1})U\phi_i \otimes \psi_j)$$

$$= \sum_{ij}(A\phi_i \otimes \psi_j, U\phi_i \otimes \psi_j) = \sum_i (A\phi_i, [U]_{\mathrm{I}}\phi_i)$$

同様に

$$E(\mathbb{1} \otimes B) = \sum_j (B\psi_j, [U]_{\mathrm{II}}\psi_j)$$

命題（合成系の存在）

3 つ の 状 態 $E, E_{\mathrm{I}}, E_{\mathrm{II}}$ を 次 で 定 め る. $E(X) = \mathrm{Spur}(XU)$ $(X \in \mathcal{H} \otimes \mathcal{K})$, $E_{\mathrm{I}}(A) = \mathrm{Spur}(AU_{\mathrm{I}})$ $(A \in \mathcal{H})$, $E_{\mathrm{II}}(B) = \mathrm{Spur}(BU_{\mathrm{II}})$ $(B \in \mathcal{K})$. このとき, 任意の $A \in \mathcal{H}, B \in \mathcal{K}$ に対して $E_{\mathrm{I}}(A) = E(A \otimes \mathbb{1}), E_{\mathrm{II}}(B) = E(\mathbb{1} \otimes B)$ となるための必要十分条件は $U_{\mathrm{I}} = [U]_{\mathrm{I}}, U_{\mathrm{II}} = [U]_{\mathrm{II}}$ である.

上の条件を満たす典型的な作用素は $U = U_{\mathrm{I}} \otimes U_{\mathrm{II}}$ である. フォン・ノイマンは, これが一意的かどうか調べている.

命題（合成系の一意性 [62, 228 ページ],[93, 340 ページ]）

$U_{\mathrm{I}} = [U]_{\mathrm{I}}$ かつ $U_{\mathrm{II}} = [U]_{\mathrm{II}}$ となる U が一意的であるための必要十分条件は U_{I} または U_{II} の少なくとも一つが純粋状態であることである. さらに, このとき $U = U_{\mathrm{I}} \otimes U_{\mathrm{II}}$ になる.

証明. 必要条件を背理法で示す. U_{I} と U_{II} が混合状態だとする. つまり $U_{\mathrm{I}} = \alpha V + \beta W, U_{\mathrm{II}} = \gamma v + \delta w$ で $\alpha, \beta, \gamma, \delta > 0, \alpha + \beta = 1,$

$\gamma + \delta = 1$. 勿論, 対応する状態は規格化されている. $E_X(\mathbb{1}) = 1$, $X = V, W, v, w$. 次のような統計作用素を考える.

$$U = \pi V \otimes v + \rho W \otimes v + \sigma V \otimes w + \tau W \otimes w$$

ここで,

$$\pi + \sigma = \alpha$$
$$\rho + \tau = \beta$$
$$\pi + \rho = \gamma$$
$$\sigma + \tau = \delta$$

と仮定する. そうすると簡単に

$$[U]_{\mathrm{I}} = (\pi + \sigma)V + (\rho + \tau)W = \alpha V + \beta W$$
$$[U]_{\mathrm{II}} = (\pi + \rho)v + (\sigma + \tau)w = \gamma v + \delta w$$

が示せる. 果たし, これらを満たす π, σ, ρ, τ はたくさんあるだろうか? 上の連立 1 次方程式を地道に解くと

$$\begin{pmatrix} \pi \\ \sigma \\ \gamma \\ \tau \end{pmatrix} = \begin{pmatrix} \alpha + \gamma - 1 \\ 1 - \gamma \\ \beta \\ 0 \end{pmatrix} + t \begin{pmatrix} 1 \\ -1 \\ -1 \\ 1 \end{pmatrix}$$

となるから, t をパラメーターとして, 全てが正である π, σ, ρ, τ は非可算無限個存在する. 故に主張の等式を満たす U は無数に存在する. これで必要条件が示された.

十分条件を示す. $U_{\mathrm{I}} = P_{\{\psi\}}$ とする. $\psi = \psi_1$ である. 以下で $U = P_{\{\psi\}} \otimes U_{\mathrm{II}}$ になることを示す. $[U]_{\mathrm{I}} = P_{\{\psi\}}$ だから, $m \neq 1$ のとき

$$(\psi_m, [U]_{\mathrm{I}} \psi_m) = \sum_n (\psi_m \otimes \phi_n, U \psi_m \otimes \phi_n) = 0$$

正定値性から $(\psi_m \otimes \phi_n, U\psi_m \otimes \phi_n) = 0$ となり，さらに

$$(\psi_m \otimes \phi_n, U\psi_{m'} \otimes \phi_{n'}) = 0 \quad m \neq 1 \text{ または } m' \neq 1$$

がわかる．そうすると $\psi = \psi_1$ だったから

$$
\begin{aligned}
(\psi \otimes \phi_n, U\psi \otimes \phi_{n'}) &= \sum_{m=1}^{\infty} (\psi_m \otimes \phi_n, U\psi_m \otimes \phi_{n'}) \\
&= (\phi_n, [U]_{\mathrm{II}}\phi_{n'}) = (\phi_n, U_{\mathrm{II}}\phi_{n'})
\end{aligned}
$$

まとめると

$$
\begin{aligned}
&(\psi_m \otimes \phi_n, U\psi_{m'} \otimes \phi_{n'}) \\
&= \begin{cases} 0 & m' \neq 1 \text{ または } m \neq 1 \\ (\phi_n, U_{\mathrm{II}}\phi_{n'}) & m = m' = 1 \end{cases}
\end{aligned}
$$

一方

$$
\begin{aligned}
&(\psi_m \otimes \phi_n, (P_{\{\psi\}} \otimes U_{\mathrm{II}})\psi_{m'} \otimes \phi_{n'}) \\
&= \begin{cases} 0 & m' \neq 1 \text{ または } m \neq 1 \\ (\phi_n, U_{\mathrm{II}}\phi_{n'}) & m = m' = 1 \end{cases}
\end{aligned}
$$

だから

$$(\psi_m \otimes \phi_n, (P_{\{\psi\}} \otimes U_{\mathrm{II}})\psi_{m'} \otimes \phi_{n'}) = (\psi_m \otimes \phi_n, U\psi_{m'} \otimes \phi_{n'})$$

よって $U = P_{\{\psi\}} \otimes U_{\mathrm{II}}$ になる．[終]

3.2 合成系の純粋状態

　前節では，2 つの統計作用素 U_{I} と U_{II} が与えられたときに，合成系の状態を調べた．ここでは，合成系の状態が与えられているとする．典型的なのは純粋状態である．簡単のために特別な場合を考え

よう. $\mathfrak{H} = L^2(\mathbb{R}^n)$, $\mathfrak{K} = L^2(\mathbb{R}^m)$ とする. I + II の合成系で純粋状態

$$P = P_{\{\Phi\}}$$

を考える.

$$\mathfrak{H} \otimes \mathfrak{K} \cong L^2(\mathbb{R}^{n+m})$$

とみなして, $\Phi \in L^2(\mathbb{R}^{n+m})$ としよう. 積分作用素 $F : \mathfrak{H} \to \mathfrak{K}$ を

$$Ff = \int \bar{\Phi}(x,y)f(x)dx$$
$$F^*g = \int \Phi(x,y)g(y)dy$$

で定義すると $(Ff, g) = (f, F^*g)$ かつ F, F^* はヒルベルト・シュミット作用素になる. つまり F^*F, FF^* がトレースクラスで,

$$\mathrm{Spur}(F^*F) = \|\Phi\|_2^2 = \mathrm{Spur}(FF^*)$$

になる. 念のために

$$F^*F : \mathfrak{H} \to \mathfrak{H}$$
$$FF^* : \mathfrak{K} \to \mathfrak{K}$$

である. Φ を $\mathfrak{H} \otimes \mathfrak{K}$ の CONS $\{\phi_m \otimes \psi_n\}$ で展開する.

$$\Phi = \sum_{m,n} f_{mn}\phi_m \otimes \psi_n$$

このとき, $\|\Phi\|^2 = \sum_{m,n} |f_{mn}|^2$. 次がわかる.

$$(F\phi_m)(y) = \sum_n \bar{f}_{mn}\bar{\psi}_n(y)$$
$$(F^*\bar{\psi}_n)(y) = \sum_m f_{mn}\phi_m(y)$$

これから

$$(\phi_m, F^*F\phi_{m'}) = \sum_n f_{mn}\bar{f}_{m'n}$$

$$(\bar{\psi}_n, FF^*\bar{\psi}_{n'}) = \sum_m \bar{f}_{mn}f_{mn'}$$

一方

$$(\phi_m, [P]_{\mathrm{I}}\phi_{m'}) = \sum_n f_{mn}\bar{f}_{m'n}$$

$$(\psi_n, [P]_{\mathrm{II}}\psi_{n'}) = \sum_m \bar{f}_{mn}f_{mn'}$$

つまり, $Jf = \bar{f}$ とすると

$$[P]_{\mathrm{II}} = JFF^*J, \quad [P]_{\mathrm{I}} = F^*F$$

になる. F と F^* はヒルベルト・シュミット作用素なので

$$F^*F = \sum_{k=1}^{M'} \omega'_k P_{\{\Psi_k\}}$$

$$FF^* = \sum_{k=1}^{M''} \omega''_k P_{\{\Phi_k\}}$$

と表せる. ここで, $M', M'' \leq \infty$, $\omega'_k > 0, \omega''_k > 0$ で $\{\Psi_k\}, \{\Phi_k\}$ は各々 $\mathfrak{H}$, $\mathfrak{K}$ の ONS である. ちなみに CONS とは限らない. 実は適当に順番を並べ替えると $\omega'_k = \omega''_k$, $M' = M''$ が示せる. それをみよう.

$$F^*F\Psi_k = \omega'_k \Psi_k$$

だから

$$FF^*F\Psi_k = \omega'_k F\Psi_k$$

になる. 故に $F\Psi_k$ は FF^* の固有ベクトルになる. さらに,

$$(F\Psi_k, F\Psi_l) = (F^*F\Psi_k, \Psi_l) = \omega'_k \delta_{kl}$$

だから $F\Psi_k$ と $F\Psi_l$ は直交している. 規格化して $\{\frac{1}{\sqrt{\omega'_k}} F\Psi_k\}$ は $\mathfrak{K}$ の ONS である. これらから F^*F と FF^* はゼロ以外同じ固有値をもつことがわかる. よって $M' = M''(= M \leq \infty$ とおく$)$. さらに $\omega'_k = \omega''_k = \omega_k$ とおく.

$$\eta_k = \frac{1}{\sqrt{\omega_k}} F\Psi_k$$

とおく.

$$\frac{1}{\sqrt{\omega_k}} F^*\eta_k = \frac{1}{\omega_k} F^*F\Psi_k = \Psi_k$$

となる. まとめると次のようになる.

$$\eta_k = \frac{1}{\sqrt{\omega_k}} F\Psi_k \quad \Psi_k = \frac{1}{\sqrt{\omega_k}} F^*\eta_k$$
$$FF^*\eta_k = \omega_k \eta_k \quad F^*F\Psi_k = \omega_k \Psi_k$$

さらに,

$$F^*F = \sum_{k=1}^{M} \omega_k P_{\Psi_k}$$

$$FF^* = \sum_{k=1}^{M} \omega_k P_{\eta_k}$$

ここで,

$$\Phi = \sum_{m,n} f_{mn} \Psi_m \eta_n$$

と展開すると $\sqrt{\omega_m}\eta_m(y) = F\Psi_m(y) = \sum_n \bar{f}_{mn}\bar{\eta}_n(y)$ なので比較
して

$$f_{mn} = \begin{cases} 0 & m \neq n \\ \omega_m & n = m \end{cases}$$

Φ をこの CONS で展開すると

$$\Phi = \sum_{k=1}^{M} \omega_k \Psi_k \otimes \eta_k$$

となる. ここで, 射影 $[P]_{\mathrm{II}}$ と $[P]_{\mathrm{I}}$ を求めてみよう.

$$(\Psi_m, [P]_{\mathrm{I}}\Psi_{m'}) = \begin{cases} \omega_k^2 & m = m' = k \\ 0 & それ以外 \end{cases}$$

同様に

$$(\eta_n, [P]_{\mathrm{II}}\eta_{n'}) = \begin{cases} \omega_k^2 & n = n' = k \\ 0 & それ以外 \end{cases}$$

以上から

$$[P]_{\mathrm{II}} = \sum_{k=1}^{M} \omega_k^2 P_{\{\Psi_k\}} \quad [P]_{\mathrm{I}} = \sum_{k=1}^{M} \omega_k^2 P_{\{\eta_k\}}$$

つまり, 驚くべきことに $M \geq 2$ であれば $[P]_i$ は混合状態であるこ
とが示された. $M = 1$ のときは

$$[P]_{\mathrm{II}} = P_{\{\Psi_1\}} \qquad [P]_{\mathrm{I}} = P_{\{\eta_1\}}$$

となり, このときは一意的に $P = P_{\{\Phi\}}$ は

$$\Phi = \Psi_1 \otimes \eta_1$$

になる. さらに, このときのみ $P_{\{\Phi\}}$ の射影が純粋状態になる. 次の
ことが示された.

命題（合成系の純粋状態 [62, 232 ページ],[93, 346 ページ]）

M は上のように定義する. 合成系 $\mathfrak{H} \otimes \mathfrak{K}$ の純粋状態 $P = P_{\{\Phi\}}$ について次が成り立つ.

(1) $M \geq 2$ のとき, P の射影 $[P]_\mathrm{I}$ と $[P]_\mathrm{II}$ は混合状態である.

(2) P の射影が純粋状態であるための必要十分条件は $M = 1$ である. このとき $\Phi = \Psi \otimes \eta$ と表され, $[P]_\mathrm{I} = P_{\{\Psi\}}$, $[P]_\mathrm{II} = P_{\{\eta\}}$, $P_{\{\Phi\}} = P_{\{\Psi\}} \otimes P_{\{\eta\}}$ である.

4 測定過程の分析

4.1 測定される系と観測者の境界

この章のはじめに言及したように Prinzip von psycho-physicalishen Parallelismus では, 測定される系と観測者の境界はいくらでも観測者側に近く移すことができた. これを抽象化して, 測定される系 I, 測定装置 II, 観測者 III と 3 つに分解した. 測定装置は因果的に測定すると仮定する. さて, 測定される系と観測者の境界をどこに入れるか. 2 通り考えられる. I/II, III, I, II/III.

前者の場合は観測者が複雑なので測定は非因果的になる. I の状態を（知られていない）純粋状態 $P_{\{\phi\}}$ とすれば, 測定によって統計作用素は次のようになる.

$$\sum_n |(\phi, \phi_n)|^2 P_{\{\phi_n\}}$$

後者は II が（知られている）純粋状態 $P_{\{\xi\}}$ とすれば, II によって I が測定されるから, III のややこしい人間が入らないので測定は因

果的になる. よって統計作用素は次のようになる.

$$P_{\{e^{-\frac{2\pi i}{\hbar} tH} \phi \otimes \xi\}}$$

人間が感知するためには III が非因果的に測定したものが I/II, III
の測定と一致して欲しい. こうなれば, 測定されるものと観測者
の境界の如何にかかわらず測定が一致するという. ラフにいえば,
$P_{\{e^{-\frac{2\pi i}{\hbar} tH} \phi \otimes \xi\}}$ が非因果的な測定後に $\sum_n |(\phi, \phi_n)|^2 P_{\{\phi_n\}}$ と一致
して欲しい.

4.2 抽象化したモデル

フォン・ノイマンは次の問題を考える. 2 つの物理系 I, II を考え
る. 物理系 I に CONS $\{\phi_n\}$ が与えられたとする. このとき, 物理
系 II の CONS $\{\xi_n\}$, II の純粋状態 $P_{\{\xi\}}$, さらに I + II におけるハ
ミルトニアン H と時間 t で次を満たすものを構築できるか？ I に
おける任意の純粋状態 $P_{\{\phi\}}$ に対して, 合成系の状態 $P_{\{\phi \otimes \xi\}}$ の時間
発展が次のようになるもの.

$$e^{-it\frac{2\pi}{\hbar} H} \phi \otimes \xi = \sum_n c_n \phi_n \otimes \xi_n$$

ここで, $|c_n|^2 = |(\phi, \phi_n)|^2$. もしこういうものが存在したとして, 右
辺を U とおいて, 射影 $[U]_I$ を考える.

$$\sum_n (f \otimes \xi_n, Ug \otimes \xi_n) = \sum_n (f \otimes \xi_n, \sum_m c_m P_{\{\phi_m \otimes \xi_m\}} g \otimes \xi_n)$$
$$= \sum_m c_m \sum_n (f \otimes \xi_n, (\phi_m \otimes \xi_m, g \otimes \xi_n) \phi_m \otimes \xi_m)$$
$$= \sum_m c_m \sum_n \delta_{nm}(f, (\phi_n, g)\phi_n) = (f, \sum_m c_m(\phi_m, g)\phi_m)$$
$$= (f, (\phi, g)\phi) = (f, P_{\{\phi\}} g).$$

つまり, $[U]_{\mathrm{I}} = P_{\{\phi\}}$ の純粋状態である.

フォン・ノイマンは [62, VI. 3] で次のような例を紹介している. $e^{-it\frac{h}{2\pi}H}$ の代わりにユニタリー作用素 $\triangle$ を求める. I に $\mathrm{CONS}\{\phi_n\}_{n\in\mathbb{Z}}$ と II に $\mathrm{CONS}\{\xi_n\}_{n\in\mathbb{Z}}$ が与えられているとする. 添字の集合が $\mathbb{Z}$ であるところが重要である. $\triangle$ を

$$\triangle \sum_{m,n\in\mathbb{Z}} x_{mn}\phi_m \otimes \xi_n = \sum_{m,n\in\mathbb{Z}} x_{mn}\phi_m \otimes \xi_{m+n}$$

と定義する.

$$\|\sum_{m,n\in\mathbb{Z}} x_{mn}\phi_m\otimes\xi_n\|^2 = \|\sum_{m,n\in\mathbb{Z}} x_{mn}\phi_m\otimes\xi_{m+n}\|^2 = \sum_{m,n\in\mathbb{Z}} |x_{mn}|^2$$

に注意すれば, $\triangle$ は $\mathfrak{H} \otimes \mathfrak{K}$ 上のユニタリー作用素になることがわかる. そうすると $\phi \otimes \xi_0 = \sum_{m\in\mathbb{Z}}(\phi_m,\phi)\phi_m \otimes \xi_0$ で

$$\triangle\phi \otimes \xi_0 = \sum_{m\in\mathbb{Z}}(\phi_m,\phi)\phi_m \otimes \xi_m$$

となり目的が達成された.

5 フォン・ノイマンの測定モデル

フォン・ノイマンは, [62, VI.4] で, 合成系で測定されるものと, 観測者の位置をいくらでも正確に測れるハミルトニアンの例をあげている. 合成系

$$\mathfrak{H} = L^2(\mathbb{R}_q) \otimes L^2(\mathbb{R}_r) \cong L^2(\mathbb{R}^2_{q,r})$$

で考えよう. ハミルトニアンを

$$H = \frac{1}{2m_r}\left(\frac{h}{2\pi i}\frac{\partial}{\partial r}\right)^2 + \frac{1}{2m_q}\left(\frac{h}{2\pi i}\frac{\partial}{\partial q}\right)^2 + \frac{h}{2\pi i}q\frac{\partial}{\partial r}$$

とする. ここで, m_r と m_q は質量を表す. この質量は非常に大きい
として, 運動エネルギー $\frac{1}{2m_r}\left(\frac{h}{2\pi i}\frac{\partial}{\partial r}\right)^2 + \frac{1}{2m_q}\left(\frac{h}{2\pi i}\frac{\partial}{\partial q}\right)^2$ を消す.

─── フォン・ノイマンの測定モデル ───

$$H = \frac{h}{2\pi i}q\frac{\partial}{\partial r}$$

　フォン・ノイマンの測定モデルで, シュレディンガー方程式は

$$-\frac{h}{2\pi i}\frac{\partial}{\partial t}\Phi_t(q,r) = \frac{h}{2\pi i}q\frac{\partial}{\partial r}\Phi_t(q,r)$$

となる. この方程式をヒルベルト空間論的に厳密に解いてみよう.
一般に, 自己共役作用素 A, B に対して, $A \otimes B$ は

$$\mathrm{D}(A)\hat{\otimes}\mathrm{D}(B) = \mathscr{L}\{f \otimes g \mid f \in \mathrm{D}(A), g \in \mathrm{D}(B)\}$$

の上で, 本質的自己共役作用素になる. よって $\overline{A \otimes B}$ は自己共役作
用素になる. 慣例ではこれも, $A \otimes B$ と書き表す. $\frac{h}{2\pi i}q\frac{\partial}{\partial r}$ はテンソ
ル積で表せば, $q \otimes \frac{h}{2\pi i}\frac{\partial}{\partial r}$ で, 自己共役作用素である. 故に, シュレ
ディンガー方程式の解は

$$\Phi_t = e^{-itq\frac{1}{i}\frac{\partial}{\partial r}}\Phi_0$$

となる. 一般に, $L^2(\mathbb{R})$ の自己共役作用素 $T = \frac{1}{i}\frac{d}{dx}$ に対して,

$$e^{itT}f(x) = f(x+t)$$

だった. そうすると, $\Phi(q,r) = f(q)g(r)$ に対して

$$e^{-itq\frac{1}{i}\frac{\partial}{\partial r}}\Phi(q,r) = \Phi(q, r-tq)$$

となる. この等式は $\mathrm{D}(q)\hat{\otimes}\mathrm{D}(\frac{h}{2\pi i}\frac{\partial}{\partial r})$ に拡張できる. 一般の $\Phi \in$
$L^2(\mathbb{R}_q) \otimes L^2(\mathbb{R}_r)$ に対しては, $\Phi_n \in \mathrm{D}(q)\hat{\otimes}\mathrm{D}(\frac{h}{2\pi i}\frac{\partial}{\partial r})$ で, $\Phi_n \to \Phi$
となる関数列が存在するから,

$$e^{-itq\frac{1}{i}\frac{\partial}{\partial r}}\Phi = \lim_{n\to\infty} e^{-itq\frac{1}{i}\frac{\partial}{\partial r}}\Phi_n$$
$$= \lim_{n\to\infty} \Phi_n(q, r-tq) = \lim_{n\to\infty} \Phi(q, r-tq)$$

数学的に表現すると, 定ファイバー直積分 $L^2(\mathbb{R}_q) \otimes L^2(\mathbb{R}_r) \cong \int_{\mathbb{R}}^{\oplus} L^2(\mathbb{R}_r)dq$ で書き表されて,

$$e^{-itq\frac{1}{i}\frac{\partial}{\partial r}} = \int_{\mathbb{R}}^{\oplus} e^{-itq\frac{1}{i}\frac{\partial}{\partial r}} dq$$

となる. 測定の問題に戻ろう. $\Phi(q,r) = \phi(q)\xi(r)$ のときは

$$\Phi_t(q,r) = \phi(q)\xi(r-tq)$$

になるのだった. 観測者 II（擬人的な感じ）の測定前の位置が $-\varepsilon < r < \varepsilon$ と仮定する. 不確定性原理により, ピンポイントに指定することはできない. つまり, $\mathrm{supp}\xi \subset [-\varepsilon, \varepsilon]$ とする. なお, 規格化されていなければならないので, $\|\xi\| = 1$ とする.

$$A_{\delta\delta'} = \{(q,r) \in \mathbb{R}^2 \mid (q,r) \in [q_0-\delta, q_0+\delta] \times [r_0-\delta', r_0+\delta']\}$$

として, 時刻 $t=1$ で, $\Phi_t(q,r)$ が $A_{\delta\delta'}$ に存在する確率は

$$\rho = \int_{A_{\delta\delta'}} |\phi(q)\xi(r-q)|^2 dqdr$$

$r_0 = q_0$ かつ $\delta' + \delta \geq \varepsilon$ と仮定すると $\int_{r_0-\delta'}^{r_0+\delta'} \xi(r-q)|^2 dr = 1$ が任意の $q \in [q_0-\delta, q_0+\delta]$ で成り立つから,

$$\rho = \int_{q_0-\delta}^{q_0+\delta} |\phi(q)|^2 dq$$

$\delta, \delta', \varepsilon > 0$ は任意に選ぶことができる. これは, I, II の位置をいくらでも正確に測定できることを示している.

第12章

量子論理

1　フォン・ノイマンとガレット・バーコフ

　1936年，プリンストン高等研究所のフォン・ノイマンはガレット・バーコフと共著で『Logic of quantum mechanics』[2]（量子力学の論理）という刺激的なタイトルの論文を発表した．これこそ，量子論理という概念が世に出た瞬間である．

G・バーコフ

　　　　　　　ガレット・バーコフは，束論（Lattice theory）の大家である一方，フォン・ノイマンがエルゴード定理の優先権争いでバトルしたジョージ・バーコフの息子でもある．1931-2年頃に父親とバトルして，1936年には息子と論文を発表したたことになる．息子のバーコフは1911年生まれなので，フォン・ノイマンよりも8歳年少である．群の正規部分群の族が束になることから束論に興味をもったという．束は英語でlattice と表記されるが，"lattice" と名付けたのはバーコフ自身である．勿論，バーコフは代数的な興味から束の研究を行なったのだが，1925年の量子力学の発見により，量子論の

> **10. The distributive identity.** Up to now, we have only discussed formal features of logical structure which seem to be common to classical dynamics and the quantum theory. We now turn to the central difference between them—the *distributive identity* of the propositional calculus:
>
> **L6:** $a \cup (b \cap c) = (a \cup b) \cap (a \cup c)$ and $a \cap (b \cup c) = (a \cap b) \cup (a \cap c)$
>
> which is a law in classical, but not in quantum mechanics.

(和訳 古典論と量子論の中心的な差異に目を向けよう-命題の計算における分配律

L6: $a \cup (b \cap c) = (a \cup b) \cap (a \cup c)$, $a \cap (b \cup c) = (a \cap b) \cup (a \cap c)$

これは,古典的な法則であって,量子論では成り立たない)

バーコフ=フォン・ノイマンの論文 [2] の分配律の説明

論理が,非分配束であることが [2] で示されている.

束論では演算 $\wedge, \vee, \leq$ を考えるが,分配律

$$A \wedge (B \vee C) = (A \wedge B) \vee (A \wedge C)$$

は仮定しない.分配律が仮定された束は特別に分配束といわれる.ところが,量子力学の論理体系をじっくり眺めてみると,分配律が成り立たない世界だということがわかる.それは,作用素の非可換性,つまり,同時観測の不可能性や不確定性関係からの帰結である.簡単にいえば,$\wedge =$ "かつ",$\vee =$ "または",$\emptyset =$ "ありえない" と読むことにして,量子力学の命題 A, B, C で

$$A \wedge (B \vee C) \neq \emptyset$$

だが,

$$(A \wedge B) \vee (A \wedge C) = \emptyset$$

となることが普通に起きる.量子力学が,古典力学の常識を破って物理学者に驚かれたように,集合論の直観的な常識を破って数学者にも驚かれた例である.つまり,非分配束は抽象的な数学の世界だ

けでなく，量子力学の論理の世界でもあったのである．さらに，分配律を仮定しない束に，モジュラー束という概念が存在する．量子力学の論理の世界はこのモジュラー束ですらないのである．

2   束論の一般論

抽象的な束の定義を与えよう．

> ── 束，有限な束，完備束の定義 ──────────
>
> 半順序集合 $(A, \leq)$ が次を満たすとき束という．
>
> （和）任意の 2 元集合 $\{a, b\} \subset A$ が最小上界 $a \vee b$ をもつ．
> （積）任意の 2 元集合 $\{a, b\} \subset A$ が最大下界 $a \wedge b$ をもつ．
>
> また，A に最大限 $\square$ と最小限 $\circledcirc$ が存在するときは，有限な束という．さらに，任意の部分集合 $B \subset A$ に最小上界および最大下界が存在するとき完備束という．勿論，有限な束は完備束である．

$\circledcirc$ は 0，$\square$ は 1 と書かれることが多いが，バーコフ＝フォン・ノイマンの論文 [2] にならって，このように表記する．和は上限ともいわれる．積は下限ともいわれる．$a \vee b$ は $\{a, b\}$ の最小上界だから，$a \leq c$ かつ $b \leq c$ ならば $a \vee b \leq c$ となる．$a \wedge b$ は $\{a, b\}$ の最大下界だから，$c \leq a$ かつ $c \leq b$ ならば $c \leq a \wedge b$ となる．$\wedge$ と $\vee$ は 2 項演算と思える．次は正しい．

(1) $a \vee a = a, \ a \wedge a = a$

(2) $a \vee b = b \vee a, \ a \wedge b = b \wedge a$

(3) $a \vee (b \vee c) = (a \vee b) \vee c, \quad a \wedge (b \wedge c) = (a \wedge b) \wedge c$

(4) $a \vee (a \wedge b) = a$, $a \wedge (a \vee b) = a$

さらに,以下は全て同値である.

$$b \leq a \iff a \wedge b = b \iff a \vee b = a$$

$B \subset A$ かつ $B = \{b_1, \ldots, b_n\}$ のとき,$\wedge B = b_1 \wedge \ldots \wedge b_n$ とする.また,$\vee B = b_1 \vee \ldots \vee b_n$ とする.A の部分集合としての空集合 $\emptyset$ に対して(任意の集合は空集合を部分集合として含むと約束する)$\wedge \emptyset = \square$,$\vee \emptyset = \odot$ と約束する.これはミスプリではない.このように約束すると困らない.例えば,有限部分集合 $B, C \subset A$ に対して $\wedge(B \vee \emptyset) = (\wedge B) \wedge (\wedge \emptyset) = \wedge B \wedge \square = \wedge B$ になる.$\vee(C \vee \emptyset) = (\vee C) \vee (\vee \emptyset) = \vee C \vee \odot = \vee C$ になる.

　例を挙げる.

(**例 1**) 集合 X の冪集合 2^X に包含関係で順序を入れたものは完備束になり,下限は集合の共通部分,上限は合併として与えられる.

(**例 2**) 自然数全体に整除関係で順序を入れたものは完備束になる.下限は最大公約数,上限は最小公倍数として与えられる.

(**例 3**) 群の部分群全体は包含関係に関して完備束をなす.下限は共通部分,上限は合併の生成する部分群.

　(**例 1**) の束 2^X を考える.次を満たすことはすぐにわかる.

　I. $\forall x, y, z \in 2^X$ に対して,

$$x \cap (y \cup z) = (x \cap y) \cup (x \cap z)$$
$$x \cup (y \cap z) = (x \cup y) \cap (x \cup z)$$

　II. 次を満たす $\odot, \square \in 2^X$ が存在する.

$$\odot \leq x \leq \square \quad \forall x \in 2^X$$

III. $\forall x \in 2^X$ に対して，次を満たす $x' \in 2^X$ が存在する．

$$x \cup x' = \square \quad x \cap x' = \odot$$

実際に，どうすればいいかというと，$\odot = \emptyset, \square = X$, x' は x の補集合 $x^c = X \setminus x$ とすればいい．

　ここから，一般の空でない束 $(A, \leq)$ に話を移す．一般の束に関する条件 II., III. を合わせて相補律といい，I. を分配律という．相補律を満たす束を相補束，分配律を満たす束を分配束．分配律と相補律を満たす束をブール束という．強調しておきたいのは，ブール束は分配律を満たしていることである．また，相補束は完備束である．x' は補元と呼ばれる．II. に加えて IV. を導入する．

　IV. 補元は次を満たす．

$$(x')' = x$$
$$x \leq y \Longrightarrow y' \leq x'$$

IV. が成り立つとき x' を直補元と呼び，II.,III.,IV. が成り立つ束を直相補束という．

	完備束	complete lattice
——	有限な束	bounded lattice
I.	分配束	distributive lattice
II.+III.	相補束	complemented lattice
II.+III.+IV.	直相補束	orthocomplemented lattice
I.+II.+III.	ブール束	Boolean lattice

いろいろな束

　Complemented lattice の和訳は様々あるようだ. 相補束は可補束とも和訳される. 岩波 数学辞典では相補束となっている. Complement は "補う", "補完する" と通常は訳されるので, 互いに補うという意味合いで相補束がしっくりくるが, 可補束の "可" はいかなる意味合いなのだろうか. 有限性でクラスの包含関係を示すと次のようになる.

$$直相補束 \subset 相補束 \subset 有限な束 \subset 完備束 \subset 束$$

代数的な関係式でクラスの包含関係を示すと次のようになる.

$$ブール束 \subset 分配束 \subset 束$$

3　モジュラー束と加群

　分配律が満たされない束の一つモジュラー束を定義しよう. モジュラー束は 1900 年に, "デデキントの切断" で知られる方法で実数の定義を与えたリヒャルト・デデキント [12] によって導入された. この論文では, $a \vee b$ を $a + b$, $a \wedge b$ を $a - b$ と表している. 勿論 $a - b$ は "a 引く b" ではないので, $a - b = b - a$ の対称律が成立している. 以上余談である.

命題（モジュラー包含関係）

$(A, \leq)$ を束とする. このとき次が成り立つ.

$$a \leq c \Longrightarrow a \vee (b \wedge c) \leq (a \vee b) \wedge c$$

証明. $a \leq a \vee b$ かつ $b \wedge c \leq b \leq a \vee b$ だから $a \vee (b \wedge c) \leq a \vee b$ が成り立つ. 次に $a \leq c$ かつ $b \wedge c \leq c$ だから $a \vee (b \wedge c) \leq c$ が成り立つ. 合わせると $a \vee (b \wedge c) \leq (a \vee b) \wedge c$ になる. [終]

この命題を念頭において, モジュラー束を定義しよう.

モジュラー律とモジュラー束の定義

束 $(A, \leq)$ が次のモジュラー律

$$a \leq c \Longrightarrow a \vee (b \wedge c) = (a \vee b) \wedge c$$

を満たすときモジュラー束という.

分配束はモジュラー束になるので次の包含関係が従う.

$$\text{ブール束} \subset \text{分配束} \subset \text{モジュラー束} \subset \text{束}$$

可換な群 M を加群といった. 演算を $+$, 単位元を 0 であらわす. つまり, $x + y = y + x$, $(x + y) + z = x + (y + z)$ が成り立ち, x に対して $-x$ が存在して $x + (-x) = 0$ になる.

部分加群の全体を $\mathfrak{M}$ と表す. $X, Y \in \mathfrak{M}$ に対して, 集合として X が Y に含まれるとき, $X \leq Y$ とする. また,

$$X \wedge Y = X \cap Y = \{x \mid x \in Y \text{ かつ } x \in Y\}$$
$$X \vee Y = X + Y = \{x + y \mid x \in X, y \in Y\}$$

とする. このとき, $\wedge$ と $\vee$ は積と和になるから, $(\mathfrak{M}, \leq)$ は束になる. よって, モジュラー包含関係は成立している. つまり, $X \leq Z$ ならば $X \vee (Y \wedge Z) \leq (X \vee Y) \wedge Z$ である.

命題（加群のモジュラー性）

$(\mathfrak{M}, \leq)$ はモジュラー束である.

証明. $X \leq Z$ ならば $(X \vee Y) \wedge Z \leq X \vee (Y \wedge Z)$ を示せばいい. $z \in (X \vee Y) \wedge Z$ とすれば, $z = x + y \in X \vee Y$ と表せる. よって,

$y = z - x$. 仮定より $x \in Z$ だから, $z - x \in Z$. よって, $y \in Y \wedge Z$. つまり, $z = x + y \in X \vee (Y \wedge Z)$. [終]

$a \leq b$ かつ $a \neq b$ のとき $a < b$ と書く.

$$a_1 \leq \ldots \leq a_n$$

という列を考える. $a_k < y < a_{k+1}$ となる y が存在しないとき a_k と a_{k+1} は素であるという. 列の任意の組 a_k と a_{k+1} が素であるとき組成列という.

> **命題（長さの一意性）**
>
> $(A, \leq)$ はモジュラー束とする. 2 元 a, b を結ぶ組成列が存在すれば, それらの長さは一定である.

4　観測命題

この節で現れる記号 $\subseteq, \leq, \cap, \cup$ は, 通常の意味とは異なって論理学での記号であることを注意する. 前節で紹介した束を測定の世界で構築しよう. 物理系 $\mathfrak{S}$ を考える. この $\mathfrak{S}$ を観測する. $\mathfrak{S}$ に 2 つの観測 a, b があって, 観測 a に対して yes ならば観測 b も yes となるとき $a \leq b$ と表す. これは

$$a \leq a$$
$$a \leq b, \ b \leq c \Longrightarrow a \leq c$$

を満たす. $a \leq b$ かつ $b \leq a$ のとき $a = b$ と表して a と b は同値という. a と同値な観測全体を $A = A(a)$ と表す. つまり $A(a) \ni b$ ならば $a = b$ となる. これを観測命題と呼ぶ. 観測命題全体を $\mathfrak{A}$ と表そう.

┌─ $\mathfrak{A}$ の半順序 $\subseteq$ の定義 ──────────────

$A, B \in \mathfrak{A}$ とする. $a \in A, b \in B$ ならば $a \le b$ のとき $A \subseteq B$
と表す.

└──────────────────────────────────

この $\subseteq$ は次の性質を満たす.

$$A \subseteq A$$
$$A \subseteq B,\ B \subseteq C \implies A \subseteq C$$

$A \subseteq B$ かつ $B \subseteq A$ のとき $A = B$ と表す. その結果 $(\mathfrak{R}, \subseteq)$ は半順序集合になる. $\mathfrak{A}$ に積 $\cap$ を定めよう. $\mathfrak{S}$ に対して観測 $a \in A$ を行って, 次に観測 $b \in B$ を行うとき ba と書き表す. 一般に $ba \ne ab$ である.

$$C = \{c \mid c = ab = ba, a \in A, b \in B\}$$

を

$$C = A \cap B$$

と表す. 次に和を定義しよう. $A \ni a,\ B \ni b$ に対して $a \le c, b \le c$ を満たす c で最小のものを $c = a + b$ と表す.

$$C = \{a + b \mid a \in A, b \in B\}$$

を

$$C = A \cup B$$

と表す. [2] にならって $\odot \in \mathfrak{A}$ と $\square \in \mathfrak{A}$ を定義しよう. 命題 $\square$ は identically true または self-evident と呼ばれ, 命題 $\odot$ は identically false または absyrd と呼ばれる.

$$\odot \subseteq A \subseteq \square \qquad \forall A \in \mathfrak{A}$$

を常に満たすと仮定する. そうすると

$$A \cap \square = A \quad A \cup \odot = A$$

が満たされる. その結果 $(\mathfrak{R}, \subseteq)$ は有限な束になる.

5 古典論理

物理系 $\mathfrak{S}$ に関する単純な測定は, それについてある性質があるかないかを測定することである. それをフォン・ノイマンはプロパティーと呼んだ. 1 つの球体を S とする. S の直径を測定して "a より小さい" という命題を考える. それを A と定義する. このとき, A' を "a より小さくない" という命題と定義する. これは A の補元である.

S の直径が a より小さいか? という問に yes と答え, かつ no と答えるというようなことは起こりえない. これを記号で表すと

$$A \cap A' = \odot$$

一方, 必ず yes か no の答えが存在する. これを記号で表すと

$$A \cup A' = \square$$

$\mathfrak{R}$ を $\{A, A', \odot, \square\}$ からなる相補束とする. A と A' に包含関係は存在しない. この論理構造を見やすい形に表しておこう. ハッセ図が便利である. "$A \subseteq B$" $(A \neq B)$ の関係を下から上に向けての矢印で表したものである.

ヘルムート・ハッセは 1898 年生まれのドイツの数学者で, ゲッチンゲンに学び, ワイルがプリンストンに去った後に, 1934 年後任となった. しかし, ガウスからワイルまで面々と続いた数学教授

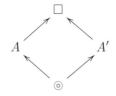

A から作られるハッセ図

職 "Erster Lehrstuhl" は，ワイルまでで終わったといわれる．ワイルは一度は固辞したプリンストン高等研究所の職を，1933 年のナチス政権がきっかけで受諾したのであった．一方，ハッセは右翼の民族主義者であった．1932 年，チューリッヒで開催された ICM の招待講演者で，1936 年，オスロで開催された ICM では Plenary Speaker でもあった．しかし，大戦後，民族主義者であることが災いしたのか，イギリス当局によりゲッチンゲンを退去させられた．

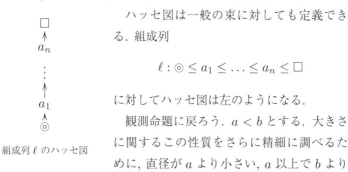

ハッセ図は一般の束に対しても定義できる．組成列

$$\ell : \odot \leq a_1 \leq \ldots \leq a_n \leq \square$$

に対してハッセ図は左のようになる．

組成列 ℓ のハッセ図

　観測命題に戻ろう．$a < b$ とする．大きさに関するこの性質をさらに精細に調べるために，直径が a より小さい，a 以上で b より小さい，b 以上という 3 つの命題を考えたい．それには命題 A の他に命題 B を用意すればいい．命題 B は "直径が b より小さい" とする．まず，$a < b$ であるから $A \subseteq B$．これから $A \cap B = A$，$A \cup B = B$ となる．$\mathfrak{R}$ を $\{A, A', B, B', \odot, \square\}$ からなる相補束とす

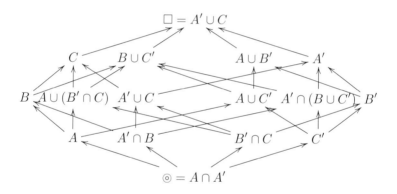

$A \subseteq B$ から作られるハッセ図

る. ハッセ図は上のようになる.

$A \subseteq B \subseteq C$ から作られるハッセ図

　ハッセ図は命題が増えると一気に複雑になる. 例えば, 情報を詳しくするために, 直径が $c\ (> b)$ より小さいかどうかを問う命題 C を用意する. $\mathfrak{R}$ を $\{A, A', B, B', C, C', \odot, \Box\}$ からなる相補束とする. ハッセ図は上のようになる. この場合には, もとの命題の間に順序関係 $A \subseteq B \subseteq C$ が存在した.

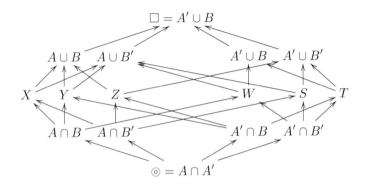

ここで, X, Y, Z, W, S, T は以下である.

$$X = (A \cap B) \cup (A \cap B')$$
$$Y = (A \cap B) \cup (A' \cap B)$$
$$Z = (A \cap B') \cup (A' \cap B)$$
$$W = (A \cap B) \cup (A' \cap B')$$
$$S = (A \cap B') \cup (A' \cap B')$$
$$T = (A' \cap B) \cup (A' \cup B')$$

$A \subseteq C$ と B から作られるハッセ図

　もし A と B の間に関係が存在しないときはどうなるか？ 例えば A,C を長さに関する大小の性質を表す命題, B を質量に関する大小の性質を表す命題とすれば, {A, C} と B はお互いに独立になる. 1 個の球体 S の直径については, a より小さいか, c より小さいか, 質量については, b より軽いか, を測定する. 面白いことに, ハッセ図は前図と変わらない. 異なるのは各命題の内容と記号だけである.

　経験上 X, Y, S, T はもう少し簡単になる. それは

$$X = (A \cap B) \cup (A \cap B') = A$$
$$Y = (A \cap B) \cup (A' \cap B) = B$$
$$S = (A \cap B') \cup (A' \cap B') = B'$$
$$T = (A' \cap B) \cup (A' \cup B') = A'$$

である．こうできるのは，A, B, C が具体的に何であるかを知っているからであって，論理学的には分配律 $A \cap (B \cup C) = (A \cap B) \cup (A \cap C)$ や $A \cup (B \cap C) = (A \cup B) \cap (A \cup C)$ が仮定されていなければこれ以上どうにもならない．分配律が仮定されている相捕束をブール束というのだった．上の観測命題の例はブール束になっている．

6　量子論理

6.1 量子論における観測命題の非分配律性

　古典論理と比較して量子論における観測命題を紹介しよう．次のスピンの観測と不確定性関係の例は [112, 19.3] を参照にした．

　スピンの観測を考える．原子一つのスピン（3 成分）を測定する実験をする．

$$\sigma_x = \frac{1}{2}\frac{h}{2\pi} \text{ または } \sigma_x = -\frac{1}{2}\frac{h}{2\pi}$$

である．独立に y 方向のスピンも測定することができて

$$\sigma_y = \frac{1}{2}\frac{h}{2\pi} \text{ または } \sigma_y = -\frac{1}{2}\frac{h}{2\pi}$$

である．この論理構造を考えてみよう．命題 A を "σ_x は $\frac{1}{2}\frac{h}{2\pi}$ である" とする．このとき補元 A' は "σ_x は $-\frac{1}{2}\frac{h}{2\pi}$ である" となる．$A \cap A' = \odot$, $A \cup A' = \square$. 同様に命題 B を "σ_y は $\frac{1}{2}\frac{h}{2\pi}$ であ

る" とする. このとき補元 B' は "σ_y は $-\frac{1}{2}\frac{h}{2\pi}$ である" となる.
$B \cap B' = \odot$, $B \cup B' = \square$ である. A と B の間には $\subseteq$ の関係は
存在しない. σ_x の値は σ_y の値に独立である. はじめに σ_x を測定
し次に σ_y を測定する. 例えば, $\sigma_x = \frac{1}{2}\frac{h}{2\pi}$ だったとする, 次の測定
では確実に $\sigma_y = \frac{1}{2}\frac{h}{2\pi}$ または $\sigma_y = -\frac{1}{2}\frac{h}{2\pi}$ である. これを記号で表
せば,

$$A \cap (B \cup B') = A \cap \square = A$$

になる. 分配律が成り立つだろうか? $A \cap B$ は $\sigma_x = \frac{1}{2}\frac{h}{2\pi}$ かつ
$\sigma_y = \frac{1}{2}\frac{h}{2\pi}$ という測定であるが, こういう測定は量子力学では不可
能である. 同時測定の不可能性が原因である. σ_x と σ_y の非可換性
といってもいい. 故に $A \cap B = \odot$. 同様に $A \cap B' = \odot$ なので,

$$A \cap (B \cup B') \neq (A \cap B) \cup (A \cap B')$$

となり分配律が成り立たない. $\{A, A', B, B', \odot, \square\}$ から作られる
束のハッセ図は次のような寂しい感じになる.

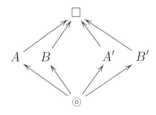

スピン測定のハッセ図

1 次元で考える. 位置と運動量の 2 次元相空間 (p, q) を考えよう.
不確定性関係

$$\Delta q \Delta p \geq \frac{1}{2}\frac{h}{2\pi}$$

を次のように解釈する. $\Delta p = \varepsilon > 0$ を固定する. $N \in \mathbb{N}$ として $\eta = \frac{1}{2}\frac{h}{2\pi}/N\varepsilon$ としよう. 相空間上の領域

$$D = [0, \varepsilon] \times [0, N\eta]$$

を考える. D を N 等分する. $D = \cup_j^N D_j$. ここで

$$D_j = [0, \varepsilon] \times [(j-1)\eta, j\eta]$$

次の命題 $A, B1, \ldots, BN$ を考える.

    A $p \in [0, \varepsilon)$
    Bj $q \in [(j-1)\eta, j\eta), j = 1, \ldots, N$

不確定性関係によれば, $A \cap Bj$ は起きえない. なぜならば $p \in [0, \varepsilon)$ かつ $q \in [(j-1)\eta, j\eta)$ ならば $\Delta p \Delta q \le \varepsilon\eta = \frac{1}{2}\frac{h}{2\pi}/N$ となり, 不確定性関係に反する. 一方で, $A \cap (B1 \cup \ldots \cup BN)$ は, 不確定性関係を破らないので ◎ ではない. 故に分配律は成り立たない.

$$A \cap (B_1 \cup \ldots \cup BN) \ne (A \cap B_1) \cup \ldots \cup (A \cap BN)$$

6.2 量子論理

1935 年 11 月 13 日にフォン・ノイマンはバーコフに手紙 [40, 59 ページ-69 ページ] を書いている. そこには, II_1 型のフォン・ノイマン代数はモジュラー律を満たさないと書かれている.

可分なヒルベルト空間 $\mathfrak{H}$ を固定する. $\mathfrak{M}$ を $\mathfrak{H}$ の閉部分空間全体とする. $\mathfrak{M}$ を量子論理という. $M, N \in \mathfrak{M}$ に対して $M \subseteq N$ のとき $M \le N$ と定義する. また

$$M \wedge N = M \cap N \quad M \vee N = \overline{M+N} = \overline{\{x+y \mid x \in M, y \in N\}}$$

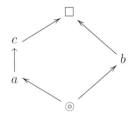

量子論理に現れたハッセ図

とする. $\mathfrak{H} = \square$, $\{0\} = \odot$ と定める. このとき, 任意の $M \in \mathfrak{M}$ に対して $\odot \leq M \leq \square$ が成り立つ. $M' = M^{\perp}$ とすれば, これは M の直補元になる. $(\mathfrak{M}, \leq)$ は直相補束になる. バーコフ=フォン・ノイマンは [2, 114 ページ] で次を示している.

命題 (量子論理の非モジュラー束性)

$(\mathfrak{M}, \leq)$ はモジュラー束ではない.

証明. $\{\xi_n\}$ を $\mathfrak{H}$ の CONS とする.

$$a = \overline{\mathscr{L}\{a_n = \xi_{2n} + 10^{-n}\xi_1 + 10^{-2n}\xi_{2n+1}, n = 1, 2, 3, \ldots\}}$$
$$c = \overline{\mathscr{L}\{a, \xi_1\}}$$

とする. 明らかに $a \leq c$ がわかる. しかも $a \neq c$. $\xi_1 \in c$ は, $\xi_1 \notin a$ である. なぜならば, $\xi_1 = \sum_n \alpha_n a_n \in a$ と仮定すると, $n > 1$ のとき $0 = (\xi_n, \xi_1)$ から, $\alpha_n = 0 \; \forall n$ が従い, $\xi_1 = 0$ となるから矛盾.

$$b = \overline{\mathscr{L}\{\xi_{2n}, n = 1, 2, 3, \ldots\}}$$

としよう. $a \vee b$ には $\xi_1 + 10^{-n}\xi_{2n+1}$ が含まれている. $n \to \infty$ とすれば $\xi_1 \in a \vee b$. 故に, $\xi_{2n+1} \in a \vee b$ が $n \geq 0$ で成り立つ. 結局 $a \vee b \ni \{\xi_n\}$ なので

$$a \vee b = \mathfrak{H} = \square$$

また $b \wedge c = b \cap c \ni \xi$ とすれば, $\xi = \sum \alpha_{2n} \xi_{2n} = \sum \beta_n a_n$ となるが, $(\xi_{2n+1}, \xi) = 0$ から, $\beta_n = 0 \ \forall n$ となり $\xi = 0$ となる. 故に

$$b \wedge c = \{0\} = \odot$$

よって $(a \vee b) \wedge c = c$ かつ $a \vee (b \wedge c) = a$ かつ $a \neq c$ なので, モジュラー律 $(a \vee b) \wedge c = a \vee (b \wedge c)$ が成り立たない. [終]

以上のことから, 次の包含関係がわかる.

命題（束の包含関係）

ブール束 $\subset$ 分配束 $\subset$ モジュラー束 $\neq$ 量子論理 $\subset$ 束

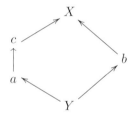

モジュラー束になりえないハッセ図

バーコフ＝フォン・ノイマンの論文 [2] には上のようなハッセ図が描かれていて, モジュラー束にはこのような部分束が現れないと語っている. このハッセ図は次のように解釈できる. $a \leq c$ はすぐにわかる. $b \leq a \vee b$ で b の上界は X だから, $a \vee b = X$. 同様に $c \vee b = X$. $b \wedge c \leq b$ で, b の下限は Y だから $b \wedge c = Y$. 同様に $b \wedge a = Y$. よって, $(a \vee b) \wedge c = X \wedge c = c$ かつ $a \vee (b \wedge c) = a \vee Y = a$ となるから, モジュラー律を満たさない. 上の図形がハッセ図に現れた場合, それはモジュラーでないことがわかる.

第13章

位相群

1　ヒルベルトの23問の第5問

　フォン・ノイマンは位相群の研究に大きな貢献をしている．時期的にはゲッチンゲン大学で量子力学の数学的定式化に集中していた1927年に [57]（出版は1929年）を書いている．これから紹介するように，ゲッチンゲンにはガウス以来，リーマン，クライン，ヒルベルト，ワイルと現代幾何学の開拓者が存在していた．リーマンはご存知リーマン幾何学を1854年に創始し，クラインはノルウェーのソフス・リーとともに1869年から1872年にかけてリー群論の構築に貢献した．そのクラインがケーニヒスベルクのヒルベルトをゲッチンゲンに招聘したのは1895年だった．ヒルベルトは，歴史的なヒルベルトの23問を1900年にパリのICMで公表した．その第5問がまさにここで紹介する研究である．続くワイルの古典群に対する貢献は歴史的である．位相群の研究に欠かせないハール測度の存在を示したアルフレッド・ハールはフォン・ノイマンと同郷で同じギムナジウム出身の先輩である．フォン・ノイマンのギムナジウム時代には，フォン・ノイマンの家庭教師もしている．ハール測度は1933年に [18] で公表された．このようなゲッチンゲンの現代幾

何学に対する系譜と伝統と，同郷の先輩の仕事に遭遇したフォン・ノイマンが位相群に挑んだのも必然であろう．1927 年当時弱冠 23歳であった．

位相群は，名前から容易に想像ができるように位相構造の入った群のことである．位相群はオーストリア人のオットー・シュライラーによって 1925 年に導入された．シュライラーは 1901 年にオーストリアに生まれた．フォン・ノイマンと同世代で，1926 年にハンブルク大学のエミール・アルチンのもとで教授資格を取得したが，1928 年に敗血症により弱冠 27 歳で夭折している．

1900 年に公開されたヒルベルトの 23 問の中の第 5 問は以下である [91, 17 ページ].

"Lie の連続変換群の概念において，群を定義する関数の微分可能性を除くこと"

ヒルベルトの 23 問の中でも最も有名な問題に属する．具体的に説明すれば次のようになる．これは [91, 解説の 86 ページ] を参照にした．関数 f で

$$f(x+y) = f(x) + f(y)$$

を満たすものを考える．f が微分可能であれば，$f(x) = ax$ であることが瞬時にわかる．f が連続の場合はどうだろうか．この場合は $x \in \mathbb{Q}$ のとき $f(x) = xf(1)$ がすぐに分かって，極限操作で $f(x) = ax$ がわかる．つまり，連続性しか仮定していないのに求めた関数 $f(x) = ax$ は微分可能（実は解析的）になる．連続性を仮定しない場合はどうか？ 実は $f(x+y) = f(x) + f(y)$ を満たす奇妙な関数がたくさん存在することが知られている [27, Chapter 11,Theorem 2]．第 5 問題は，連続群を定義するときの群の基本的な関数関係が自動的に解析的なものになるか，というものである．

　フォン・ノイマンは，1927 年に $GL(n, \mathbb{C})$ の閉部分群がリー群であることを示した．位相的性質から解析的性質を導いたことになる．ストーンの定理のユニタリー群 $\{T_t\}$ の強連続性を可測性から導いたことを思い出させる．現在では，$GL(n, \mathbb{C})$ の閉部分群をリー群と定義する教科書も存在する．1933 年に [67] では，$\mathbb{R}$ の加法群が $\mathbb{R}^2$ 上に連続ではあるが微分可能ではない仕方で作用しうることを示して，第 5 問を否定的に解決した．さらに，第 5 問を

　　"位相的リー群 G は解析的リー群か"

　というように問題を再設定し，G がコンパクトであるとき肯定的に正しいことを [67] で示した．この結果を紹介するのがこの章の目的である．ちなみに，G がアーベル群のときはポントリャーギン，可解群のときはシュヴァレーが示している．

2　位相群

2.1 古典線形群

　群の定義を復習しよう．

群の定義

集合 G と演算 $\cdot$ の組 $(G, \cdot)$ が次を満たすとき群という．
(1) 単位元 $e \in G$ が存在する．
(2) $\forall x \in G$ に逆元が存在する．これを x^{-1} と表す．
(3) 結合法則 $(x \cdot y) \cdot z = x \cdot (y \cdot z)$ が成り立つ．

　古典線形群と呼ばれる群を紹介しよう．$M_n(\mathbb{K})$ は $\mathbb{K}$ 上の $n \times n$ 行列全体を表すことにする．

$$GL(n, \mathbb{K}) = \{A \in M_n(\mathbb{K}) \mid 逆行列が存在する \}$$

を一般線形群とう.

$$SL(n, \mathbb{K}) = \{A \in GL(n, \mathbb{K}) \mid \det A = 1\}$$

を特殊線形群という. $\mathbb{R}^n$ 上の 2 次形式

$$(x, y)_{pq} = x_1^2 + \cdots + x_p^2 - x_{p+1}^2 \cdots - x_{p+q}^2$$

を不変にする $A \in M_n(\mathbb{R})$ 全体を $O(p, q)$ と表す. つまり

$$O(p, q) = \{A \in M_n(\mathbb{R}) \mid (Ax, Ay)_{pq} = (x, y)_{pq} \; \forall x, y \in \mathbb{R}^n\}$$

特に, $O(n, 0) = O(n)$ を直交群, $O(3, 1)$ をローレンツ群という. また, $SO(n) = \{A \in O(n) \mid \det A = 1\}$ は特殊直交群という. 次に $U(n)$ は n 次元ユニタリー行列全体を表す. つまり, $U^*U = E$. これをユニタリー群と呼ぶ. 特に $SU(n) = \{A \in U(n) \mid \det A = 1\}$ は特殊ユニタリー群と呼ばれている. $GL(n, \mathbb{K}), SL(n, \mathbb{K}), O(p, q),$ $O(n), U(n), SU(n)$ は全て群である. 次にこれらの位相的な性質を紹介しよう.

$M_n(\mathbb{K}) \ni T, S$ に対して

$$(T, S)_2 = \mathrm{Tr}(T^*S)$$

と定めれば, これは内積になる. 実際, $\mathrm{Tr}(T^*T) = \sum_{ij} |T_{ij}|^2$ になるから, T を $\mathbb{K}^{n^2}$ の元とみてユークリッド内積を入れたことに対応している. よって次の位相同型がわかる.

$$M_n(\mathbb{K}) \cong \mathbb{K}^{n^2}$$

ここで注意を与える. 行列の成分表示は $\mathbb{K}^n$ の基底に依るのであった. しかし, $(T, S)_2$ は基底の取り方に依らない. 基底 $\{e_n\}$ で T と表現される行列は基底 $\{f_n\}$ では $P^{-1}TP$ と表現

された. ここで P は直交行列またはユニタリー行列である. 故に $(P^{-1}TP, P^{-1}SP)_2 = \text{Tr}(P^{-1}T^*PP^{-1}SP) = \text{Tr}(T^*S) = (T,S)_2$ になる.

上の位相同型により古典線形群は全て $\mathbb{K}^{n^2}$ の部分集合とみなせる. 一般に古典線形群の位相的な性質が気になる. 有界集合なのか? 閉集合なのか? コンパクト集合なのか?

例えば, $T \in O(n)$ は $(T,T)_2 = 1$ だから, $O(n)$ は $\mathbb{R}^{n^2}$ の中の単位球面 S^{n^2-1} に含まれる. また, $GL(n, \mathbb{K})$ は $\mathbb{K}^{n^2}$ の開集合になる. なぜならば, 行列式を写像とみなせば

$$\det : M_n(\mathbb{K}) \ni A \mapsto \det A \in \mathbb{K}$$

は連続で, $GL(n, \mathbb{K}) = \det^{-1}(\mathbb{K} \setminus \{0\})$ に注意する. $\mathbb{K} \setminus \{0\}$ は開集合なので $GL(n, \mathbb{K})$ も開集合になる. この証明から $GL(n, \mathbb{R})$ は非連結で, $GL(n, \mathbb{C})$ は連結であることがわかる. $O(n), SO(n), U(n), SU(n)$ はコンパクト集合である. 一方, $GL(n, \mathbb{K}), SL(n, \mathbb{K})$ はコンパクト集合でない.

2.2 位相群の定義

位相群の定義を与えよう.

位相群の定義

$(G, \mathcal{O})$ は群かつ位相空間とする. ここで, $\mathcal{O}$ は位相を表す. 以下を満たすとき $(G, \mathcal{O})$ を位相群という.

(1) $G \times G \ni (x, y) \mapsto xy \in G$ は連続
(2) $G \ni x \mapsto x^{-1} \in G$ は連続

細かい注意をする. $G \times G$ には積位相が定義されている. 位相空間から位相空間への写像 $f : (X, \mathcal{O}_X) \to (Y, \mathcal{O}_Y)$ が連続とは

$f^{-1}(A) \in \mathcal{O}_X \ \forall A \in \mathcal{O}_Y$ となることであった.

(例1) 古典線形群は全て位相群である.

(例2) G を位相群とする. $N \lhd G$ を正規部分群とする. つまり $N = \{g \in G \mid \forall h \in G$ に対して $hg = gh'$ となる h' が存在する $\}$. このとき G/N は群になる. 実際, $\pi : G \to G/N$ を自然な写像とすれば, $\pi(g)\pi(h) = \pi(gh)$ と定義すればいい. これは, 商位相で位相群になる.

位相群 G, H が "位相群として同型" とは全単射 $\varphi : G \to H$ で群として準同型かつ位相空間として位相同型（連続かつ逆も連続）なものが存在することと約束する. このとき, 以下のようにあらわす.

$$G \cong H$$

次の命題は有用である.

命題（準同型定理）

G, G' を位相群とする. $f : G \to G'$ は, (1) 準同型写像, (2) 開写像, (3) 上への写像とする. このとき, $G/\mathfrak{N}f \cong G'$.

例えば, $\det : GL(n, \mathbb{R}) \to \mathbb{R} \setminus \{0\}$ は命題の条件を全て満たす. $\mathfrak{N}\det = SL(n, \mathbb{R})$ だから, $GL(n, \mathbb{R})/SL(n, \mathbb{R}) \cong \mathbb{R} \setminus \{0\}$. これは, $GL(n, \mathbb{R}) \ni A, B$ の行列式が $\det A = \det B$ のとき, A, B の差は $SL(n, \mathbb{R})$ しかないといっている. つまり $AB^{-1} \in SL(n, \mathbb{R})$.

3　フォン・ノイマンとハール

位相群は 1925 年から 1940 年にかけて非常によく研究された. まさに, フォン・ノイマンにドンピシャりの時期である. この時期, 抽象的な "位相" と "測度" の概念が完成したことが大きい. これに大

きく貢献した一人がアルフレッド・ハールである. ハールは, 今日
ハール測度と呼ばれている局所コンパクト空間上の測度を 1933 年
に [18] で構築した. ハールは 1885 年にオーストリア・ハンガリー
帝国時代のブダペストで生まれた. フォン・ノイマンと同じギムナ
ジウム（ルーテル校）に通い, フォン・ノイマンと同じく 1903 年
にエトベシュ数学賞・物理学賞の 1 等賞を受賞している. このと
き, ハールの心は化学から数学へ揺らぐ. 事実, ブダペスト工科大で
化学を専攻したが, すぐにブダペスト大学の数学に移り, 1 年後に
はゲッチンゲン大学に移る. 1909 年にヒルベルトから学位を取得
している. 1912 年までゲッチンゲンで私講師をして, ハンガリーに
戻った. オーストリア・ハンガリー帝国のフランツ・ヨーゼフ大学
にフレジェス・リースと共に就いた.

しかし, ここは現在のルーマニア国内に位置
していたため, トランシルヴァニアをルーマニ
アに割譲するという内容のトリアノン条約の
後, 大学は新しい国境内にあるセゲドに移転し
た. ハールはこの新しいセゲド大学に着任し
た. ハールはフォン・ノイマンのギムナジウム
時代の家庭教師もしている. 1933 年に上述の
歴史的な論文を発表して後世に名を残すのだ

A・ハール

が, この年 1933 年 3 月 16 日に 48 歳で胃癌により亡くなっている.
　1933 年といえばフォン・ノイマンはプリンストン高等研究所教
授に就任した年でもある. フォン・ノイマンはハールが死去してす
ぐに（受理は 1933 年 9 月 7 日, 発表は 1935 年）Composito Math-
ematica の創刊号に『Haarschen Maß in topologischen Gruppen』
（位相群のハール測度）というタイトルの論文 [70] を発表している.

4 ハール測度

4.1 可測群

可測群の定義を与える. 位相群の "位相" を "可測" に置き換えればいい.

可測群の定義

$(G, \mathcal{B})$ は群かつ可測空間とする. ここで, $\mathcal{B}$ はシグマ代数を表す. 以下を満たすとき $(G, \mathcal{B})$ を可測群という.

(1) $G \times G \ni (x, y) \mapsto xy \in G$ は可測
(2) $G \ni x \mapsto x^{-1} \in G$ は可測

位相群ならば可測群か? これは自明ではない. 事実だけ述べれば次のようになる.

命題（位相群と可測群の関係）

$(G, \mathcal{O})$ が局所コンパクトかつ可算コンパクトな位相群とする. $\mathcal{B}$ を G のベール集合族とする. このとき $(G, \mathcal{B})$ は可測群.

用語を確認しておこう. 局所コンパクト空間とは近傍としてコンパクト集合が存在するもの, 可算コンパクト空間とは可算個の開被覆があれば, 有限開被覆がとれるものだった. ちなみに, コンパクト空間とは開被覆があれば有限開被覆がとれるというものである. ベール集合族は G_δ 集合を含む最小のシグマ代数である. ここで, G_δ 集合とは開集合の可算個の交わりで表せる集合のことである. $G = \text{Gebiet}$ (開集合), $\delta = \text{Durchschnitt}$ (交わり) からきている. 距離空間上ではベール集合族とボレル集合族は一致することも注意しておく.

4.2 不変可測群

可測群に測度が備わっている空間 $(G, \mathcal{B}, \mu)$ を群測度空間と呼ぶ. 二つの測度 μ, ν が同値 $\mu \sim \nu$ とは $\mu \ll \nu$ かつ $\mu \gg \nu$ となることだった.

不変測度の定義

$(G, \mathcal{B}, \mu)$ を群測度空間とする.

(1) μ が右不変 $\iff \mu(A) = \mu(Ax) \ \forall A \in \mathcal{B} \ \forall x \in G$

(2) μ が左不変 $\iff \mu(A) = \mu(xA) \ \forall A \in \mathcal{B} \ \forall x \in G$

(3) μ が左準不変 $\iff \mu(\cdot) \sim \mu(x\cdot) \ \forall x \in G$

(4) μ が右準不変 $\iff \mu(\cdot) \sim \mu(\cdot x) \ \forall x \in G$

μ は群 G 上の測度なので, 左右の不変性は独立ではない. $\check{\mu}(E) = \mu(E^{-1})$ とする. これも $\mathcal{B}$ 上の測度になる. $(xE)^{-1} = E^{-1}x^{-1}$ に注意すれば $\check{\mu}$ は左準不変が示せる. また, G がシグマ有限であれば, 2 つの測度 μ, ν の積測度 $\mu \otimes \nu$ が定義できる. μ, ν はともに右準不変測度とする. $\Phi : G \times G \ni (x, y) \mapsto xy^{-1} \in G$ として, $\mathcal{B} \ni A \mapsto \mu \otimes \nu(\Phi^{-1}(A))$ を考えれば, $\mu \sim \check{\nu}$ が示せる. この事実から次が示せる.

命題 (左右準不変測度)

$(G, \mathcal{B}, \mu)$ がシグマ有限な群測度空間とする. μ を右準不変測度とする. このとき μ は左準不変測度になる.

証明. $\check{\mu} \sim \mu$ かつ $\check{\mu}$ が左準不変なので証明終わり. [終]

さらに, もっと強いことが示せる.

┌─ **命題（左右準不変測度）** ─────────────────

$(G, \mathcal{B}, \mu)$ が有限な群測度空間とする. μ が右不変測度とする. このとき μ は左不変測度になる. つまり, μ は両側不変測度になる.

└──────────────────────────────────────

証明. $\Phi : G \times G \ni (x, y) \mapsto xy^{-1} \in G, A \in \mathcal{B}$ とする. $\mu \otimes \mu(\Phi^{-1}(A)) = \int_G \mu(Ay) d\mu(y) = \int_G \mu(A^{-1}y) d\mu(y)$. 右不変性から $\int_G \mu(A) d\mu(y) = \int_G \mu(A^{-1}) d\mu(y)$ だから $\mu(G)\mu(A) = \mu(G)\mu(A^{-1})$ となる. $\mu(G) < \infty$ なので, $\mu(A) = \mu(A^{-1}) = \check{\mu}(A)$ だから $\mu = \check{\mu}$ が従う. $\check{\mu}$ は左不変なので証明終了. [終]

（例1） $(\mathbb{R}, \mathcal{L}, L)$ はルベーグ測度空間で $\mathbb{R} = (\mathbb{R}, +)$ を加法群とみなす. このとき $\mathcal{L}(A + x) = \mathcal{L}(A)$ が成り立つ.

（例2） $(\mathbb{R} \setminus \{0\}, \mathcal{B}(\mathbb{R} \setminus \{0\}), \mu)$ を次で定める.

$$\mu(A) = \int_A \frac{dx}{|x|}$$

$\mathbb{R} \setminus \{0\} = (\mathbb{R} \setminus \{0\}, \times)$ を乗法群とみなす. $\mu(x[a, b)) = \int_{xa}^{xb} \frac{dy}{|y|} = \int_a^b \frac{dy}{|y|} = \mu([a, b))$ となる. $A = \cup_j [a_j, b_j)$ に対しても $\mu(xA) = \mu(A)$ が示せる. $\mu(a \cdot) = \nu(\cdot)$ とすれば, $\mu = \nu$ が $\{\cup_j [a_j, b_j)\}$ 上で成り立つからホップの拡張定理より $\mu = \nu$ が $\mathcal{B}(\mathbb{R} \setminus \{0\})$ で成り立つ.

（例3） $(\mathbb{R}_*^4, \mathcal{B}(\mathbb{R}_*^4), \mu)$. $\mathbb{R}_*^4$ に群構造を次のように入れる. $X = (a, b, c, d), Y = (\alpha, \beta, \gamma, \delta)$ に対して

$$\begin{pmatrix} a & b \\ c & d \end{pmatrix} \begin{pmatrix} \alpha & \beta \\ \gamma & \delta \end{pmatrix} = \begin{pmatrix} x & y \\ z & w \end{pmatrix}$$

としたとき $XY = (x, y, z, w) \in \mathbb{R}^4$ と定める.

$$\mathbb{R}_*^4 = \left\{ (\alpha, \beta, \gamma, \delta) \in \mathbb{R}^4 \mid \begin{vmatrix} \alpha & \beta \\ \gamma & \delta \end{vmatrix} \neq 0 \right\}$$

とする.

$$d\mu = \frac{d\alpha d\beta d\gamma d\delta}{\begin{vmatrix} \alpha & \beta \\ \gamma & \delta \end{vmatrix}}$$

G は 2×2 の正則行列とする. このとき $\mu(GA) = \mu(A) = \mu(AG)$ になる. μ は両側不変測度になる.

(例 4) $(H, \mathcal{B}(H))$ を考える. $H = \{(a, b) \in \mathbb{R}^2 \mid a \neq 0\}$ **(例 2)** と同様の群構造を入れる.

$$\begin{pmatrix} a & b \\ 0 & 1 \end{pmatrix} \begin{pmatrix} \alpha & \beta \\ 0 & 1 \end{pmatrix} = \begin{pmatrix} \alpha a & a\beta + b \\ 0 & 1 \end{pmatrix}$$

だから, $(a, b) \cdot (\alpha, \beta) = (\alpha a, a\beta + b)$ で積が定義できて, 群になる.

$$d\mu = \frac{da db}{a}$$

は $(H, \mathcal{B}(H))$ の右不変測度になる. 一方,

$$d\nu = \frac{da db}{a^2}$$

は $(H, \mathcal{B}(H))$ の左不変測度になる.

4.3 ハール測度

前節で不変測度を具体的に紹介したが, ハールは [18] で位相群 G 上に群の変換で不変な測度が一意的に存在することを示した. 勿論, 位相群は可測群ではないので, G に細かな条件が課せられる. ハール測度 μ の存在により $L^2(G, \mu)$ という空間を考えることできる. 測度の不変性を使って, $V = L^2(G, \mu)$ 上に G の右正則表現 (ρ, V) といわれるユニタリー表現を作ることができる! つまり, $\rho(g)f(x) = f(xg)$ で $(\rho(g)f, \rho(g)h) = (f, g)$. これは G を調べるのに大変有用であり, フォン・ノイマンはこれを利用した.

> **命題 (ハール測度の存在 (一般論) [18])**
>
> $(G, \mathcal{O})$ を局所コンパクトかつ可算コンパクトな位相群とする. $\mathcal{B}$ はベール集合族とする. $(G, \mathcal{B})$ 上に右不変測度 μ と左不変測度 ν が一意的に存在する. さらに, $K \in \mathcal{B}$ がコンパクトならば $\mu(K) < \infty$, $\nu(K) < \infty$ である. また, 一般に μ と ν は一致しない.

μ は右ハール測度, ν は左ハール測度と呼ばれる. G がコンパクト距離空間であれば次のようになる.

> **命題 (ハール測度の存在 (コンパクト距離空間))**
>
> $(G, \mathcal{O})$ をコンパクト距離空間の位相群とし, $\mathcal{B}$ はボレル集合族とする. $(G, \mathcal{B})$ 上に有限な両側不変測度 μ が一意的に存在する.

V を線型空間とする. $GL(V)$ は $V \to V$ の全単射線形写像全体を表す.

> **群の表現の定義**
>
> 群 G に対して, 準同型写像と線型空間の組 (ρ, V) が $\rho : G \to GL(V)$ のとき G の表現という.

(正則表現) 群 G に対して右ハール測度 μ が存在すると仮定する. $V = L^2(G, \mu)$ とおく. $g \in G$ に対して $\rho(g) : V \to V$ を

$$\rho(g)f(x) = f(xg)$$

と定義する. このとき $\rho(g)\rho(h) = \rho(gh)$ になる. また, ハール測度の右不変性から $(\rho(g)f, \rho(g)h) = (f, h)$ になる. $f \in L^2$ に対して, $\tilde{f}(x) = f(xg^{-1})$ とすれば $\rho(g)\tilde{f} = f$ になる. まとめると $\rho(g)$ は V 上のユニタリー作用素である. つまり, (ρ, V) はユニタリー表現

になっている. これを右正則表現という.

（随伴表現）特殊ユニタリー群 $SU(2)$ は位相空間としては $SU(2) = S^3$ とみなせる. $SU(2) \ni A = \sum_{j=1}^{3} x_j \sigma_j + x_4 E$ と表せる. ここで, $\sum_{j=1}^{4} x_j^2 = 1$,

$$\sigma_1 = \begin{pmatrix} 0 & 1 \\ 1 & 0 \end{pmatrix} \quad \sigma_2 = \begin{pmatrix} 0 & -i \\ i & 0 \end{pmatrix} \quad \sigma_3 = \begin{pmatrix} 1 & 0 \\ 0 & -1 \end{pmatrix}$$

はトレースがゼロの対称行列である.

$$\rho : S^3 \ni x \mapsto \sum_{j=1}^{3} x_j \sigma_j + x_4 E \in SU(2)$$

は同相写像になる. S^3 はコンパクト空間であるから, $SU(2)$ の作用で不変な両側ハール測度 μ が $SU(2)$ 上に存在する. つまり,

$$\int_{SU(2)} f(g) d\mu(g) = \int_{SU(2)} f(hg) d\mu(g), \quad \forall h \in SU(2)$$

$V = \{X \in M_2(\mathbb{C}) \mid \text{Tr} X = 0, X + X^* = O\}$ とする. $SU(2)$ の表現 (Ad, V) を次で定める

$$\text{Ad}(g) : V \ni X = gXg^{-1} \in V$$

これは随伴表現といわれる. $V \cong \mathbb{R}^3$ で, しかも $\|\text{Ad}(g)X\| = \|X\|$ であるから, $V \cong \mathbb{R}^3$ の同一視のもとで $\text{Ad}(g) \in O(3)$ とみなせる. さらに $\det \text{Ad}(g) = 1$ なので $\text{Ad}(g) \in SO(3)$ とみなせる.

$$\text{Ad} : SU(2) \ni g \mapsto \text{Ad}(g) \in SO(3)$$

という写像ができた. 実は, Ad は準同型, 連続, 上への写像になっている. $\mathfrak{N}\text{Ad} = \{E, -E\}$ であるから, 位相群として

$$SU(2)/\{E, -E\} \cong SO(3)$$

となる. $SU(2)$ は $SO(3)$ の二重被覆といわれる.

5　ゲッチンゲンの幾何学

5.1 リーマン多様体

　多様体の思想は座標系によらない幾何学の構築にある．それは
リーマンの教授資格論文に端を発する．リーマンは 1851 年にガウ
スのもとで複素関数論に関する研究で博士号を取得し，1854 年に
は「幾何学の基礎にある仮説について」で大学教授資格を取得した．
これらの論文によって，複素関数論とリーマン幾何学を確立した．
リーマンはガウス，ディリクレに次いで 3 番目のゲッチンゲン大学
の名誉ある Erster Lehrstuhl である．1866 年に 39 歳で亡くなって
いる．業績の偉大さと 40 歳前に死去していることのアンバランス
にはいつも驚愕させられる．

　簡単に多様体を復習する．多様体は，座標系に依存しないという
性質が追求された幾何学的な対象である．M を位相空間とする．M
の開集合 U に対して，m 次元ユークリッド空間 $\mathbb{R}^m$ の開集合 U'
への同相写像 $\varphi : U \to U'$ を局所座標系という．$a \in M$ に対して
$\varphi(a)$ を局所座標という．局所座標は，ユークリッド空間 $\mathbb{R}^m$ の点
としてみたときの特定の座標 $(\varphi_1(a), \ldots, \varphi_m(a))$ であるのに対し，
局所座標系は U 上で定義された関数 $(\varphi_1, \ldots, \varphi_m)$ の組である．関
数をわざわざ座標系と名付けるからややこしいような気もするのだ
が．要は，同相写像である．局所座標を用いることにより U 上の点
を $\mathbb{R}^m$ の点とみなすことができる．面倒なのが M が一つの局所座
標系で $\mathbb{R}^m$ の開集合に写せればいいのだがそうはならない．逆に写
せたら面白くない．なぜなら $\mathbb{R}^m$ の開集合と同相なので多様体をも
ち出す理由がなくなってしまう．

　U 上に局所座標系 φ_U が定義されていることを (U, φ_U) という
対で表す．これを座標近傍という．近傍といっても，位相空間論に

出てくる近傍ではなく, 開集合と同相写像の組みのことである. M の二つの座標近傍 (U, φ) と (V, ψ) について, $U \cap V \neq \emptyset$ とする. $U \cap V$ は $\varphi(U \cap V)$ と $\psi(U \cap V)$ の 2 通りの局所座標で表されているが局所座標同士は座標変換で写り合う. 局所座標系 φ と ψ は U と V をそれぞれ $\mathbb{R}^m$ の開集合 U' と V' に写すとする. すなわち $\varphi : U \to U'$ かつ $\psi : V \to V'$. このとき

$$\psi \circ \varphi^{-1} : \varphi(U \cap V) \to \psi(U \cap V)$$

は $\mathbb{R}^m$ の開集合から $\mathbb{R}^m$ の開集合への同相写像になる. この写像を (U, φ) から (V, ψ) への座標変換という. 座標変換は, 座標が決められていない空間 M を経由するものの, 座標変換全体は $\mathbb{R}^m$ の開集合 U' から $\mathbb{R}^m$ の開集合 V' の写像になっている. それは, 多変数ではあるが, お馴染みの $\mathbb{R}^m$ から $\mathbb{R}^m$ への写像である. M は $S = \{(U_\lambda, \varphi_\lambda) | \lambda \in \Lambda\}$ で覆われているとする.

$$M = \bigcup_{\lambda \in \Lambda} U_\lambda$$

これが多様体である. 局所的には $\mathbb{R}^m$ の開集合と同じもので, それらが適当に貼り合わせられているというイメージである. 直観的には 1 次元多様体には線と円が含まれる. "8 の字" は含まれない. 2 次元多様体には, 平面, 球面, トーラス, クラインの壺, 実射影平面などがある.

多様体を分類しよう. M をハウスドルフ空間とする. M の任意の点 a に対して, a を含む m 次元座標近傍 (U, φ) が存在するとき M を m 次元位相多様体という. どこにも "微分" が現れない.

m 次元位相多様体 M の座標近傍系 $S = \{(U_\lambda, \varphi_\lambda) | \lambda \in \Lambda\}$ の任意の 2 つの座標近傍 (U_1, φ_1) と (U_2, φ_2) に対し, $U_1 \cap U_2 \neq \emptyset$ な

らば座標変換

$$\varphi_1 \circ \varphi_2^{-1} : \varphi_2(U_1 \cap U_2) \to \varphi_1(U_1 \cap U_2)$$

のすべての成分が C^n 級関数となるとき, S を C^n 級座標近傍系という. m 次元位相多様体 M が, C^n 級座標近傍系をもつとき, M を C^n 級 m 次元微分可能多様体という. 特に $n = \omega$, すなわち, 全ての座標変換が解析関数であるときは特に解析多様体という.

5.2 リー群

ソフス・リーは 1842 年生まれのノルウェーの数学者である. リー群とリー環の開拓者であり, ゲッチンゲンのフェリックス・クラインによる幾何学と群論の関係に関する業績もある. クラインは 1849 年生まれなので, リーが 7 歳年長である.

S・リー

クラインは, 弱冠 23 歳でエルランゲン大学の教授に就任し, 1875 年にはミュンヘン工科大学教授, 1880 年にはライプチヒ大学で教鞭をとり, 1886 年にゲッチンゲン大学教授に就いた. 実は, クラインがライプチヒを去った後の後任がリーであった. ゲッチンゲンでのクラインは健康を害し, 晩年は数学と数理物理学の歴史などの講義をした. この講義はクラインの没後まとめられ 1926 年に出版されている [28, 92].

リー自身の手による連続群論は現代でいうリー変換群である. リーは微分方程式と幾何学を利用して研究をすすめたが完成には至らず業績も生前には認められなかった. 20 世紀に入って, ワイルやカルタンらによって完成させられ, 位相群としての性質が明らかに

されることとなる.

　以下はホーキンス [19, 1 ページ] による. リーの初期のアイデア
のいくつかは, クラインと協力して発展したようだ. リーは 1869
年 10 月から 1872 年まで毎日クラインと会い, 1869 年 10 月末から
1870 年 2 月末までベルリンで, その後 2 年間はパリ, ゲッチンゲン,
エルランゲンで会っている. 当時のクラインは 20–23 歳であった.
リーは全ての主要な結果は 1884 年までに得られたと述べている.

┌─ リー群の定義 ──────────────────────────
│
│　G は群かつ解析的多様体で, 以下を満たすときリー群という.
│
│　(1)　$G \ni x \mapsto x^{-1} \in G$ は解析的写像
│　(2)　$G \times G \ni (x, y) \mapsto xy \in G$ は解析的写像
│
└──────────────────────────────────────

写像 $G \ni x \mapsto x^{-1} \in G$ が解析的とは $f : G \ni x \mapsto x^{-1} \in G$ を局
所座標系 φ, ψ を用いて表したとき $\psi^{-1} \circ f \circ \varphi : \mathbb{R}^m \to \mathbb{R}^m$ が解析
的という意味である. $G \times G \ni (x, y) \mapsto xy \in G$ も同じ.

6　フォン・ノイマン登場

　クラインは, 1895 年にケーニヒスベルクのヒルベルトをゲッチン
ゲンに招聘する. その縁で, ヒルベルトの 23 問の第 5 問が出題され
たのだろうか. ガウス, リーマン, クライン, ヒルベルト, ワイルと
ゲッチンゲンで現代幾何学が受け継がれ大進歩を遂げた. それは現
代幾何学発展の歴史そのものである. まさに, 当時, ゲッチンゲンは
世界の数学の中心であった. 一方で, 距離空間の概念が 1906 年の
フレッシェの学位論文で導入され, 1914 年にはハウスドルフの集合
論の教科書『Grundzüge der Mengenlehre』が著されて位相の概念

が導入された.

ここにフォン・ノイマンが加わる. フォン・ノイマンが位相群の論文 [57] を発表したのはゲッチンゲン時代の 1927 年 2 月 2 日である. さらに, 同郷の先輩ハールによる位相群上のハール測度の構成は, 続く 1933 年の論文 [67] の要になっている. まさに, フォン・ノイマンは第 5 問を解くべき人だった感がある.

フォン・ノイマンの主要結果は以下である.

命題 (フォン・ノイマン [57, 67])

(1) $GL(n, \mathbb{C})$ の閉部分群はリー群である [57].

(2) $\mathbb{R}$ を加法群とみなす. 連続変換群 $\phi \colon \mathbb{R} \to \mathbb{R}^2$ で実解析的でないものや, C^1 級でないものが存在する [67].

(3) コンパクト位相群 (位相多様体) はリー群である [67].

証明. 証明の概略を与える. この証明は主に [107] を参照した.

(1) の証明. G を $GL(n, \mathbb{C})$ の閉部分群とする. 簡単のため連結と仮定する. $\mathfrak{g}$ を

$$\mathfrak{g} = \{X \in M_n(\mathbb{C}) \mid e^{tX} \in G \ \forall t \in \mathbb{R}\}$$

と定義する. これは G に付随した実リー環と呼ばれている.

命題 (リーの積公式)

正方行列 X, Y に対して次が成り立つ.

$$e^{X+Y} = \lim_{n \to \infty} \left(e^{\frac{1}{n}X} e^{\frac{1}{n}Y}\right)^n$$

$$e^{[X,Y]} = \lim_{n \to \infty} \left(e^{\frac{1}{n}X} e^{\frac{1}{n}Y} e^{-\frac{1}{n}X} e^{-\frac{1}{n}Y}\right)^{n^2}$$

リーの積公式と G が閉であることから $\mathfrak{g}$ は $\mathbb{R}$ 上の n 次元線型空

間になる. また, $U, V \in \mathfrak{g}$ ならば $[U, V] \in \mathfrak{g}$ となる. フォン・ノイマン [57] は $\mathfrak{g}$ を G の点列 $(A_p)_p$ と, 0 に収束する正数列 $(\varepsilon_p)_p$ が存在して

$$\lim_p \frac{1}{\varepsilon_p}(A_p - E)$$

の極限として表されるもの全体を $\mathfrak{g}$ と定義している.

$$\exp : \mathfrak{g} \ni U \mapsto e^U \in G$$

を $e^U = \sum_n U^n/n!$ で定める. $\mathfrak{g} \ni X$ であれば, 定義から $e^X \in G$ である. また, $A \in G$ で $\|A - E\| < 1$ であれば $\exp(\log A) = A$ が示せる. ここで $\log A = \sum_{n=0}^{\infty}(-1)^{n+1}(A - E)^n/n$ と定める. しかし, $e^{t \log A} \in \mathfrak{g} \ \forall t \in \mathbb{R}$ は非自明である. 実は, 次を満たす $a > 0$ が存在する.

$$\|A - E\| < a \Longrightarrow \log A \in \mathfrak{g}$$

つまり,

$$\|A - E\| < a \Longrightarrow e^{t \log A} \in \mathfrak{g} \qquad \forall t \in \mathbb{R}$$

$\exp$ は $O \in \mathfrak{g}$ の近傍 $\mathfrak{U}$ を $E \in G$ の近傍 $\mathcal{U}$ に写す解析的同相写像になる. $A \in \mathcal{U}$ に対して $A = \varphi(x) = \exp x$ とすれば, $\varphi^{-1}(A) = x \in \mathfrak{g}$ は局所座標系を与える. $G \times G \ni (A, B) \mapsto AB$ は, この局所座標系で $\mathfrak{g} \times \mathfrak{g} \ni (x, y) \mapsto \varphi^{-1}(\varphi(x)\varphi(y)) \in \mathfrak{g}$ なので群の積は解析的になる. $(\exp x)^{-1} = \exp(-x) \ \forall x \in \mathfrak{g}$ だから, 逆元 $G \ni A \mapsto A^{-1} \in G$ も解析的になる.

　(2) の証明. $\mathbb{R}^2$ を $\mathbb{C}$ と同一視する. $\varphi : (0, \infty) \to \mathbb{R}$ を連続関数とする. 加法群 $(\mathbb{R}, +)$ の $\mathbb{C}$ への作用を, $a \in (\mathbb{R}, +)$ に対して

$$F_a(z) = \exp(ia\varphi(|z|))z$$

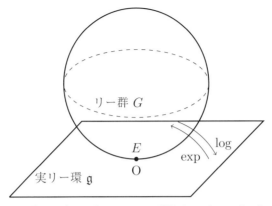

リー群 G と実リー環 $\mathfrak{g}$, E は G の単位元, O は $\mathfrak{g}$ のゼロ元

と定める. $F_a : \mathbb{C} \to \mathbb{C}$ は同相写像になる. すぐに $F_a \circ F_b = F_{a+b}$ と $F_0 = \mathbb{1}$ がわかる. $r_0 > 0$ を一つ定めて, $\varphi(r) = \max\{r - r_0, 0\}$ とする.

$$F_a(z) = z \qquad (|z| < r_0)$$

かつ $F_a \not\equiv \mathbb{1}\ (a \neq 0)$ だから, 一致の定理より $F_a : \mathbb{R} \to \mathbb{R}$ は解析的ではない. つまり, F_a は連続変換群であるが, 解析的ではない. さらに, F_a が C^1 級でない例も [67] で構築している.

(3) の証明. G を位相多様体としてのコンパクト位相群とする. G 上の両側ハール測度 μ を用いて $L^2(G, \mu)$ を定義する. G の既約ユニタリー表現（全て有限次元）の同値類の集合を $\hat{G}$ と表す. $\lambda \in \hat{G}$ に対して, λ に付随するユニタリー行列 A^λ の (i, j) 成分を a_{ij}^λ と記す. $d(\lambda)$ を λ のユニタリー表現の次元とすれば関数系

$$\mathscr{L} = \{\sqrt{d(\lambda)} a_{ij}^\lambda(\cdot) \mid \lambda \in \hat{G}, 1 \leq i, j \leq d(\lambda)\}$$

は $L^2(G)$ の CONS になる. これはペーター・ワイルの定理と呼ば

れている. G の右正則表現 $(R, L^2(G))$ は, 任意の $f \in L^2(G)$ に対して

$$(R_g f)(x) = f(xg) \qquad g \in G$$

と定義するのであった. 行列の積から, 特別な f をとれば

$$R_g a_{ij}^\lambda = \sum_{k=1}^{d(\lambda)} a_{ik}^\lambda a_{kj}^\lambda(g)$$

であるから, A^λ の各行の成分 $(a_{i1}^\lambda, \ldots, a_{id(\lambda)}^\lambda)$ が張る線型空間 V_i^λ は R で不変になっている. 故に, $R\lceil_{V_i^\lambda} \cong A^\lambda$. G はコンパクトなハウスドルフ空間なので, $g, h \in G$ は連続関数で分離できる（ウリゾーンの補題）. つまり, $g \neq h$ ならば $f(g) \neq f(h)$ となる連続関数 f が存在する. 近似の議論から $\mathscr{L}$ でも分離できる. さらに $A^\lambda(g) \neq A^\lambda(h)$ となる既約ユニタリー表現が存在する. ここまでは, コンパクト群上のペーター・ワイルの定理の一般論である.

　フォン・ノイマンはさらに, G がコンパクトな位相群であれば G は忠実な有限次元表現 B をもつことを示している. 忠実とは単射のことである. よって, $g \neq h$ ならば $B(g) \neq B(h)$. 故に $B : G \to GL(n, \mathbb{C})$ はコンパクト集合からハウスドルフ空間への単射連続写像になる. $X \subset G$ を閉集合とすると, X はコンパクト集合になる. B は連続だから $B(X)$ もコンパクト. $B(X)$ はハウスドルフ空間のコンパクト部分集合だから, 特に閉集合である. つまり, B は閉集合を閉集合に写す. $B : G \to B(G)$ は全単射だから, B は開集合を開集合に写す. 特に, $B : G \to B(G)$ は位相同型な写像になる. $B(G) \subset GL(n, \mathbb{C})$ はコンパクト部分群であるから, フォン・ノイマンの結果（1）よりリー群になる. 故に, G と $B(G)$ は位相同型だから, G もリー群になる. [終]

第14章

フォン・ノイマン代数

1　フォン・ノイマンとマレー

　フォン・ノイマンは, 疾風怒濤の時代の晩年
1936 年–1943 年にフランシス・ジョセフ・マ
レーと共同でフォン・ノイマン代数の理論を一
連の論文 [35, 36, 71, 37] で構築した. ただし,
1940 年の [71] は単著である.

　1937 年, フォン・ノイマンは私生活では離
婚を経験した. また, 1939 年 9 月のドイツの
ポーランドへの侵攻で第 2 次世界大戦が勃発
し, フォン・ノイマンの周りは非常に慌ただし

F・J・マレー

くなる. 1940 年代に入ると, 弾道学研究所を皮切りに多くのアメリ
カの軍事委員会や研究所の顧問に就く. フォン・ノイマンはブダペ
スト出身のマジャール人で, アメリカの市民権を取得してまだ日が
浅いにもかかわらず, 異国の地の軍事活動にフル活動であった. そ
んな中でフォン・ノイマン代数は生まれた. フォン・ノイマン代数
は, 離散と連続を繋げようとして苦心した量子力学の数学的基礎付
けの延長線上にあることは間違いない.

258 第 14 章 フォン・ノイマン代数

マレーは 1911 年生まれのアメリカ人で, 1935 年にコロンビア大学から学位を取得している. マレーの指導教官は, エルゴード定理でフォン・ノイマンと意気投合したコープマン先生である. コープマンの先生のバーコフとはエルゴード定理の優先権争いでバトルし, その息子とは量子論理で共同研究したことはすでに紹介した. さらに, 今度は, コープマンの学生とフォン・ノイマン代数の研究をすることになる. 現代と異なり, 通信手段も交通手段も脆弱な時代に, この短期間でどうしてこんなにも活動的なのか想像することが難しい. 手紙も論文も立ちながら一瞬で書いたのではなかろうか. 敢えていうならば, 現代と違い移動する間は自由な時間が豊富にあった. スマホやパソコンで膨大なラインやメールチェックの必要もない. 実際, 電車の中はフォン・ノイマンにとっては書斎だったらしい. また, 現代のようなお手軽で便利なワープロや論文書きソフトがなかったことで, 永遠に終わらない推敲に時間をとられなかったのかもしれない. いずれも筆者の邪推である.

1988 年 5 月 29 日から 6 月 4 日にかけてフォン・ノイマンの遺産（legacy）を勉強するための会議がニューヨークのホフストラ大学で開催された. ストーンも重鎮として参加したが, これが最後の表舞台となり, 翌 1989 年 1 月 9 日, つまり元号が平成に変わった翌日に死去している. フォン・ノイマンと同い年だったので, フォン・ノイマンより 32 年も長く活動したことになる. 日本からは荒木不二洋が参加している. その会議報告集 [34] でマレーは, フォン・ノイマン代数の思い出を語っている.

1934 年, コープマンはストーンの教科書を用いてヒルベルト空間の講義をしていた. しかし, 当時, マレーはバナッハの教科書にも興味があったようで, 特に閉グラフ型の定理に興味があったという. マレーはヒルベルト空間に関する有用な結果を得たと思っていた.

しかし, コロンビア大学に滞在していたコープマンの友達のストーン先生にフォン・ノイマンの論文 [65] ですでに示されている "稠密に定義された閉作用素の極分解" からすぐにわかると指摘されてしまう. 1934 年の秋にマレーがナショナル・リサーチ・フェローに採用された頃, フォン・ノイマン先生に [59] を読むように勧められる. この論文には, 等式 $\mathfrak{M} = \mathfrak{M}''$ が現れている.

Für beliebige (nicht notwendig Abelsche!) Ringe werden wir eine Beziehung zwischen $\boldsymbol{R}(\mathcal{M})$ und $\mathcal{M}''$ ($\mathcal{M}$ eine beliebige Teilmenge von $\mathcal{B}$) aufstellen. Wir werden insbesondere zeigen (unser weitestgehendes Resultat lautet noch etwas allgemeiner, vgl. § II, insbesondere Satz 5): Wenn 1 zu $\mathcal{M}$ gehört, so ist $\boldsymbol{R}(\mathcal{M}) = \mathcal{M}''$. Um die Bedeutung dieses Satzes für das als hyperkomplexes Zahlensystem aufzufassende $\mathcal{B}$ einzusehen, vergegenwärtige man sich, was er besagt, wenn der Hilbertsche Raum $\mathfrak{H}$ durch einen endlichviel-, etwa k-dimensionalen Euklidischen Raum ersetzt wird.

[59, 91 ページ] に現れた等式 $R(\mathfrak{M}) = \mathfrak{M}''$

そして, フォン・ノイマン先生に, 因子に関する問題を与えてもらうのだが, 先生は 30 分以内で次元関数の 5 つのパターンに気がついたと語っている. 今日の因子の分類の基礎となる, I_n, I_∞, II_1, II_∞, III 型のことである. そこからフォン・ノイマン代数の研究が始まった.

2 有界作用素の空間と位相

2.1 代数

有界作用素の復習をしよう. $A : \mathfrak{H} \to \mathfrak{H}$ が有界作用素とは定義域が $\mathrm{D}(A) = \mathfrak{H}$ で, ある $c \geq 0$ が存在して $\|Af\| \leq c\|f\|$ が任意の $f \in \mathfrak{H}$ で成立する作用素だった. 有界作用素の定義域は全体に広がっているので代数的な演算が定義できる. つまり, 和 $A + B$ と積

AB とスカラー倍 aA である. これを一般化したものが代数である.

代数の定義

数体 $\mathbb{K}$ 上の線形空間 $\mathfrak{A}$ は, 積が定義されていて以下を満たすとき $\mathbb{K}$ 上の代数という.

(1) $A(BC) = (AB)C$

(2) $A(B + C) = AB + AC, (A + B)C = AC + BC$

(3) $a(AB) = A(aB) = (aA)B, a \in \mathbb{C}$

代数 $\mathfrak{A}$ の部分空間 $\mathfrak{B} \subset \mathfrak{A}$ が積で閉じているとき部分代数という. 以下 $\mathbb{K} = \mathbb{C}$ とする. 代数 $\mathfrak{A}$ 上の対合 $*$ とは次を満たす写像 $\mathfrak{A} \ni A \mapsto A^* \in \mathfrak{A}$ である.

(1) $(A^*)^* = A$　(2) $(AB)^* = B^*A^*$　(3) $(aA + bB)^* = \bar{a}A^* + \bar{b}B^*$

対合を備えた代数を $*$ 代数という. 部分集合 $\mathfrak{B} \subset \mathfrak{A}$ が

$$\mathfrak{B} = \{B^* \mid B \in \mathfrak{B}\}$$

を満たすとき自己共役集合という. $\mathfrak{B} \subset \mathfrak{A}$ が部分代数で自己共役集合のとき $*$ 部分代数という.

ノルム, バナッハ, バナッハ $*$, C^* 代数 $\mathfrak{A}$ の定義

（**ノルム代数**）　ノルム空間かつ代数かつ
$$\|AB\| \leq \|A\|\|B\| \ \forall A, B \in \mathfrak{A}$$

（**バナッハ代数**）　完備なノルム代数

（**バナッハ $*$ 代数**）　対合 $*$ をもつバナッハ代数で
$$\|A^*\| = \|A\| \ \forall A \in \mathfrak{A}$$

（C^* **代数**）　バナッハ $*$ 代数で $\|A^*A\| = \|A\|^2 \ \forall A \in \mathfrak{A}$

$\mathfrak{H}$ をヒルベルト空間とし $B(\mathfrak{H})$ は有界作用素のなす線型空間であっ

た. 作用素ノルムは

$$\|T\| = \sup_{\|\xi\| \le 1} \|T\xi\|$$

で定義した. $*$ は $(T^*\xi, \eta) = (\xi, T\eta)$ で定めた. $\|T^*T\| = \|T\|^2$ が示せる. $B(\mathfrak{H})$ は C^* 代数である.

2.2 前共役作用素

$I_1(\mathfrak{H})$ は $\mathfrak{H}$ 上のトレースクラス作用素, $I_2(\mathfrak{H})$ は $\mathfrak{H}$ 上のヒルベルト・シュミットクラス作用素を表す. 包含関係は

$$I_1(\mathfrak{H}) \subset I_2(\mathfrak{H}) \subset B(\mathfrak{H})$$

になる. $I_2(\mathfrak{H}) \ni S, T$ に対して $(S, T)_2 = \mathrm{Tr}(S^*T)$ とおけば, $(I_2(\mathfrak{H}), (\cdot, \cdot)_2)$ はヒルベルト空間になる. リースの表現定理により $I_2(\mathfrak{H})^*$ と $I_2(\mathfrak{H})$ は同一視できる. 実際 $I_2(\mathfrak{H})^* \ni F$ に対して, $g_F \in I_2(\mathfrak{H})$ が一意的に存在して $F(f) = (g_F, f)_2$ となる. 写像 $F \mapsto g_F$ は等長で全単射になる. $I_2(\mathfrak{H})^*$ と $I_2(\mathfrak{H})$ を同一視すれば

$$I_1(\mathfrak{H})^* \supset I_2(\mathfrak{H}) \supset B(\mathfrak{H})^*$$

となるが, 実は

$$I_1(\mathfrak{H})^* \cong B(\mathfrak{H})$$

が示せる. $I_1(\mathfrak{H})$ は $B(\mathfrak{H})$ の前共役と呼ばれ, 通常は $I_1(\mathfrak{H}) = B_*(\mathfrak{H})$ と書かれる. この同型は次のように与えられる. $T \in B(\mathfrak{H})$ に対して, $\phi_T \in I_1(\mathfrak{H})^*$ は

$$\phi_T(\rho) = \mathrm{Tr}(T\rho)$$

と定める. 写像 $B(\mathfrak{H}) \ni T \mapsto \phi_T(\cdot) \in I_1(\mathfrak{H})^*$ は全単射になる. ただし, $B(\mathfrak{H})^* \ne I_1(\mathfrak{H})$ である. 心の中で, $\ell_1 \sim I_1(\mathfrak{H})$, $\ell_2 \sim I_2(\mathfrak{H})$, $\ell_\infty \sim B(\mathfrak{H})$ と思っておくといい.

2.3 有界作用素の位相

　フォン・ノイマン代数の教科書には位相のことが細かく書かれていることが多い. ここでは, ほんの一部を紹介する. X を $\mathbb{C}$ 上の線型空間とする. X に X の双対空間 X^* を用いて位相を入れる. $L(X)$ を X 上の線型汎関数全体とする. つまり

$$L(X) = \{ f : X \to \mathbb{C} \mid \text{線形} \}$$

$F \subset L(X)$ とする. $F \ni \forall f$ を連続にする X の最弱の位相を $\sigma(X, F)$ と表す. 分かりづらいかもしれないが, ゆっくり考えればわかる. 位相空間論における連続の定義から, $(F \ni) f : X \to \mathbb{C}$ を連続にするためには $f^{-1}(A)$ (A は $\mathbb{C}$ の任意の開集合) を少なくとも X の位相は含まなければならない. 集合族 $\{ f^{-1}(A) \subset X \mid f \in F, A$ は $\mathbb{C}$ の開集合 $\}$ から生成される位相

$$\sigma(f^{-1}(A), f \in F, A \text{ は } \mathbb{C} \text{ の開集合})$$

が $F \ni \forall f$ を連続にする最弱の位相である.

　X がノルム空間のとき, X^* は連続線型汎関数全体だった.

$$X^* \subset L(X)$$

である. $\sigma(X, X^*)$ を X の弱位相という. つまり, 任意の $F \in X^*$ が連続になるような最弱な位相である. これは

$$f_n \to f \ (in \ X) \iff F(f_n) \to F(f) \ \forall F \in X^*$$

ということである. さらに, $X \subset X^{**}$ だから, $X \subset X^{**} \subset L(X^*)$ になる. この包含関係から X^* に位相 $\sigma(X^*, X)$ を定義できる. これを X^* の弱 $*$ 位相または σ 弱位相という. つまり, 任意の $f \in X$ が連続になるような X^* の最弱な位相である. これは

$$F_n \to F \ (in \ X^*) \iff F_n(f) \to F(f) \ \forall f \in X$$

ということである. 例えば, $\sigma(B(\mathfrak{H}), I_1(\mathfrak{H}))$ を考えてみよう. これ は $B(\mathfrak{H})$ 上の位相を定めている. ただし, $B(\mathfrak{H}) \cong I_1(\mathfrak{H})^*$ で $I_1(\mathfrak{H})^*$ と $B(\mathfrak{H})$ を同一視している. $\sigma(I_1(\mathfrak{H})^*, I_1(\mathfrak{H}))$ とした方がわかりや すいかもしれない. これは弱 $*$ 位相であって

$$T_n \to T \ (in \ B(\mathfrak{H}))$$
$$\Longleftrightarrow \ |\sum_n (x_n, (T_n - T)\rho x_n)| \to 0 \ \ \forall \rho \in I_1(\mathfrak{H}) \ \ \forall \mathrm{CONS}\{x_n\}$$

ということである.

いろいろな位相

$T_n \to T (n \to \infty)$ のいろいろな位相 τ での定義は以下である.

（ノルム位相 τ^u）　$\|T_n - T\| \to 0$

（強位相 τ^s）　$\|(T_n - T)f\| \to 0 \ \forall f \in \mathfrak{H}$

（弱位相 τ^w）　$|(g, (T_n - T)f)| \to 0 \ \forall f, g \in \mathfrak{H}$

（超強位相 τ^{us}）　$\sum_j \|(T_n - T)f_j\|^2 \to 0 \ \forall \sum_j \|f_j\|^2 < \infty$

（超弱位相 τ^{uw}）　$|\sum_j (g_j, (T_n - T)f_j)|^2 \to 0$
　　$\forall \sum_j \|f_j\|^2 < \infty, \forall \sum_j \|g_j\|^2 < \infty$

超弱位相 τ^{uw} は弱 $*$ 位相と一致する. 超弱位相は "超弱い" という 印象だが, 一番弱い位相は弱位相である. 位相の強弱は次のように なる.

$$
\begin{array}{ccccc}
\tau^u & \succ & \tau^{us} & \succ & \tau^{uw} \\
 & & \curlyvee & & \curlyvee \\
 & & \tau^s & \succ & \tau^w
\end{array}
$$

有界作用素の位相の強弱

3 フォン・ノイマン代数

フォン・ノイマンは 1930 年に [59] で交換子の議論を展開し, 将来フォン・ノイマン代数として実を結ぶ理論の礎を築いた. 交換子代数を定義する. $\mathfrak{H}$ をヒルベルト空間とし, $B(\mathfrak{H})$ は $\mathfrak{H}$ 上の有界作用素全体を表すのだった.

$$\mathfrak{M} \subset B(\mathfrak{H})$$

とする.

$$\mathfrak{M}' = \{A \in B(\mathfrak{H}) \mid [A, X] = 0 \ \forall X \in \mathcal{B}\}$$

と定める. つまり $\mathfrak{M}'$ は $\mathfrak{M}$ の任意の元と可換な有界作用素全体である. これは $\mathfrak{M}$ の可換子代数と呼ばれる. いいかえると $\mathfrak{M}$ の元は $\mathfrak{M}'$ の任意の元と可換である. 象徴的に $[\mathfrak{M}, \mathfrak{M}'] = 0$ と表そう.

$$(\mathfrak{M}')' = \mathfrak{M}''$$

と表す. $A \in \mathfrak{M}$ ならば $[A, X] = 0$ が $\forall X \in \mathfrak{M}'$ で成り立つから

$$\mathfrak{M} \subset \mathfrak{M}''$$

がわかる. $\mathfrak{M}''' = (\mathfrak{M}'')'$ で定義すると

$$\mathfrak{M}''' = (\mathfrak{M}'')' = (\mathfrak{M}')''$$

が成り立つ. $\mathfrak{M}''' = (\mathfrak{M}')''$ だから $\mathfrak{M}''' \supset \mathfrak{M}'$. 一方, $\mathfrak{M}''' = (\mathfrak{M}'')'$ だから $A \in \mathfrak{M}'''$ なら $[A, \mathfrak{M}''] = 0$. よって $[A, \mathfrak{M}] = 0$ である. 実際, $[A, Y] \neq 0$ となる $Y \in \mathfrak{M}$ が存在すれば $Y \notin \mathfrak{M}''$ となり, $\mathfrak{M} \subset \mathfrak{M}''$ に矛盾する. 故に $\mathfrak{M}''' \subset \mathfrak{M}'$. 以上から $\mathfrak{M}''' = \mathfrak{M}'$ がわかった. まとめると $\mathfrak{M} \subset \mathfrak{M}''$, $\mathfrak{M}' = \mathfrak{M}'''$ である.

> **フォン・ノイマン代数の定義**
>
> $B(\mathfrak{H})$ の部分 $*$ 代数 $\mathfrak{M}$ が次を満たすとき $\mathfrak{H}$ 上のフォン・ノイマン代数という.
> $$\mathfrak{M} = \mathfrak{M}''$$

フォン・ノイマンは次の二重交換子定理を証明した.

> **命題（フォン・ノイマンの二重交換子定理)**
>
> $\mathfrak{M} \subset B(\mathfrak{H})$ は $\mathbb{1}$ を含む部分 $*$ 代数とする. このとき,
> $$\overline{\mathfrak{M}}^{\tau^w} = \mathfrak{M} \iff \mathfrak{M} = \mathfrak{M}''$$

弱位相で閉じていることがフォン・ノイマン代数であることと同値であるが, 実は以下が成り立つ.

$$\overline{\mathfrak{M}}^{\tau^{us}} = \mathfrak{M} \iff \overline{\mathfrak{M}}^{\tau^{uw}} = \mathfrak{M} \iff \overline{\mathfrak{M}}^{\tau^s} = \mathfrak{M}$$

$$\iff \overline{\mathfrak{M}}^{\tau^w} = \mathfrak{M} \iff \mathfrak{M} = \mathfrak{M}''$$

フォン・ノイマン代数の例をあげる.

(例1) 行列環の直和 $\mathfrak{M} = \oplus_{k=1}^q M_{n_k}(\mathbb{C})$ は有限次元フォン・ノイマン代数である.

(例2) $\mathfrak{S} \subset B(\mathfrak{H})$ は部分 $*$ 代数とする. このとき, 可換子代数 $\mathfrak{S}'$ は $*$ で閉じている. 実際 $T \in \mathfrak{S}'$ ならば $TS = ST \ \forall S \in \mathfrak{S}$. よって $T^*S^* = S^*T^* \ \forall S \in \mathfrak{S}$. $\mathfrak{S} = \mathfrak{S}^*$ より $T^* \in \mathfrak{S}'$. $(\mathfrak{S}')'' = \mathfrak{S}'$ だから $\mathfrak{S}'$ はフォン・ノイマン代数になる.

(例3) $(X, \mathcal{B}(X), \mu)$ をボレル測度 μ を備えた確率空間とする. $\mathfrak{H} = L^2(X)$ とする. $\mathfrak{M} = \pi(L^\infty) \subset B(\mathfrak{H})$ は $\pi(f)g = fg, f \in L^\infty$ で定義される有界作用素の集合とする. このとき, $\mathfrak{M}$ は可換フォン・ノイマン代数になる.

(例 4) G を群とする. π を可分ヒルベルト空間 $\mathfrak{H}$ 上の G のユニタリー表現とする. つまり, $g \in G$ に対して $\pi(g)$ は $\mathfrak{H}$ 上のユニタリー作用素で $\pi(gh) = \pi(g)\pi(h)$ を満たす.

$$\mathfrak{R} = \mathfrak{R}(\pi) = \{T \in B(\mathfrak{H}) \mid [T, \pi(g)] = 0 \quad \forall g \in G\}$$

とする. $\mathfrak{S} = \{\pi(g) \mid g \in G\}$ は対合で閉じている. 実際 $\pi(g)^* = \pi(g^{-1})$ であるから $\pi(g)^* \in \mathfrak{S}$ になる. $\mathfrak{R} = \mathfrak{S}'$ なので, $\mathfrak{R}'' = \mathfrak{S}''' = \mathfrak{S}' = \mathfrak{R}$ となり, フォン・ノイマン代数になる.

　フォン・ノイマンは 1931 年に [61] で, 作用素解析の議論をし, 任意の自己共役作用素 A に対して, その単位の分解を用いて $f(A)$ を定義した. 一つの単位の分解から構成される A の関数族

$$\{f(A) \mid f \text{ は可測関数}\}$$

の可換性は容易に想像される. フォン・ノイマンは逆に可換な作用素の集合が一つの作用素の関数で表せることを証明した [59]. これは第 6 章でも紹介した. これは, 可換フォン・ノイマン代数が $L^\infty(X)$ と同型になることの証明の原型といえる. 次のことが知られている.

命題 (可換フォン・ノイマン代数)

可分なヒルベルト空間上の可換フォン・ノイマン代数 $\mathfrak{R}$ はただ一つの自己共役作用素で生成される.

4　フォン・ノイマン代数の分類

　フォン・ノイマン代数の分類が [35] で示された. この節は主に, [113, 33, 88, 111, 95] を参照した.

4.1 因子

フォン・ノイマン代数 $\mathfrak{M}$ の中心とは

$$\mathfrak{Z} = \mathfrak{M} \cap \mathfrak{M}' = \{\xi \in \mathfrak{M} \mid [\xi, \eta] = 0 \quad \forall \eta \in \mathfrak{M}\}$$

のことである. 勿論, $a\mathbb{1} \in \mathfrak{Z}$, $a \in \mathbb{C}$ である. また, $\mathfrak{Z}$ が $\mathfrak{M}$ の可換な $*$ 部分代数であることはすぐにわかる. 果たして, フォン・ノイマン代数だろうか? 中心は次のように表せる.

$$\mathfrak{Z} = \{AA' \mid A \in \mathfrak{M}, A' \in \mathfrak{M}'\}'$$

これから, $\mathfrak{Z}'' = \mathfrak{Z}$ がわかる. 故に, フォン・ノイマン代数の中心 $\mathfrak{Z}$ は可換なフォン・ノイマン代数であることがわかった.

┌─ 因子の定義 ─────────────────────────

フォン・ノイマン代数 $\mathfrak{M}$ の中心が $\mathfrak{Z} = \mathbb{C}\mathbb{1}$ となるとき $\mathfrak{M}$ を因子または因子環という.

└────────────────────────────────────

　フォン・ノイマン代数は, 常に因子の直積分で表すことができる. フォン・ノイマンは [72] で reduction theory を展開した. その意味で, フォン・ノイマン代数の研究で因子を調べることは本質的である. 詳細は省かざるを得ない.

4.2 射影作用素の族 $P(\mathfrak{M})$

　$\mathfrak{M}$ はフォン・ノイマン代数とする. 射影作用素を単に射影と呼ぶことにする. $P(\mathfrak{M})$ は $\mathfrak{M}$ に含まれる射影全体を表す. つまり

$$P(\mathfrak{M}) = \{p \in \mathfrak{M} \mid p^2 = p, p^* = p\}$$

フォン・ノイマン代数 $\mathfrak{M}$ に最小の射影が存在するかどうか考えよう. p が最小の射影とは, $q \in P(\mathfrak{M})$ が $q \leq p$ ならば $q = p$ となる

ことである. 単純に n 次元の線型空間 W を考えれば, 任意の 1 次
元部分空間への射影は最小の射影になる.

　しかし, フォン・ノイマン代数においては, そう単純ではない. 例
えば, 単位の分解 E を考えよう. $\mathrm{supp} E = [0,1]$ とする. $A \subset B$ な
らば $E(A) \leq E(B)$ である. いま, E が一点集合 $\{a\}$ で正の測度を
もつとする. つまり $E\{a\}$ はゼロでない射影になり, 最小の射影と
なる. これを E はアトムをもつという. いま, E がアトムをもたな
いとする. このとき, $E[a - \varepsilon, a + \varepsilon] \neq 0$ で ε はいくらでも小さく
できるが, $\varepsilon = 0$ のとき $E\{a\} = 0$ だから, 直観的にアトムが存在し
ないとき $\{E[0, \lambda], 0 \leq \lambda \leq 1\}$ は最小の射影をもたない.

　最小の射影が存在するようなフォン・ノイマン代数を I 型という.
I 型は $B(\mathfrak{H})$($\mathfrak{H}$ は可分) と同型になり, $\dim\mathfrak{H} = n < \infty$ のとき I_n
型, $\dim\mathfrak{H} = \infty$ のとき I_∞ 型という. 一方, 最小の射影が存在しな
いが有限な射影が存在するようなフォン・ノイマン代数を II 型と
いい, 最小の射影が存在せず有限な射影も存在しないフォン・ノイ
マン代数を III 型という. 次節でもう少し厳密に紹介しよう.

4.3 $P(\mathfrak{M})$ 上の同値関係 $\sim$

　$P(\mathfrak{M}) \ni p, q$ に対して, $p \vee q$ を $p\mathfrak{H}$ と $q\mathfrak{H}$ のはる線型空間への射
影, $p \wedge q$ を $p\mathfrak{H} \cap q\mathfrak{H}$ への射影とすると, $P(\mathfrak{M})$ が束になることがわ
かる. $p \leq q \iff p\mathfrak{H} \subset p\mathfrak{H}$ と定める.

　$P(\mathfrak{M})$ に同値関係を定義する. $p, q \in P(\mathfrak{M})$ の値域 $\mathfrak{R}p, \mathfrak{R}q$ の間
に等長な上への写像

$$\varphi : \mathfrak{R}p \to \mathfrak{R}q$$

が存在するとき p, q は同値としたい. これは自然な感じがする. そ
こで, 射影 $p, q \in P(\mathfrak{M})$ に次の同値関係を導入する.

> ┌─ $P(\mathfrak{M})$ 上の ～ [35, 定義 6.1.1] ──────
>
> $p, q \in P(\mathfrak{M})$ とする. $p \sim q$ とは $u^*u = p$ かつ $uu^* = q$ となる $u \in \mathfrak{M}$ が存在すること.

この定義に現れる u は $\mathfrak{R}p$ を $\mathfrak{R}q$ の上に写し, $\mathfrak{R}p^\perp$ を 0 に写す. 同様に u^* は $\mathfrak{R}q$ を $\mathfrak{R}p$ の上に写し, $\mathfrak{R}q^\perp$ を 0 に写す.

> ┌─ 命題 ($P(\mathfrak{M})$ 上の同値関係) ──────
>
> ～ は $P(\mathfrak{M})$ 上の同値関係.

証明. 推移律のみチェックしよう. $p \sim q$, $q \sim r$ としよう. つまり, $p = u^*u$, $q = uu^*$, また $q = v^*v$, $r = vv^*$ とする. $vu = w$ とすれば, $w^*w = u^*v^*vu$. $u : \mathfrak{R}p \to \mathfrak{R}q$ で v^*v は $\mathfrak{R}q$ 上で $\mathbb{1}$ だから, $u^*v^*vu = u^*u = p$ となる. $\mathfrak{R}p^\perp$ 上では $w^*w = 0$ となる. 同様に $ww^* = vuu^*v^* = r$ がわかる. 故に $p \sim r$ となる. [終]

4.4 フォン・ノイマン代数の分類

～ の同値関係のもとで $P(\mathfrak{M})$ に順序を定義したい.

> ┌─ $P(\mathfrak{M})$ 上の $\precsim$ [35, 定義 6.3.1] ──────
>
> $p, q \in P(\mathfrak{M})$ に対して, $r \in P(\mathfrak{M})$ が存在して $p \sim r$ かつ $r \leq q$ となるとき $p \precsim q$ と表す.

半順序と全順序を復習しよう. $(A, \leq)$ に対して次を定義する.

(**反射律**)　$a \leq a$

(**推移律**)　$a \leq b$ かつ $b \leq c$ ならば $a \leq c$

(**反対称律**)　$a \leq b$ かつ $b \leq a$ ならば $a = b$

(**全順序律**)　任意の $a, b \in A$ に対して, $a \leq b$ または $b \leq a$

反射律, 推移律, 反対称律が成り立つとき, $(A, \leq)$ を半順序集合, さらに, 全順序律が成り立つとき全順序集合という.

$\precsim$ について次を示すことができる.

> **命題（$\precsim$ と $\sim$ の関係 [35, 補題 6.1.3, 6.3.1]）**
>
> (1) $p \precsim q$ かつ $q \precsim p$ ならば $p \sim q$.
> (2) $p \sim p'$, $q \sim q'$, $p \precsim q$ ならば $p' \precsim q'$.

以上で準備ができた. 上の命題から次の命題がわかる.

> **命題（$P(\mathfrak{M})$ 上の半順序の存在 [35, 補題 6.3.1]）**
>
> $\mathfrak{M}$ をフォン・ノイマン代数とする. このとき, $(P(\mathfrak{M}), \precsim)$ は半順序集合. また, $\mathfrak{M}$ が因子ならば $(P(\mathfrak{M}), \precsim)$ は全順序集合.

この命題は, 実数 $\mathbb{R}$ や自然数 $\mathbb{N}$ における $\leq$ を思い出させるだろう. ラフにいえば, $\mathfrak{M}$ が因子のときには, そうなるというのが分類理論である.

> **命題（因子の分類 [35, 定理 VIII]）**
>
> $\mathfrak{M}$ を因子とする. このとき $(P(\mathfrak{M}), \precsim)$ は次のどれかと順序同型になる.
>
> $$\{0, \ldots, n\}, \ \{0, \ldots \infty\}, \ [0, 1], \ \mathbb{R} \cup \{\infty\}, \ \{0, \infty\}$$

この順序同型によって因子を分類する. 以下のように名前が付けられている.

因子	I_n	I_∞	II_1	II_∞	III
同形な順序集合	$\{0, \ldots n\}$	$\{0, \ldots \infty\}$	$[0, 1]$	$\mathbb{R} \cup \{\infty\}$	$\{0, \infty\}$

順序同型による因子の分類

4.5 有限性と無限性

ここまで述べてきた因子の分類を順序ではなく有限性, 無限性で分類することができる. これは [35, 第 VII 章] による.

$p \in P(\mathfrak{M})$ を次のように分類する.

(1) p が可換 $\iff$ $p\mathfrak{M}p$ が可換

(2) p が有限 $\iff$ $q \in P(\mathfrak{M})$ かつ $q \sim p$ かつ $q \leq p$ ならば $q = p$

(3) p が無限 $\iff$ p が有限でない.

(4) p が固有無限 $\iff$ 任意の $q \in P(\mathfrak{M})$ に対して $qp = 0$ または qp が無限

(5) p が純無限 $\iff$ $0 \neq q \leq p$ となる有限な $q \in P(\mathfrak{M})$ が存在しない.

可換性について. $p\mathfrak{M}p \ni x \iff pxp = x$ が示せる. 故に, p が可換なとき $p \sim f$, $f \leq p$ ならば, まず, 不等式から $pfp = f$ なので $f \in p\mathfrak{M}p$ となる. $p = u^*u$, $f = uu^*$ のとき $f = pfp = puu^*p = pupu^*p = (pup)(pu^*p) = (pu^*p)(pup) = pu^*up = p$ となるから, p は有限である. しかし, これではあまりイメージが湧かない. $\mathfrak{M} = M_n(\mathbb{C})$ としよう. $p\mathfrak{M}p$ が可換とはどういうことであろうか. $\mathfrak{R}p$ が $m(\leq n)$ 次元のとき, pAp は $\mathbb{C}^m \to \mathbb{C}^m$ の線型写像と思える. pAp, $A \in \mathfrak{M}$ の形の行列が全て可換であるためには $m = 1$ であることが必要十分である. つまり, p は 1 次元空間への射影となる.

有限性について. p が有限というイメージをマレーは [34] で次のよなニュアンスで語っている. $q \sim p$ を 1 対 1 で上への写像が存在すると読みかえれば, $q = \mathbb{N}$, $p = 2\mathbb{N}$ (偶数全体) には一対一上への写像が存在する. しかも $2\mathbb{N} \subset \mathbb{N}$ である. これは $\#\mathbb{N} = \infty$ だから

起きることである. 有限な集合では起こり得ない.

フォン・ノイマン代数 $\mathfrak{M}$ を次のように分類する.

(1) $\mathfrak{M}$ が有限 $\iff$ $\mathbb{1}$ が有限

(2) $\mathfrak{M}$ が半有限 $\iff$ 任意の $p \in P(\mathfrak{Z})$ に対して $0 \neq q \leq p$ となる有限な $q \in P(\mathfrak{M})$ が存在する.

(3) $\mathfrak{M}$ が無限 $\iff$ $\mathbb{1}$ が無限

(4) $\mathfrak{M}$ が固有無限 $\iff$ $\mathbb{1}$ が固有無限

(5) $\mathfrak{M}$ が純無限 $\iff$ $\mathbb{1}$ が純無限

フォン・ノイマン代数 $\mathfrak{M}$ の I, II, III 型を次のように定義する.

(1) $\mathfrak{M}$ が I 型 $\iff$ 任意の $p \in P(\mathfrak{Z})$ に対して $0 \neq q \leq p$ となる可換な $q \in P(\mathfrak{M})$ が存在する.

(2) $\mathfrak{M}$ が II 型 $\iff$ $\mathfrak{M}$ が半有限で 0 以外の可換射影を含まない.

(3) $\mathfrak{M}$ が III 型 $\iff$ $\mathfrak{M}$ が 0 以外の有限射影を含まない.

結果的に, 純無限=III 型である. I, II をさらに分類する.

(1) $\mathfrak{M}$ が $I_{有限}$ 型 $\iff$ $\mathfrak{M}$ が有限な I 型

(2) $\mathfrak{M}$ が I_∞ 型 $\iff$ $\mathfrak{M}$ が固有無限な I 型

(3) $\mathfrak{M}$ が II_1 型 $\iff$ $\mathfrak{M}$ が有限な II 型

(4) $\mathfrak{M}$ が II_∞ 型 $\iff$ $\mathfrak{M}$ が固有無限な II 型

	半有限	半有限	純無限
有限	I_n	II_1	III
固有無限	I_∞	II_∞	III
	離散	連続	連続

フォン・ノイマン代数の分類

4.6 連続次元とトレース

最後にトレースについて説明しよう. C^* 代数 $\mathfrak{A}$ の正値な元全体を $\mathfrak{A}_+$ と表す. $\tau : \mathfrak{A}_+ \to [0, \infty]$ が次を満たすときトレースという.

(1) $\tau(x + y) = \tau(x) + \tau(y)$

(2) $\tau(\lambda y) = \lambda \tau(x)$ $(\lambda \geq 0)$

(3) $\tau(x^*x) = \tau(xx^*)$

$x \neq 0$ ならば $\tau(x^*x) > 0$ のとき, 忠実という. また, $\mathfrak{A}$ がフォン・ノイマン代数のとき $x_n \uparrow x$ ならば $\tau(x_n) \uparrow \tau(x)$ となるとき正規という. $\tau(\mathbb{1}) < \infty$ のとき有限なトレースという. 一方, $x \in \mathfrak{M}_+$ ならば $y \in \mathfrak{M}_+$, $0 \neq y \leq x$ で $\tau(y) < \infty$ となる y が存在するとき半有限なトレースという. マレー=フォン・ノイマン [35] は次を示した.

> **命題 (トレースの存在 [35, 第 VIII 章])**
>
> $\mathfrak{M}$ をフォン・ノイマン代数とする. 次の同値関係が成り立つ.
>
> (1) $\mathfrak{M}$ は有限 $\iff \tau(x) > 0$ $(\forall x \in \mathfrak{M}_+)$ かつ有限な正規トレース τ が存在する.
>
> (2) $\mathfrak{M}$ は半有限 $\iff \tau(x) > 0$ $(\forall x \in \mathfrak{M}_+)$ かつ半有限な正規トレース τ が存在する.
>
> (3) $\mathfrak{M}$ は III 型 $\iff$ 半有限な正規トレースは自明なもの $(0, \infty$ の値しかとらないトレース) しか存在しない

フォン・ノイマン代数 $\mathfrak{M} = M_n(\mathbb{C})$ の場合は, 値域の次元の等しい射影は互いに同値であるから, $P(\mathfrak{M})/ \sim = \{0, 1, \ldots, n\}$ と同一視 (I_n 型と呼んだ) すれば射影のトレース値と明らかに一致している. $\mathfrak{M}$ が一般の $P(\mathfrak{M})$ の場合にも同じようなことが起る. トレースの値域と因子の型とは次のように関係している [35, 定理 VIII].

因子	I_n	I_∞	II_1	II_∞	III
射影のトレース値	$\{0,\dots n\}$	$\{0,\dots\infty\}$	$[0,1]$	$\mathbb{R}\cup\{\infty\}$	$\{0,\infty\}$

射影のトレース値による因子の分類

II_1 型フォン・ノイマン代数のトレースはどういうものか説明しよう. $M_2(\mathbb{C})$ の単位元の普通のトレースは $\mathrm{Tr}E = 2$ である. $M_2(\mathbb{C})$ の射影は単位元を入れて 3 つ存在する.

$$p_1 = \begin{pmatrix} 1 & 0 \\ 0 & 0 \end{pmatrix} \quad p_2 = \begin{pmatrix} 0 & 0 \\ 0 & 1 \end{pmatrix} \quad E = \begin{pmatrix} 1 & 0 \\ 0 & 1 \end{pmatrix}$$

よって $\mathrm{Tr}p_1 = 1$, $\mathrm{Tr}p_2 = 1$, $\mathrm{Tr}E = 2$. これを規格化する. $\tau = \frac{1}{2}\mathrm{Tr}$. このとき $\tau(p_1) = 1/2$, $\tau(p_2) = 1/2$, $\tau(E) = 1$ になる. 次に $M_2(\mathbb{C}) \otimes M_2(\mathbb{C})$ を考える. 単位元 E のトレースは $\mathrm{Tr}(E) = 4$ であるが, 規格化して $\tau = \frac{1}{2^2}\tau$ としよう. このとき $\tau(E) = 1$. $M_2(\mathbb{C})\otimes M_2(\mathbb{C})$ に含まれる射影は対角行列で, 対角成分の 1 の個数が 1 つある場合, 2 つある場合, 3 つある場合, 4 つある場合だからそれぞれの射影の τ の値は $1/4, 2/4, 3/4, 1$ になる. これを繰り返す. 一般に $\otimes^n M_2(\mathbb{C})$ の規格化したトレース τ は $\tau(E) = \frac{1}{2^n}\mathrm{Tr}(E) = 1$ で, 射影のトレースの値は $1/2^n, 2/2^n, 3/2^m, \dots, 1$ になる. 極限

$$\mathfrak{M} = \lim_n \otimes^n M_2(\mathbb{C})$$

をとれば, $\mathfrak{M}$ 上にトレース τ が定義できる. $\mathfrak{M}$ はフォン・ノイマン代数なので, 弱位相で閉じていることに気をつければ, 次のようになる.

$$\{\tau(p) \mid p \in P(\mathfrak{M})\} = [0,1]$$

索引

Ad, 248

det, 240

$M_n(\mathbb{K})$, 238
Erster Lehrstuhl, 11

G_δ 集合, 243
$GL(n,\mathbb{K})$, 239
GNS 構成, 159

$I_1(\mathfrak{H})$, 261
$I_2(\mathfrak{H})$, 261
III, 270, 272
II_∞, 270, 272
I_∞, 270, 272
II_1, 270, 272
I_n, 270, 272

$O(n)$, 239
$O(p,q)$, 239
$O(3,1)$, 239

$\precsim$, 269
Prinzip von psycho-physicalishen Parallelismus, 200

$\sim$, 269
$SL(n,\mathbb{K})$, 239
$SO(n)$, 239
S^3, 248
$SU(n)$, 239
$SU(2)$, 248

$U(n)$, 239

アインシュタイン・ボーア論争, 147
荒木不二洋, 258
池辺晃生, 7
位相
    ノルム, 263
    弱, 263
    強, 263
    超弱, 263
    超強, 263
位相群, 240
位相多様体, 250
一般線形群, 239
因果的測定, 203
因子, 267
江沢洋, 16
エルゴード定理
    バーコフ, 198
    フォン・ノイマン, 185, 190
エルゴード的測度, 184
岡部昭彦, 16
解析多様体, 251
可換, 271
    物理量, 134
    自己共役作用素, 107
可換子代数, 264
隠れた変数, 169
可算コンパクト空間, 243
可測群, 243
可測力学系, 180
加藤敏夫, 62
観測命題, 225
カントール集合, 121

完備束, 220
強位相, 263
強連続一径数ユニタリー群, 44
局所コンパクト空間, 243
局所座標, 249
局所座標系, 249
クライン, フェリックス, 251
黒田成俊, 63
群, 238
群測度空間, 244
群の表現, 247
ケナード, イール・H, 142
ケナードの不等式, 142
ゲッチンゲン大学, 11
古典論理, 227
個別エルゴード定理, 199
固有無限, 271, 272
混合状態, 165
コンパクト空間, 243
コンプトン・サイモンの実験, 128
コンプトン波長, 131
コープマン, ベルナード, 192
合成系, 204
    一意性, 206
    存在, 206
    純粋状態, 213
局所近傍, 249
座標変換, 250
C^* 代数, 260
自然放出, 103
シュミット, エルハルト, 51
シュライラー, オットー, 237
自己共役集合, 260
実フォン・ノイマン代数, 109
弱位相, 263
巡回部分空間, 60
順序
    全, 269
    半, 269
純粋状態, 165
準同型定理, 241
純無限, 271, 272
条件付き期待値, 182
状態, 158

∗ 部分代数, 260
ストーンの公式, 38
ストーンの定理, 44
    フォン・ノイマンによる一般化, 49
ストーン, マーシャル, 36
随伴表現, 248
正準交換関係, 17
生成子, 46
正則表現, 256
全順序, 269
相互作用表示, 94, 95
相捕束, 222
束, 220
    ブール束, 222
    モジュラー束, 224
    分配束, 222
    完備束, 220
    有限な束, 220
    直相捕束, 222
    相捕束, 222
測定
    因果的, 203
    非因果的, 203
測度不変写像, 181
タウプ, エイブラハム, 6
高木貞治, 177
高林武彦, 16
多様体, 249
    位相, 250
    微分可能, 251
    解析, 251
単位時間遷移率, 94
単位の分解, 19
    位置作用素, 19
    調和振動子, 22
    運動量作用素, 21
代数, 260
    C^*, 260
    ノルム, 260
    バナッハ, 260
    バナッハ ∗, 260
中心, 267
超関数, 70

フーリエ変換, 73
　微分, 72
超強位相, 263
超弱位相, 263
調和振動子, 22
直相捕束, 222
直交群, 239
対合, 260
ディラック, ポール・エイドリアン・モーリス, 66
デルタ関数, 68
電磁場のエネルギー, 78
特殊線形群, 239
特殊直交群, 239
特殊ユニタリー群, 239
トレース
　半有限, 273
　忠実, 273
　有限, 273
　正規, 273
トレースクラス, 62, 150
トレースノルム, 62, 151
同時測定可能, 125
同時対角化可能, 110
西田幾多郎, 141
二重被覆, 248
ノルム位相, 263
ノルム代数, 260
ハッセ図, 227
ハッセ, ヘルムート, 227
半順序, 269
反復可能性仮説, 128
半有限, 272
ハール, アルフレッド, 242
ハール測度
　コンパクト距離空間上, 247
　局所コンパクト空間上, 247
バナッハ * 代数, 260
バナッハ代数, 260
バーコフ, ガレット, 218
バーコフ, ジョージ・デービット, 192
非因果的測定, 203
非分配律性, 231
非モジュラー束性, 234

ヒルベルト・シュミットクラス, 55, 150
ヒルベルト・シュミットノルム, 56, 154
ヒルベルトの 23 問
　第 5 問, 237
微分可能多様体, 251
フォン・ノイマン代数, 109, 265
　実, 109
フォン・ノイマンの一意性定理, 32, 35
フォン・ノイマンのエルゴード定理, 186
　連続, 191
フォン・ノイマンの測定モデル, 216
フォン・ノイマンの稠密性定理, 117
フォン・ノイマンの二重交換子定理, 122
不確定性原理
　位置と運動量, 139
　時間とエネルギー, 146
輻射理論, 66
伏見康治, 16
不変測度, 244
　右不変, 244
　右準不変, 244
　左不変, 244
　左準不変, 244
分配束, 222
ブール束, 222
ベルリン大学, 52
ベール集合族, 243
ペーター・ワイルの定理, 255
補元, 222
ホップ, エバハード, 194
ボーズ・アインシュタイン統計, 85
ポアンカレ, アンリ, 10
前共役, 261
マクスウエル方程式, 77
ミニマル相互作用, 81
無限, 271, 272
モジュラー束, 224
モジュラー包含関係, 223
モジュラー律, 224
有限, 271, 272

有限粒子部分空間, 85
誘導吸収, 103
誘導放出, 103
湯川秀樹, 148
ユニタリー群, 239
ラプラシアン, 77
量子論理, 233
リー環, 253
リー群, 252
リー, ソフス, 251
リーの積公式, 253
ロバートソン, ハワード, 142
ロバートソンの不等式, 144
ローレンツ群, 239
ワイルクレーター, 13
ワイルの一様分布定理, 179
ワイルの関係式, 26
ワイルの固有値漸近公式, 99
ワイルの玉突き, 177
ワイル＝フォン・ノイマンの定理, 59
ワイル＝フォン・ノイマン＝黒田の定
　理, 63
ワイル, ヘッラ, 9
ワイル, ヘルマン, 8

参考文献

[1] H. Begehr, N. Schappacher, H. Koch, J. Kramer, and E.J. Thielevon. *Mathematics in Berlin.* Springer, 1998.

[2] G. Birkhoff and J. von Neumann. The logic of quantum mechanics. *Ann.of Math*, 37:823–843, 1936.

[3] G.D. Birkhoff. Proof of the ergodic theorem. *Proc. Natl. Acad. Sci. USA*, 17:656–660, 1931.

[4] G.D. Birkhoff and B. Koopman. Recent contributions to the ergodic theory. *Proc. Natl. Acad. Sci. USA*, 18:279–282, 1932.

[5] A. Blair, J. von Neumann, N. Metropolis, A.H. Taub, and M. Tsingou. A study of a numerical solution to a two-dimensional hydrodynamical problem. *Math. Tables and Other Aids to Computation*, 13:145–184, 1959.

[6] L. Boltzmann. Über die Eigenschaften monozyklischer und anderer damit verwandter Systeme. *Ibid.*, 3:122–152, 1884.

[7] M. Born. Quantenmechanik der Stossvorgänge. *Zeitschrift für Physik*, 38:803–827, 1926.

[8] M. Born. *Natural Philosophy of Cause and Chance.* Oxford at the Clarendon Press, 1949.

[9] A. Compton. A quantum theory of the scattering of x-rays

by light elements. *Phys. Rev.*, 21:483–502, 1923.

[10] A. Compton. Directed quanta of scattered x-rays. *Phys. Rev.*, 26:289–299, 1925.

[11] L. de Broglie. *Nonlinear Wave Mechanics: A causal inter- pretation.* Elsevier, Amsterdam, 1960.

[12] R. Dedekind. Über die von drei Moduln erzeugte Dual- gruppe. *Math.Ann.*, 53:371–403, 1900.

[13] J. Dieudonné. *History of Functional Analysis.* North- Holland, 1981.

[14] P.A.M. Dirac. The quantum theory of the emission and absorption of radiation. *Proceedings of the Royal Society of London.Series A*, 114:243–265, 1927.

[15] P.A.M. Dirac. *The Principles of Quantum Mechanics.* Clarendon Press, 1958.

[16] G. Farmelo. *The Strange Man.The hidden life of Paul Dirac, quantum genus.* Faber and Faber limited, 2009.

[17] M. Fekete and J. von Neumann. Über die Lage der Null- stellen gewisser Minimum polynome. *Jahresb.*, 31:125–138, 1922.

[18] A. Haar. Der Massbegriff in der Theorie der Kontinuier- lichen Gruppen. *Math.Ann.*, 53:147–169, 1933.

[19] T. Hawkins. *Emergence of the Theory of Lie Groups An Essay in the History of Mathematics 1869 – 1926.* Springer, 2000.

[20] W. Heisenberg. Über quantentheoretische Umdeutung kinematischer und mechanischer Beziehungen. *Zeitschrift für Physik*, 33:879–893, 1925.

[21] W. Heisenberg. Über den anschaulichen Inhalt der quantentheoretischen Kinematik und Mechanik. *Zeitschrift für Physik*, 43:172–198, 1927.

[22] D. Hilbert. Grundzüge einer allgemeinen Theorie der linearen Integralgleichungen Erste Mitt. *Nachr. Wiss. Gesell. Gott., Math.-phys. Kl.*, 11:49–91, 1904.

[23] E. Hopf. On the time average theorem in dynamics. *Proc. Natl. Acad. Sci. USA*, 18:93–100, 1932.

[24] P. Jordan. Über eine neue Begründung der Quantenmechanik. *Zeitschrift für Physik*, 40:809–838, 1927.

[25] T. Kato. Perturbation of continuous spectra by trace class operators. *Proc. Japan Acad.*, 33:260–264, 1957.

[26] E.H. Kenard. Zur Quantenmechanik einfacher Bewegungstypen. *Zeitschrift für Physik*, 44:326–352, 1927.

[27] A. Kharazishvili. *Strange Functions in Real Analysis, 3rd edition.* CRC Press, 2018.

[28] F. Klein. *Vorlesungen über die Entwicklung der Mathematik im 19. Jahrhundert: Teil I.* Springer, 1926.

[29] B. Koopman. Hamiltonian systems and transformation in Hilbert space. *Proc. Natl. Acad. Sci. USA*, 17:315–318, 1931.

[30] B. Koopman and J. von Neumann. Dynamical systems of continuous spectra. *Proc. Natl. Acad. Sci. USA*, 18:255–263, 1932.

[31] S.T. Kuroda. On a theorem of Weyl-von Neumann. *Proc. Japan Acad.*, 34:11–15, 1958.

[32] G.W. Mackey. *Von Neumann and the early days of er-*

godic theory, pages 25–38. American Mathematical Society, 1990.

[33] F.J. Murray. Operator algebras- an overview. In *The legacy of John von Neumann*, pages 61–89, 1990.

[34] F.J. Murray. The ring of operator papers. In *The legacy of John von Neumann*, pages 57–60, 1990.

[35] F.J. Murray and J. von Neumann. On rings of operators. *Ann.of Math*, 37:116–229, 1936.

[36] F.J. Murray and J. von Neumann. On rings of operators II. *Trans.Amer.Math.Soc.*, 41:208–248, 1937.

[37] F.J. Murray and J. von Neumann. On rings of operators IV. *Ann.of Math*, 44:716–808, 1943.

[38] W. Pauli. *General Principles of Quantum Mechanics*. Springer, 1980.

[39] W. Pauli and M. Fierz. Zur Theorie der Emission langwelliger Lichtquanten. *Nuovo Cimento*, 15:167–188, 1938.

[40] M. Rédei. *John von Neumann : selected letters*. Amer.Math.Soc., 2005.

[41] M. Rédei and M. Stöltzner. *John von Neumann and the Foundations of Quantum Physics*. Kluwer Academic Publisher, 2000.

[42] H.P. Robertson. The uncertainty principle. *Phys. Rev.*, 34:163–164, 1929.

[43] M. Rosenblum. Perturbation of the continuous spectrum and unitary equivalence. *Pacific J. Math.*, 33:997–1010, 1957.

[44] E. Schmidt. Zur Theorie der linearen und nichtlinearen In-

tegralgleichungen I, Entwicklung willkürlicher Funktionen nach Systemen vorgeschriebener. *Math. Ann.*, 63:433–476, 1907.

[45] E. Schrödinger. Über das Verhältnis der Heisenberg-Born-Jordanshen Quantenmechanik zu der meinen. *Annalen der Physik*, 79:734–756, 1926.

[46] E. Schrödinger. Die gegenwärtige Situation in der Quantenmechanik. *Die Naturwissenschaften*, pages 807–812,823–828,844–849, 1935.

[47] B. Simon. *Operator Theory, A comprehensive Course in Analysis, Part 4.* American Mathematical Society, 2015.

[48] M. Stone. Linear transformations in Hilbert space III. *Proc. Natl. Acad. Sci. USA*, 15:198–200, 1929.

[49] M. Stone. *Linear Transformations in Hilbert Space and Their Applications to Analysis.* American Mathematical Society, 1932.

[50] M. Stone. On one-parameter unitary groups in Hilbert space. *Ann.Math.(2)*, 33:643–648, 1932.

[51] J. von Neuman. *Unsolved problem in mathematics.* Kluwer Academic Publisher, 2000.

[52] J. von Neumann. Mathematische Begründung der Quantenmechanik. *Nachrichten von der Gesellschaf der Wissenschaften zu Göttingen, Mathematisch-Physikalische Klasse*, 1:1–57, 1927.

[53] J. von Neumann. Thermodynamik quantenmechanischer Gesamtheiten. *Nachrichten von der Gesellschaft der Wissenschaften zu Göttingen, Mathematisch-Physikalische*

Klasse, 1:273–291, 1927.

[54] J. von Neumann. Wahrscheinlichkeitstheoretischer Aufbau der Quantenmechanik. *Nachrichten von der Gesellschaft der Wissenschaften zu Göttingen, Mathematisch-Physikalische Klasse*, 1:245–272, 1927.

[55] J. von Neumann. Zur Theorie der Gesellschaftsspiele. *Math. Ann.*, 100:295–320, 1928.

[56] J. von Neumann. Beweis des Ergodensatzes und des H-Theorems in der neuen Mechanik. *Zeitschrift für Physik*, 57:30–70, 1929.

[57] J. von Neumann. Über die analytischen Eigenschaften von Gruppen linearer Transformationen und ihrer Darstellungen. *Math. Zeitschrift*, 30:3–42, 1929.

[58] J. von Neumann. Allgemeine Eigenwerttheorie Hermitescher Funktionaloperatoren. *Math.Ann.*, 102:49–131, 1930.

[59] J. von Neumann. Zur Algebra der Funktionaloperationen und Theorie der normalen Operatoren. *Math.Ann.*, 102:370–427, 1930.

[60] J. von Neumann. Die Eindeutigkeit der Schrödingerschen Operatoren. *Math.Ann.*, 104:570–578, 1931.

[61] J. von Neumann. Über Functionen von Functionaloperatoren. *Ann.of Math.(2)*, 32:191–226, 1931.

[62] J. von Neumann. *Mathematische Grundlagen der Quantenmechanik*. Springer, 1932.

[63] J. von Neumann. Physical applications of the ergodic hypothesis. *Proc. Natl. Acad. Sci. USA*, 18:263–266, 1932.

[64] J. von Neumann. Proof of the quasi-ergodic hypothesis. *Proc. Natl. Acad. Sci. USA*, 18:656–660, 1932.

[65] J. von Neumann. Über adjungierte Funktionaloperatoren. *Ann.of Math.(2)*, 33:294–310, 1932.

[66] J. von Neumann. Über einen Satz von Herrn M.H.Stone. *Ann.of Math.(2)*, 33:567–573, 1932.

[67] J. von Neumann. Die Einführung analytischer Parameter in topologischen Gruppen. *Ann. of Math. (2)*, 34:170–190, 1933.

[68] J. von Neumann. Almost periodic functions in a group I. *Trans.Amer.Math.Soc.*, 36:445–492, 1934.

[69] J. von Neumann. Charakterisierung des Spektrums eines Integraloperators. *Actualités scientifiques et industrielles*, 229:3–20, 1935.

[70] J. von Neumann. Haarschen Maß in topologischen Gruppen. *Compositio Math.*, 1:106–114, 1935.

[71] J. von Neumann. On rings of operators III. *Ann.of Math*, 41:94–161, 1940.

[72] J. von Neumann. On rings of operators: Reduction theory. *Ann.of Math*, 50:94–161, 1949.

[73] J. von Neumann. *Functional Operators Vol.1, Vol.2.* Princeton University Press, 1950.

[74] J. von Neumann. *Mathematical foundations of quantum mechanics.* translated by R.T.Beyer Princeton University Press, 1955.

[75] J. von Neumann. *The Computer and the Brain.* New Haven, Yale university press, 1958.

[76] J. von Neumann. *Continuous Geometry*. Princeton University Press, 1960.

[77] J. von Neumann. *John von Neumann collected works I-VI*. Pergamon press, 1963.

[78] J. von Neumann and O. Morgenstern. *Theory of Games and Economic Behavior*. Princeton University Press, 1944.

[79] H. Weyl. Über beschränkte quadratische Formen, deren Differenz vollstetig ist. *Palermo Rend*, 27:373–392, 1909.

[80] H. Weyl. Über die asymptotische Verteilung der Eigenwerte. *Nachrichten von der Gesellschaft der Wissenschaften zu Göttingen, Mathematisch-Physikalische Klasse*, 1911:110–117, 1911.

[81] H. Weyl. Über die Gleichverteilung von Zahlen mod. Eins. *Math. Ann.*, 77:313–352, 1916.

[82] H. Weyl. *Raum, Zeit, Materie*. Springer, 1918.

[83] H. Weyl. Quantenmechanik und Gruppentheori. *Zeitschrift für Physik*, 46:1–46, 1927.

[84] H. Weyl. *Gruppentheorie und Quantenmechanik*. Hirzel, Leipzig, 1928.

[85] H. Weyl. *The Theory of Groups and Quantum Mechanics*. translated to English by H. Robertson, Dover publication, 1931.

[86] H. Weyl. *Philosophy of Mathematics and Natural Science*. Princeton Univ. Press, 1949.

[87] J.D. Zund. George David Birkhoff and John von Neumann: A question of priority and the ergodic theorems, 1931 – 1932. *Historia Mathematica*, 29:138–156, 2002.

[88] アラン・コンヌ. 非可換幾何学入門. 丸山文綱訳 岩波書店, 1999.

[89] グラハム・ファルメロ. 量子の海, ディラックの深淵. 吉田三知世訳 早川書房, 2010.

[90] ジョージ・グリーンスタイン＝アーサー・G・ザイアンツ. 量子論が試されるとき. 森弘之訳 みすず書房, 2014.

[91] ダフィット・ヒルベルト. 数学の問題. 一松信訳・解説 共立出版, 1969.

[92] フェリックス・クライン. クライン：19 世紀の数学. 石井省吾・渡辺弘訳 共立出版, 1995.

[93] J. フォン・ノイマン. 量子力学の数学的基礎. 井上健, 広重徹, 恒藤敏彦訳 みすず書房, 1957.

[94] J. フォン・ノイマン. 数理物理学の方法. 伊東恵一編訳 ちくま学芸文庫, 2013.

[95] J. フォン・ノイマン. 作用素環の数理. 長田まりゑ編訳 ちくま学芸文庫, 2015.

[96] フランコ・セレリ. 量子力学論争. 櫻山義夫訳 共立出版, 1986.

[97] K. プルチブラム. 波動力学形成史. 江沢洋訳・解説 みすず書房, 1982.

[98] ヘルマン・ワイル. 数学と自然科学の哲学. 菅原正夫, 下村寅太郎, 森繁雄訳 岩波書店, 1959.

[99] ヘルマン・ワイル. 空間・時間・物質. 内山龍雄訳 講談社, 1973.

[100] ボルフガンク・パウリ. 物理学と哲学に関する随筆集. 並木美喜雄訳 シュプリンガー・ジャパン, 1998.

[101] マックス・ボルン. 原因と偶然の自然哲学. 鈴木良治訳 みすず書房, 1984.

[102] マンジット・クマール. 量子革命. 青木薫訳 新潮社, 2013.

[103] レフ・ランダウ＝エフゲニー・リフシッツ. 統計力学 (上). 小林秋男他訳 岩波書店, 1980.

[104] 高瀬正仁. 高木貞治とその時代. 東京大学出版会, 2015.

[105] 佐々木力. 二十世紀数学思想. みすず書房, 2001.

[106] 江沢洋 上條隆志. 量子力学的世界像 III. 日本評論社, 2019.

[107] 杉浦光夫. 第5問題研究史 I. 第 7 回数学史シンポジウム報告集, 13:67–105, 1997.

[108] 西田幾多郎. 西田幾多郎全集第 11 巻. 岩波書店, 2009.

[109] 石井茂. ハイゼンベルクの顕微鏡. 日経 BP, 2006.

[110] 池辺晃生. A, H. Taub ed .: John von Neumann Cellected Works. 日本物理学会誌, 17:290, 1961.

[111] 中神祥臣. 作用素環論概説. 物性研究, 57:935–672, 1992.

[112] 湯川秀樹監修. 岩波基礎講座 現代物理学の基礎 [第2版] 4 量子力学 II. 岩波書店, 1978.

[113] 梅垣壽春＝大矢雅則＝日合文雄. 復刊 作用素代数入門. 共立出版, 2008.

著者紹介：

廣島 文生 （ひろしま・ふみお）

　1964 年　北海道生まれ
　1995 年　北海道大学大学院 理学研究科 博士課程修了　博士（理学）
　現　　在　九州大学大学院 数理学研究院 教授
　2019 年　日本数学会解析学賞受賞

主な著書：

Feynman-Kac-Type Theorems and Gibbs Measures on Path Space, I, II
（Walter de Gruyter, 2020）

Ground States of Quantum Field Models, SpringerBriefs in Mathematics 35
（Springer 2019）

双書㉑・大数学者の数学／フォン・ノイマン ③
疾風怒濤の時代

2021 年 9 月 22 日　初版第 1 刷発行

著　　者　　廣島文生
発行者　　富田　淳
発行所　　株式会社　現代数学社
　　　　　　〒606–8425 京都市左京区鹿ヶ谷西寺ノ前町 1
　　　　　　TEL 075 (751) 0727　FAX 075 (744) 0906
　　　　　　https://www.gensu.co.jp/
装　　幀　　中西真一（株式会社 CANVAS）
印刷・製本　　亜細亜印刷株式会社

ISBN 978-4-7687-0566-7　　　　　　　2021 Printed in Japan